华章心理

HZBOOKS | Psychological

PSYCHOANALYSIS

PERSPECTIVES ON THOUGHT COLLECTIVES

精神分析

思想集体的视角

[美] 阿诺德 · 理查兹（Arnold D. Richards）著
亚瑟 · 林奇（Arthur Lynch）整理
何巧丽 张皓 屈笛扬 等译

图书在版编目（CIP）数据

精神分析：思想集体的视角 /（美）阿诺德·理查兹（Arnold D. Richards）著；（美）亚瑟·林奇（Arthur Lynch）整理；何巧丽等译. —北京：机械工业出版社，2020.1

书名原文：Psychoanalysis: Perspectives on Thought Collectives

ISBN 978-7-111-64085-1

I. 精… II. ① 阿… ② 亚… ③ 何… III. 精神分析 – 研究 IV. B84-065

中国版本图书馆 CIP 数据核字（2019）第 275133 号

本书版权登记号：图字 01-2019-3265

精神分析：思想集体的视角

出版发行：机械工业出版社（北京市西城区百万庄大街 22 号 邮政编码：100037）

责任编辑：曹 文　　责任校对：李秋荣

印 刷：北京市荣盛彩色印刷有限公司　　版 次：2020 年 1 月第 1 版第 1 次印刷

开 本：170mm×230mm 1/16　　印 张：19.5

书 号：ISBN 978-7-111-64085-1　　定 价：75.00 元

客服电话：（010）88361066 88379833 68326294　　投稿热线：（010）88379007

华章网站：www.hzbook.com　　读者信箱：hzjg@hzbook.com

谨以此书，献给我的父亲。

阿诺德·理查兹

向我的妻子 Lourdes 和女儿 Megan 致以深深的爱和谢意。

亚瑟·林奇

目　　录

第三部分

对精神分析组织的看法

第四部分

对多元主义的看法：范式与政治

第五部分

结语

贡 献 者

珍妮特·李·巴尚(Janet Lee Bachant)

哲学博士，心理学家，精神分析师，作家，教师，从业已逾30年。从2012年起，她就是中美高级精神分析治疗师连续培训项目(中国武汉)的督导和教员之一。巴尚博士在许多期刊上发表了文章，并且和埃利奥特·阿德勒合著了《深度工作：分析关系中的框架和灵活性》(*Working in Depth: Framework and Flexibility in the Analytic Relationship*)。她在纽约市私人执业。

邦妮·利托维茨(Bonnie E. Litowitz)

哲学博士，芝加哥精神分析学院(Chicago Institute for Psychoanalysis)教员，拉什大学医学中心精神卫生医学系副教授，JAPA[⊖]主编，私人执业者。之前，她曾任艾里克森研究院(芝加哥)院长，西北大学沟通科学与人际障碍系、语言学系副教授。

亚瑟·林奇(Arthur A. Lynch)

哲学博士，美国精神分析学院(The American Institute for Psychoanalysis, AIP)主席、资深教员、培训和督导分析师。他是哥伦比亚大学社会工作学院的客座教授、武汉市心理医院访问教授、中美高级精神分析治疗师连

⊖ JAPA是*Journal of the American Psychoanalytic Association*的缩写，意为《美国精神分析协会杂志》，因使用较频繁，本书均用JAPA指代该杂志。——译者注

续培训项目（中国武汉）负责人。林奇博士与他人合写了大量有关精神分析的文章。他也与阿琳·克莱默·理查兹、露西尔·斯派拉共同编写了《穿越孤独》。林奇博士在纽约市私人执业。

保罗·莫舍（Paul Mosher）

在纽约州奥尔巴尼私人执业的精神分析师，奥尔巴尼医学院精神卫生临床教授。他曾担任美国精神分析协会保密委员会主席，并且担任该协会国际选举主任八年。他是精神分析电子出版文库的创始委员，现仍任职，也是纽约州精神健康从业者委员会的成员。

推荐序一

阿诺德·理查兹：一位慷慨的导师

任何认识阿诺德·理查兹的人都知道，他在过去的半个世纪里，不知疲倦地把无穷无尽的能量源泉奉献给了精神分析。作为一名教师、督导、期刊主编、出版者（IPBooks）、博主（国际精神分析网站，Internationalpsychoanalysis.net），阿诺德一直坚持不懈地倡导精神分析。他演讲的主题非常广泛，收获了非常多的奖项，包括我们专业最高的西格妮奖。他的足迹遍布全世界，致力于推广精神分析。他笔耕不辍，其中一些现已收录在本书中。在现今快速向前的生活状态下，本书让我们有机会回顾那些年代的成果，去反思他的观察和洞见，并通过这些文章，思考他这个人。

阿诺德在1964年进入精神分析领域，那时处于“霸权”地位的是自我心理学，它的中心（美国第一个精神分析中心）是纽约精神分析协会，在那里他开始接受训练，并留下任教。那时他遇见了美国精神分析界的传奇理论家雅各布·阿洛、查尔斯·布伦纳等人。这些老师构建理论时的严谨、对临床证据的仔细审查，都清晰地投射在阿诺德自己的工作中。他投身于我们学科的未竟事业，追随那些开拓者的脚步，推动我们学科继续前进。在本书最后一部分的一系列文章中，人们可以发现那些早期影响仍在他身上有所体现。在这些文章中，他主张“核心临床理论”（core clinical theory）同时

“拥抱”多样性的观点，从而建立起“动态多元化”（dynamic pluralism）的概念。这一概念定义了21世纪的精神分析。

本书收录的文章，全面介绍了阿诺德在其漫长的职业生涯中的主要兴趣，它们分别被收录在不同的部分。本书一开篇，就重申了阿诺德在他所有工作中都渗透着的总体哲学视角，即“知识的创造及其社会传播”。随后的部分提供了两个相关例子：①历史背景对理论的影响，尤其是在某个特定的历史时刻，某个理论家内心的挣扎是如何影响他建立心理理论的；②个人及其所处集体之间的争斗——那些组织和研究院也总是存在于社会文化背景中。纵览各个部分的文章，精神分析发源于欧洲、建立并成长于美国。在跨越这一历史重大主题的过程中，个人与群体具有特殊的历史意义，我们透过他的眼睛来看待这一切。

阿诺德对待论题的方法也一直是历史性的：他通过了解过去的轨迹，来理解当前探寻的主题；通过了解特定背景的影响，来分析当前的内容。因此，人们经常发现他会写关于“教化”（bildung）的书——思考他正谈及的思想或人，是怎么被构建或者培育的。因此，他在著述精神分析时采用的视角是：川流不息永远向前发展的思想流变，各种思想由不同的具体人物阐发，（对我来说）阿诺德正是其中的象征性人物。

在这样的历史方法中，“承袭”的概念很重要，因为对于阿诺德来说，理论或技术代表着建立它们的人。思想的演变和个人的成长之间通过“教化”，形成了不可磨灭的联系。正如多篇文章所显示的，阿诺德透过同一视角来看待自身，披露他自己的正统“教养”（bildungen）：他接受了虔诚的犹太教化，并且继续奉献于犹太主义；他的移动图书管理员父亲对书面用语和无产阶级的信仰影响了阿诺德，从他那里，阿诺德继承了一个由来已久的信仰，即力量归于联盟，而非个人权威。

在阿诺德的文章中，有两条交织在一起的原则。第一条原则是，特定个体在表达一种思想时的独特性；第二条原则是在集体中产生的富有积极改变的力量。这两条原则反映且实际上象征了阿诺德的性格特征。我发现，不仅在他的文章中，而且在我与他所有的私人交往中，这一特征都很明显。把个人话语和概念性的思想紧密地联系在一起，这或许是他如此热爱对话的缘由。了解阿诺德，就要了解对话中的他——以面对面的方式，或者通过其他途径与他对话（电话、手机或者互联网）。

任何了解阿诺德的人，都知道他在这个世界上自然存在的方式是处在“对话”中——以对话为交往媒介。我们的初次相遇，是在一场关于 JAPA 的谈话中。作为当时 JAPA 的主编，他让我以编辑助理的身份进入编委会。格伦·加伯德（Glen Gabbard，时任 JAPA 的编辑）跟我们讲了一个典型的故事，它反映了我们和阿诺德相处时的所有体验。阿诺德打给格伦的电话太频繁了，以至于格伦的非洲灰鹦鹉都产生了条件反射，在每次电话铃声响起时都会喊：“你好，阿诺德！”虽然在阿诺德任职 JAPA 主编期间的大部分委员（除我之外）已经去了其他地方，但他对我们的影响依然存在，刻骨铭心，我们记着他，就像格伦的鹦鹉记着他一样。

对集体的投入是始终存在的第二条原则，它在阿诺德深入参与精神分析的政治方面非常明显。对我们专业的许多人来说，当我们听到“阿诺德·理查兹”时，首先联想到的可能确实是“政治”。他不知疲倦地呼吁改革的声音让许多人知道了他。对一些人来说，他是一位捍卫者；对另一些人来说，却因为他不厌其烦的“骚扰”而讨厌他，视他为牛虻。我们每个人都会根据自身经历（或教化）来定义政治。我发现阿诺德对我们专业领域中的政治参与，反映了希腊语中政治（polis）这个词的原初含义——“城邦”。当统治不再受到神或其地面代表的指挥，不再隐秘于仪式中时，希腊语中出现了城邦的概念。更确切地讲，人们之间的事务裁决是通过对话、在公开的政治论坛中交换意见、向公众（集体、联盟）介绍其想法来达成的。阿诺德的政治包含了同样的民主原则：行动、对话、开放、包容。

就像我们所了解的那样，精神分析这门专业并不是建立在这样一些原则上的，它的建立反映出弗洛伊德那个时代和他所处地域的特征，以及他的教化。精神分析在19世纪末20世纪初奥匈帝国的背景下被一位犹太人创立，这一直是阿诺德研究和写作的重点。可以说，当精神分析被带到美国时，原始的组织形式和代际传递不可避免地与美国的民主价值观产生冲突。任何认识阿诺德的人都知道，他一定会参与到这场辩论中——以他个人、他的著作，以及在公开论坛演讲的方式。

为了更深入地理解他主张的民主改革所遭遇的反抗本质，阿诺德开始研究路德维克·弗莱克（Ludwik Fleck）的著作，并在他的谈话和文章中经常提到。尤其是弗莱克“思想集体”的概念，与阿诺德的如下讨论相关：集体中的群体思想，如何凝聚并形成一种不断增长的具有权威典范性质的相似性，如何抵制新思想和思想变革，以及如何从集体中排挤出那些持不同意见的人？我认为可以毫不夸张地说，“弗莱克”（及“弗莱克学派”）被纳入精神分析类词汇，是由阿诺德单枪匹马一个人完成的。事实上，在一些与阿诺德的对话中，奥匈帝国社会学家的科学知识如此丰富，以至于出现了一个新的表达：“我已经被弗莱克化了！”科学群体中有一条大家一致同意并已成为规范的主张：必须包含多种观点和新的声音，并以公开的方式进行交流。弗莱克观察到有一股力量在试图偏离这一主张，阿诺德一直都不遗余力地促进对此偏离的矫正。

对我来说，阿诺德·理查兹是一位慷慨的导师、一位令人兴奋的同事、一位温暖的朋友。在他的文章中也充满了这些特质，读者一定会折服于他广泛的兴趣，以及他致力于精神分析教育和精神分析这门学问的深度。

邦妮·利托维茨

推荐序二

阿诺德·理查兹：精神分析的复兴者

正如读者将从本书中清楚了解到的那样：阿诺德·理查兹是精神分析的复兴者。他谈论、写作、提出概念、执行，继续谈论得更多；他出版、指导、教学，他仍然在不断谈论得更多；他做精神分析、督导……他继续谈论着……有什么事情是阿诺德不能做的吗？阿诺德不只是做这些事情，他还用其特有的智慧、温情和才能，把所有的事情做得非常好，并且最重要的是：带着一种坚定的关怀，他致力于倡导精神分析性的理解。

本书旨在把重点放在阿诺德·理查兹对精神分析的贡献方面。他在一个仍在运转的学习小组担任领导，这个小组雄心勃勃的目标是阅读和讨论所有弗洛伊德的文章。在等待弗洛伊德专著10卷本标准版送货期间，我们花了一年的时间阅读并回顾了阿洛和布伦纳的著作。我在完成分析师训练的几年后，与保罗·斯塔克一起在精神卫生硕士中心（Post Graduate Center for Mental Health，PCMH）仔细深读了弗洛伊德的案例，我们需要准确地搞清楚弗洛伊德当时说了什么。就此发表文章的作者已经够多了，他们一个接一个地不断告诉当代人，弗洛伊德做了什么、没做什么、说过什么，以及思考过什么。我们中有许多人想为了自己而了解弗洛伊德的思想：他是如何发展出他的理论的，哪些至今仍经得起时间的检验（已经超过100年了），哪些需要修正或摒弃。

我必须承认，当我们开始这个项目时，并没有想到它会持续20多年，也没有想到它发展出我们持续一生的写作伙伴关系和友谊。阿诺德给这个小组（就像他所做的每件事情一样）带来了慷慨的精神，这感染了每个人。他不但想要帮助我们学习（我相信他在我们之前，已经带领过这样的小组，之后也会如此），而且想要探索弗洛伊德的思想在当代精神分析背景下是如何发展的。他鼓励我们保持好奇心，鼓励我们进行思考，特别是将所读之物与当代文献进行比较。当我想到阿诺德时，或许他的领导才能中最重要的是他的慷慨。阿诺德会公开分享他的想法和思想，但并不止于此——他还会热心激发小组成员的好奇心和兴趣；他鼓励创新，哪怕思路不合乎情理；他会在起初看来不成熟的想法里，发现有价值的东西；他时常促进成员间的联系；他是我们的靠山。在一个竞争激烈（不是阿诺德没有竞争力）常常让人暗箭难防的领域，阿诺德用他的方式设法保持着以慷慨为核心的包容整合视角。他当然有他自己的观点，他清晰而坚实的视角，为我们搭起了有用的脚手架，让我们可以借此探索手头文献之间的异同。

出于他的慷慨，以及他想要鼓励小组成员兴趣的意愿，小组的关注点有了扩展，不仅包括我们正在阅读的弗洛伊德专著，而且包括与其相关的当代思想。例如我记得有一次，我向小组呈报了布伦纳文章中的思想变化。这些微妙的变化，甚至包括布伦纳对其他作者思想的信任（和忽略），成为我们讨论这一领域思想演变的着手点。任何认识阿诺德·理查兹的人都知道，他知识的广度和深度是令人难以置信的。在我们会面的很长一段时间内，阿诺德先是担任《美国精神分析师》的编辑（1988～1993年），之后担任JAPA的主编（1994～2003年），这使他能够很容易就掌握当前的趋势、问题和新出现的理论。实际上，这并不是对阿诺德恰当的比喻，因为阿诺德擅长的是精神分析的思想、幻想和历史，这些他可以脱口而出。在学习小组中，我们从不知道我们可能会听到什么：对领导权的争夺、两个概念框架之间细微的差别、临床案例中蕴含的理论立场、视角的技术性含义，以及从他内心不断涌现的思想。我们有些时候会紧扣文本本身，而有时可能会广泛涉猎其他方面。不管讨论的话题是什么，保持连贯性是阿诺德的方式，他有能力在参与广泛讨论的同时，轻轻松松就找到一种方法来将问题的本质明确化。阿诺德自有一种倾听方式，他倾听结构、细微差别、含义，然后组合成整体意见。

这个学习小组典型的运作方式是，我们会把当前所读的弗洛伊德文章，作为一个立足点，来探索一个概念、范式。例如，记得当我们开始阅读弗洛伊德的《性学三论》，并且开始更密切地关注驱力概念的时候，阿诺德、我和小组的另一位成员亚瑟·林奇一起写了一篇批评驱力理论超心理学[⊖]的文章。当我开始对弗洛伊德的思想和新近关系学派观点之间的区别产生兴趣时，我被推荐阅读史蒂芬·米切尔的新书《精神分析中关系的概念：一种整合》(1988)，并向小组反馈读后感。有好多年，这样的活动成了我生活的一部分。我们有了一个机会，来直接比较弗洛伊德和其他人所说的内容。对米切尔文章的仔细审视，我们不但揭示了米切尔对弗洛伊德理解的疏漏，而且发现这些重大遗漏导致弗洛伊德的观点被大大扭曲了。通过我们小组在这个主题上的讨论，阿诺德和我决定共同写一篇对米切尔的书的评论。

那时候，关系视角的核心是，批评弗洛伊德学派观点不兼容其他观点。当时，《精神分析对话》(*Psychoanalytic Dialogues*)的主编是米切

⊖ metapsychology 在普通心理学中译为“元心理学”，指的是以心理学自身为对象的深层理论研究。在精神分析领域里，metapsychology 通常译为“超心理学”(与 parapsychology“超常心理学”研究的超常现象不同)，指的是弗洛伊德超出心理学的学科范围，用其他学科的知识来描述心理学的某些理论概念，许多概念是弗洛伊德从物理学和生物学中借用的。——译者注

尔。他自视能够包容其他观点。因此，阿诺德跟史蒂夫讨论把这篇评论发表在《精神分析对话》杂志上。或许米切尔没有意识到自己打开了一扇什么门，竟同意了他的提议。这篇评论被发表在《精神分析对话》杂志上，同时附上了长达50页的米切尔回应。小组的讨论不但使得弗洛伊德学派和关系学派思想之间的某些关键区别得以清晰化，而且产出了一系列文章，阐述弗洛伊德学派和关系学派思想之间的区别。亚瑟、阿诺德和我在随后发表的一些文章中阐述了这些差异（Bachant，Lynch，Richards，1992；Bachant，Lynch，Richards，1995a；Bachant，Lynch，Richards，1995b；Bachant，Lynch，Richards，1996；Lynch，Bachant，1999）。

阿诺德的慷慨精神是如何作为他指导能力支柱的，这一点也要在这里说一说。在许多专业情境中，资深作者的身份总是被集体中最有经验的成员所占据。此外，我们经常听闻，那些身居高位的人，不但会侵占出版物的领导地位，还会侵吞其他人的观点，而从不把荣誉归于原创者。我最钦佩阿诺德的品质之一是，在与他工作时，情况正好相反。不论是做讲座、宣读文章、非正式的讨论某个想法、正式决定一篇文章的主要作者，阿诺德会毫不犹豫地承认他人的付出和想法。他始终如一地支持和培养其他人的想法，向他人建议阅读相关文章、推荐相关的人，以及提议建立一个让所有人都受益的合作组织。

在这个合作非常困难的时代，阿诺德的慷慨精神和合作中的奉献精神是我们所有人的灯塔。

珍妮特·李·巴尚，哲学博士

参考文献

Lynch, A.A., Bachant, J.L. (1999). The Mitchell-Richards Debate: Reply to Ghent. Division 39 Section 1 newsletter, the Round Robin 14:4.

Bachant, J., Lynch, A. and Richards, A. (1992). Commentary on Reisner's "Reclaiming the Metapsychology." *Psychoanalytic Psychology* 9(4):563–569.

——— (1995a). Relational models in psychoanalytic theory. *Psychoanalytic Psychology* 12(1):71–88.

——— (1995b). The evolution of drive theory in contemporary psychoanalysis: A response to Merton Gill. *Psychoanalytic Psychology* 12(4):565–574.

——— (1996). On Perspectives, theories, models, and friends: A reply to the relationalists. *Psychoanalytic Psychology* 13:(1)153–156.

前　言

精神分析的生物 - 心理 - 社会历史背景

在本书中，阿诺德·理查兹的文章有以下观念：社会层面的影响在整个精神分析的历史和发展过程中无处不在。本书见证了思想集体以何种方式塑造精神分析理论本质、以何种方式为之做出贡献。在第一部分，通过引用路德维克·弗莱克的文章，我们看到科学知识社会学（the sociology of scientific knowledge，SSK）在精神分析知识方面的创造，以及社会传播方面的应用。在第二部分，阿诺德把他的注意力转向弗洛伊德学派思想集体的创造过程。在第三部分，他的视角转向专业组织，并扩展科学知识社会学的视野，把它运用于美国精神分析思想集体所做的尝试及所遇到的麻烦中。第四部分转向多元化视角、范式视角和政治视角。第五部分，总结科学知识社会学在专业期刊运营和管理的内外部组织动力中的应用。

第一部分：序幕

在第 1 章中，阿诺德回顾了精神分析知识的创建和传播。在这章的开始，阿诺德讲述了他在门宁格精神病学院（Menninger School of Psychiatry）受训期间精神分析的生物 - 心理 - 社会氛围。这一点与纽约精神分析学院巨大的医疗飞地形成鲜明对比，虽然在纽约精神分析学院随处可见20世纪伟大的精神分析师，但像门宁格那样的多学科合作团队，却令人遗憾地消失了。

这段介绍把读者带到这篇文章的核心主题，“排斥”和“包容”之间的联系——谁可以成为精神分析师，谁不能。派尔斯认为，精神分析正处于围困之中，要为生存而战（Pyles，2003）。阿诺德同意这个结论，但为了改变这种困境，我们必须成为“精神分析学者—活动家”。阿诺德所在的位置，让他接触科学知识社会学，并关注那些加速精神分析衰落的社会因素（例如身份）。

为了给科学知识社会学提供一个框架，阿诺德引用了路德维克·弗莱克的文章。弗莱克表明，具有相同科学信仰的人倾向于被吸引进“思想集体”中，每个思想集体都有自己的“思想风格”。思想集体是一种人类共同体，在其中人们相互交换思想，维持知识的互动。阿诺德思考了托皮卡[⊖]和纽约不同的思想集体对精神分析思想风格的塑造。

关于这些概念，阿诺德提出了“教化”的理念——成长，或内在发展的过程。要成长得很好，或者说“有教养”（gebildet），就要兴趣广泛并接受大量的教育。有些思想集体要求分析师接受医学培训，有些则认为教化是首要标准。

教化的标准涉及谁可以成为分析师的讨论。实际上，教化是弗洛伊德与布里尔之间斗争的核心。布里尔坚持认为只有具有医学背景的人才能成为分析师。阿诺德仔细分析了他们二人各自的故事，并向我们展示了他们不同的人生道路是如何形成其不同的精神分析视角和结论，并被当代精神分析中不同的思想集体所拥护的。在阿诺德看来，他们的不同故事对协会组织来说是个隐喻，这可以预测：谁会被接受，谁会被排斥。最后，阿诺德思考了我们能从这个警示故事中的所学，并给出了他的建议。

⊖ 门宁格学院位于托皮卡。——译者注

第二部分：弗洛伊德及其追随者

在第 2 章中，阿诺德扩展了第 1 章的说法，进一步阐述了在哈布斯堡王朝阴影下的弗洛伊德、布里尔和弗莱克，是如何建立精神分析和科学社会学，以及如何在短时间内把精神分析带到美国的。阿诺德以弗莱克的理论为工具，探索了以上两个新领域的社会决定因素，以此来了解科学事实是如何"被创造、接受和传播"的。随着中欧犹太人的解放，教育成为他们通往教化的通道，包括服务于其理念的学校教育和性格塑造经历。会说德语被视为受过高等教育的人，德国式的教化是他们摆脱犹太传统刻板形象、走向同化的通行证。阿诺德深入研究了布里尔和弗洛伊德不同的教育经历。布里尔可能接受了狭隘的文化教育和宗教传统，而弗洛伊德所受的教育提供给他更广阔的视角和生活体验（这是布里尔错失了的教化），这让弗洛伊德更容易进入社会、知识和专业领域。布里尔作为外乡人来到美国，他另辟蹊径进入纽约的文明城市生活，设法让自己受到教育，并公开倡导精神分析。

在第 4 章中，阿诺德呼吁人们从弗莱克的视角，审视弗洛伊德的身份认同，以及身份认同对创立精神分析这门学科有什么样的影响。他研究了弗洛伊德人格的三个维度：他所信奉的"教化"理念、当时的反犹主义，以及他的"无神论"。然后，阿诺德运用这些发现，向我们展示了为什么"人与科学都是既定时代的产物"。

最后，阿诺德阐述了由一个犹太人创立精神分析的重大意义。在这里，他再一次借鉴弗莱克的《摩西与一神教》。这部著作呈现了弗洛伊德对于其独特犹太遗产的最终洞察。精神分析的创立不仅仅是那个时代哲学的替代品，弗洛伊德还找到了哲学的解放，允许他打破其种族和宗教传统。这种解决方案使弗洛伊德摆脱了围绕他的反犹太仇恨，并推开了同化的大门。然而，这种解决方案（创立精神分析）的代价非常高，反映在他对犹太人身份的矛盾情感中。

在第5章中，阿诺德通过弗洛伊德专著中的主题，以及其他历史学家提供的轶事，继续谈论形成弗洛伊德身份认同的三条主线。在《图腾与禁忌》(1913)中，弗洛伊德认为，弑父的渴望是普遍的，这只是关于谋杀的种族遗传记忆出了错，使得良心的结构包含了自我为中心和反社会的本能。到1939年，在《摩西与一神教》中，阿诺德表明，弗洛伊德更进一步认为，除了这是一种普遍存在的记忆，还是一个典型的犹太人记忆，它被"父亲-宗教"的提出者摩西犯下的第二次谋杀所强化。阿诺德认为，我们已经看到弗洛伊德关于宗教和无神论的最后声明。正是在《摩西与一神教》中，影响他犹太身份认同的三条主线最终被整合。弗洛伊德的身份认同已经形成了一种无信仰的意愿：这并非源自根植于童年的个人因素(尽管这些可能很重要)，而是源自社会连接的感觉，源自在终极不确定的世界里对坚定意志的愿景，他需要在一种世界观中找到表达，这种表达提供积极的方案、意义感和前进的方向。

在第6章中，我们发现弗洛伊德在思考：谁应该领导精神分析，并带领它穿越在美国的成长痛苦，布里尔一直是这个领域公开的强有力的倡导者，但是这位傲慢的移民与弗洛伊德在非医学背景的问题上存在冲突。詹姆斯·杰克逊·帕特南(James Jackson Putnam)是一位本地的非犹太人，似乎是一位理想的继承者，但是他更倾向于黑格尔学派的精神维度。这似乎在弗洛伊德看来是肤浅和无关紧要的。在他们第一次见面之前，帕特南对弗洛伊德的思想感到不解。他兴趣盎然地邀请包括弗洛伊德、荣格和费伦茨在内的小组成员，在他家位于阿迪朗达克斯山(纽约州)的憩园中度过一个周末，在此之后，他对精神分析深信不疑。然而，帕特南很快意识到分析师的性格缺陷可能对患者产生负面影响。这使他和弗洛伊德的观点产生另一个分歧。帕特南在他的《人类动机》一书中传达了这个观点，这使弗洛伊德注意到更深层的反映其性格的道德动机。最后，布里尔被选中为领导者，灵性在精神分析中的角色和功能问题再也无人提及。

第 7 章从对约瑟夫・伯克的介绍开始，他因努力帮助 R.D. 莱茵（R. D. Laing）建立金斯利・霍尔社区（一个社区治疗项目）而闻名。他曾与玛丽・巴恩斯合作，把精神分析与卡巴拉联系在一起而闻名。阿诺德在提到伯克的核心论点之前，先简述了弗洛伊德对神秘主义和卡巴拉的兴趣。伯克的核心论点是：虽然弗洛伊德可能是一个不敬神的犹太人，但他拥有普遍的犹太灵魂，精神分析是卡巴拉的世俗分支。

相反，阿诺德认为，精神分析植根于马克思唯物主义传统。阿诺德并没有否认哈西德主义和卡巴拉对弗洛伊德的思想有影响，但他指出，弗洛伊德还受到神经生物学、神经病学、人类学、希腊神话、文学、催眠、精神病学和精神病理学等思想的影响。

第三部分：对精神分析组织的看法

在第 8 章中，阿诺德介绍了美国精神分析协会（American Psychoanalytic Association，APsaA）的会员资格和认证历史。在各小节中，阿诺德和莫舍追踪了美国精神分析的历史是如何与认证、成员资格、排斥非医学背景精神分析师、内部政治权力等问题交织在一起的，尤其是在 20 世纪下半叶，旨在歧视性和排他性的会员认证新标准竟得以实施或合理化。这种排外的做法，最初是由布里尔强制执行的，即只允许接受过医学训练的精神分析师在美国治疗病人。

在第 9 章中，阿诺德阐述了精神分析衰落的原因及其面临的潜在危机。治疗的经济效益已经变得难以管理，与此同时公众对它的需求也急剧下降。分析师候选人的数量在降低，患者人数减少，保险覆盖面减少，在精神科和学术部门的代表人数减少。分析师正在逐渐淡出这个行业，能代替他们的年轻人也越来越少。弗洛伊德认为，科学建立在经验模型基础之上，阿诺德则认为，精神分析知识的传播变得更加受政治驱动：培训分析师系统中的精神分析知识，已经导致它成为一种意识形态而永恒存在，并在精神分析组织和机构的结构中处于独裁地位。

阿诺德提醒我们，如果不在开放的环境中进行探索性努力，精神分析就什么也不是。当探索性的检验和挑战被压制时，精神分析理论就变成了意识形态。此外他指出，对许多分析师来说，精神分析既不是意识形态也不是神学，而是一种智力刺激，是人性及人文努力在情感层面收获的奖赏，在这里常规受到创造性的挑战，创新也受到传统的约束。阿诺德用这种方式提醒我们，这实在太珍贵，我们绝不能丢失。他认为，现在是时候让我们重新沉浸在更大的好奇心、创造力和自由的知识世界中，再次重返精神分析领域。

在第10章中，阿诺德描述了美国精神分析协会为建立包容性的程序和民主结构所做的努力及失败，以及其所具有的含义。他认为，1946年在美国精神分析协会重组期间成立的职业标准委员会（Board on Professional Standards, BoPS），就像是美国精神分析的“凡尔赛条约”。它企图通过强制推行不合情理的、不民主的、最终站不住脚的重重壁垒，在不稳定的派系之间创造和平。这些排外的手段现在威胁到美国精神分析协会的生存，对此我们要小心。

阿诺德继续阐述他悲观的人口统计数据：分析师成员的不断老龄化，新成员和候选人的人数下降。不难看出，财政上的危机也迫在眉睫。这些问题都集中在1946年的重组和职业标准委员会的政策上，以及它不愿接受监督的问题上。这里，阿诺德简述了自那时起职业标准委员会的发展历史。这种失败的解决方案的一个例子，是1938年它对非医学背景人员的精神分析培训和对实践的排斥。职业标准委员会仍然致力于这种成员限制。协会新近授予的成员在未来几年所做出的决策，将决定美国精神分析协会是否可以转变为一个充满活力和前瞻性的专业组织，或者是否会因年轻精神分析师的主导而凋亡。

精神分析一直以来都在不断地讨论它作为一门学科和社会机构的身份。阿诺德一方面考虑科学在精神分析中的地位，另一方面考虑我们学科的解释性本质。他的目标是阐明精神分析知识的类型学（typology），将精神分析的特征概括为一种治疗形式、智力运动和理论体系。这种类型学将精神分析视为一种思想集体，通过交换和维护思想来影响其成员。要成为一个全面的精神分析思想家或实践者，必须能够在三种知识领域间轻易地转变：人文科学、社会科学和自然科学。每个领域都有自己的真理标准，我们所面临的挑战是要知道何时应该采用哪些标准。

第四部分：对多元主义的看法：范式与政治

在第 12 章中，阿诺德贡献了一个视角 ：精神分析理论及技术的过去、现在和未来，并以此评估精神分析的状态。他先简要地回顾了历史，指出弗洛伊德的理论既是一种调查方法，也是一种治疗方式。他认为，相较于治疗理论，分析师们似乎更能容忍对心理理论做出较大修改。

20 世纪 70 ～ 90 年代，精神分析理论的争论集中在精神分析理论方法的不断增多上，即集中于理论的多元化。阿诺德以“自体”概念为例，使精神分析领域两极化，一方面保持了传统观点，另一方面也出现了各种不同的“自体理论”。这些新理论呼吁分析师彻底进行改变，以适应新的临床问题并弥补各种缺陷。阿诺德简要评论了科胡特、戈登伯格、克莱因和盖多。

同时，其他新的不同理论集群开始出现。学界出现了各种各样的观点，包括格兰巴姆（Grünbaum）呼吁人们严格遵循科学的规律，科尔比和斯托勒推崇认知科学，以及霍布森呼吁人们将精神分析与神经机制结合。谢弗和司宾斯认为，精神分析是由解释学所驱动的。霍尔特主张彻底拆除弗洛伊德的超心理学，因为它的重要假设是过时的、机械的和错误的。埃德尔森采取了更有希望的立场，即把精神分析理论视为一种潜在的科学。

分析师们也开始采用新的混合模型。沃勒斯坦强调接近临床概念的体验，以及不同流派分析师的日常治疗工作都可以被纳入共同基础，据此达到统一。米歇尔斯指出（1988），“在精神分析的对话中，理论的多元化并没有减弱的迹象。”理论多元化激发辩论和比较研究，因而他会持续振兴该领域。不足的是互相竞争理论的发展推动了分裂倾向，互相竞争理论的支持者倾向于使用不同的观察基础。以斯托罗楼（Stolorow）、布兰德卡夫特（Brandchaft）、阿特伍德（Atwood）为例，阿诺德指出：有种方法规定了临床数据的种类，从这些临床数据中我们可以构建理论，形成假设，并据此检验假设；这种方法必须基于心理是如何运作的理论；这种方法还要建立边界，而理论建构是发生在边界内的。心理理论的理论性方法，是精神分析的元理论基石。

本章的其余部分，阿诺德致力于阐明一个更个人化的视角。他指出，理论必须植根于现有的最具综合性的心理理论（theory of mind）。

阿诺德把剩余的篇幅都用来从目前的趋势中做出推断，提出一个更加个人化的精神分析理论视角。他认为，这个理论要根植于现有的最广泛的心理理论中。阿诺德称赞弗洛伊德的模型既具有最大的外延，又很有解释效力。这一成就取决于弗洛伊德认识到关于心理必须同时包含冲突和心理综合两部分，以实现多维包容性（例如，部分－整体维度、冲突－缺陷维度、动机－因果维度、科学－人文维度、内心－外界维度）的功能。这一理论的最新版本融合了几代分析师的成就，他们接受了弗洛伊德的基本概念，并为之添砖加瓦。

最终盛行的精神分析理论将是一个最有解释效力的理论，与神经科学、婴幼儿观察研究等领域趋同。要达到这种趋同，一个前提条件就是从认识论的角度理解复杂的身心问题。虽然神经生理学机制可能永远无法取代心理学命题，但它们提供了一个可能的基础，以供人们在相互竞争的精神分析理论中做出选择。

从长远来看，用拥护一方打倒另一方的方式来调停生理学理论和心理学理论，是不可能的。例如，把精神分析视为唯我独尊的解释之道，注定会遭到否定。后者支持真理的融贯理论，不能为心智科学提供认识论基础。这最终败坏了精神分析方法作为科学研究工具的名声，也破坏了由该方法产生的数据的证据状态，还伤害了这些数据所支持的理论的有效性。

阿诺德的理论中隐含着这样的信念，我们可以经由一个“真理”理论，部分基于精神分析获得的数据，部分基于分析和其他科学的趋同之处，来确认某些理论，同时认定其他理论的无效性，从而向一个综合性的、有效的理论前进。在这里，阿诺德主张真理的符合论原理，根据符合论，心理是自然的一部分，关于心理的理论可以被客观地检验。与汉利一样，阿诺德认为精神分析学是一门能够掌握精神生活事实的科学，尽管精神分析情境本身、自由联想数据等存在固有的不确定性。

阿诺德认为，理论与临床技术密切相关。阿洛在谈到发病机制的理论时提出了这一观点，布伦纳曾提出具体理论概念，例如防御、抑郁性情感、妥协形成和心理内部冲突与临床的一致性等。阿诺德希望未来的分析师，能够更好地展示出他们的理论概念在临床上的相关性。他相信，只有在激烈的辩论中，在对话向所有观点的倡导者开放的情况下，这种未来才会发生。这是基于他的观点，即理论上的百家争鸣对于科学的发展至关重要。共同基础模糊了各理论间的差异，并常常提出一些概念来消除或改变基本概念。在寻求共同基础时，我们实际上通过不去理会理论的方式，来应对各种不同的理论。

阿诺德对此的补救是，对于不同的理论取向之间的差异，既不认为它们在临床上无足轻重，也不把它们掩盖起来。相反他认为，不同理论之间的差异必须被接受，无论好坏，最终的共识将基于实证主义的充分性出现。这里的困难是，如何定义不同理论的结构在进行比较时的充分性。为了说明这一点，阿诺德举了一个例子，他指出自体心理学中“缺少内容的状态”（contentless states）这一概念在临床上不具有充分性。差异是存在的，并且它们是相因相生的。阿诺德建议我们探索和比较在本体论和认识论方面有哪些内容在支持那些相互竞争的理论。为了促进这种建设性对话，他开始谈论具有一致性的培训。尽管其他人担心精神分析的去医学化、女性化和国际化，能够每周进行四五次分析的分析师人数不断减少，这更令阿诺德担忧。

第五部分：结语

在结语中，阿诺德以两章内容总结了本书。阿诺德在第 16 章中指出，在 20 世纪 80 年代，他观察到世界范围内人们对精神分析越来越感兴趣，同时也存在反对的力量旨在减少和贬低它的贡献。乐观和悲观的观点来自几个方面。在科学界、知识界和学术界，批评者指责它已经过时，因此是多余的。这些批评强烈阻碍了这个领域的发展。除了这些挑战，还有一些互相竞争理论的新发展，包括现代客体关系理论、自体心理学、关系视角、现代克莱因学派和拉康学派。这些新的理论立场的发展所提出的挑战远远不够友好，在当时没有任何改善的迹象。这导致了理论多元化的分裂状态，使得参与的各方都身处险境，导致一种激烈争吵和破坏性见诸行动的氛围，妨碍了治愈的可能性。多元化迫使我们需要解决旧问题。谁可以接受精神分析治疗，谁不能？什么是最有效的治疗，是精神分析还是心理治疗？辅助疗法和精神药理学的作用是什么？为了成为一个合格的精神分析师，在培训中什么是必要的，以及与此相关的，谁可以被纳入精神分析师的考虑范围，谁不能？阿诺德以对未来的预测来结束本章。他指出，精神分析的未来在很大程度上取决于其核心价值是否与整个文化的价值观同步。

在最后一章中，阿诺德从JAPA的历史开始，讲述了之前的每位主编——约翰·弗罗施（John Frosch）、哈罗德·布鲁姆（Harold Blum）和西奥多·夏皮罗（Theodore Shapiro），以及他们在40年前所遇到的期刊问题。阿诺德就任时，环境发生了变化，精神分析的政治、临床和组织情况发生了变化。其中，两件决定性事件发挥了重要作用："解除关联"和诉讼。在"解除关联"中，美国精神分析协会（1992）通过决议，美国精神分析协会各机构的所有毕业生都被允许成为会员。另一个事件是诉讼的解决，这为没有医学学位的分析师进入美国精神分析协会打开了大门，带来了更广泛和更多样化的会员资格。

在过去的几十年中，JAPA曾作为美国精神分析协会正统派的倡导者。现在，基于理论多样性的、不同受训背景的分析师不再被边缘化。这对JAPA的使命构成了严峻的挑战：如何满足会员新的多样化需求？在回答这个问题之前，阿诺德的《成为一名正统的精神分析师》（1996）带我们回顾了他自己接受的训练和影响。这一背景使他在作为分析师和编辑的身份之间，以及在人文主义和医学观点之间取得了微妙的平衡。这种人文主义观点是他在门宁格受训时被激发出来的，而其医学观点，主要在纽约精神分析学院的培训中形成。用人文主义观点对待心理疾病，就会对社会视角保持敏锐，这与医学模式对疾病的包揽截然不同。

但是，JAPA处在一种特殊的境况中。自JAPA成立以来，一直是经典弗洛伊德学派医学背景分析师的保守派杂志，一夜之间成为一个在历史背景和理论兴趣方面更加多样化的协会的正式出版物。为了管理这些通常棘手且深刻的理论和政治问题，阿诺德接受了一种标准，即一个由组织发起的期刊要想成功的话，必须能够为组织中的所有成员发声。如果JAPA要继续保持它的成功，就必须表现出开放和欢迎的态度。他带领我们完成了为实现这一目标而实施的一系列变革。正是在这个寻求解决方案的时期，阿诺德发现了“科学社会学[㊀]学科创始人路德维克・弗莱克的工作。沿着这种思路，弗莱克对科学内部和科学社群之间的对话非常感兴趣。他认为，科学知识源自人们交换思想的交流——他称之为“思想集体”。共同的态度和共担的责任形成了这个思想集体的特征，他称之为“思想风格”。对于弗莱克来说，“事实”是受思想风格的背景决定的，思想风格是随时间和文化而变化的，因为科学家的研究和看法是从他们的社会知识背景中获得的。他认为，思想集体面临的主要挑战是保持自身与其他集体的持续沟通，尽管它们的思想风格不同。

在美国精神分析协会中，没有任何组织间的支持或思想集体间合作的先例。阿诺德开始设想让JAPA在解除关联和诉讼之后发挥作用，促进更高层次的融合，而不是潜在的分裂和内部瓦解。像弗莱克一样，阿诺德认为知识竞争对于鼓励科学进步非常重要，而且思想在不同的思想集体中传播时会发生变化。这引发了他的思考：“一本期刊如何加强和培育它的思想集体？”这是该领域碎片化和分裂历史中的一个紧迫问题。阿诺德坚信，一门科学的健康取决于它内部的自由沟通，它对世界的贡献很大程度上取决于它在本身范畴之外的沟通。本书在这里首尾呼应，他运用了精神

㊀ 如前所述，弗莱克否认了这样一种观点，即知识可以用任何绝对客观的标准来定义。他认为，科学不发生于真空，事实并不存在于“自然界”，不以某种抽象的纯粹性等待被发现。科学知识、科学事实（甚至“什么是科学”）都是出现于社会环境和过程之中。“科学”不独立于人类的存在而存在。

分析更广泛的生物 - 心理 - 社会历史方法。这种方法不是一种折中妥协的共同基础的观点，甚至也不是尝试构建一种全面综合的精神分析理论。相反，阿诺德阐述了社会维度，在此维度上精神分析被发现、建立和发展到现代形式。吸取路德维克 · 弗莱克的研究，应用来自科学知识社会学的关键构想，他不断见证“思想集体”在历史中是如何构建精神分析理论的本质、组织和发现的。

亚瑟 · 林奇

译者序

我最早接触到阿诺德·理查兹，是在武汉参加第一期中美精神分析连续培训项目的时候。当时，我在亚瑟·林奇教授带领的中级组里。当他给我们督导案例时，他会谈到一些概念如妥协形成、心理冲突，以及一些分析师如查尔斯·布伦纳、雅各布·阿洛。国内的其他培训项目很少教授这些理论，布伦纳也只是作为“中美班”教材的《精神分析入门》一书的作者为大家所熟悉。林奇教授告诉我们，这些概念和分析师都与现代冲突理论有关。同时，他也让我们额外阅读两篇文章：一篇是《从自我心理学到当代冲突理论：历史概览》，另一篇是《精神分析：心理冲突的科学》，阿诺德·理查兹是这两篇文章的作者，也是“中美班”督导组的老师。当时我在想：阿诺德·理查兹到底是何方神圣？林奇教授这么推崇他，他有哪些过人之处？如果他真的是一位非常著名的精神分析师，他来中国教授精神分析又是因为什么？带着这些好奇，也许还有一丝怀疑，我开始了解他的历史、他的贡献，以及最重要的——他是谁。

现代冲突理论起源于自我心理学。在北美精神分析的发展历史中，自我心理学一直代表着“正统”“主流”，冲突理论就像是对弗洛伊德的精神分析在历代理论家的修正、扩展之后形成的弗洛伊德理论的现代版本。在现代冲突理论逐渐成形的年代，美国精神分析的多元化已经势不可挡。提出新理论最便捷的方式是摒弃旧理论，并且在旧理论上“踩一脚”——理论家通过声称自己的新理论与弗洛伊德经典精神分析中的某些“缺陷”正好相反的方式，来提出自己的理论。这是导致当前精神分析理论对立化、碎片化的一个重要原因。阿诺德·理查兹所受的精神分析教育背景，虽然主要与“正统”精神分析理论密切相关，但他提倡多元化，对多种理论和方法保持开放，并且希望通过这种多元化促进精神分析本身发展。他认为这些学派的观点暗含了四种错误的对立关系：驱力理论 vs. 关系理论、内疚人 vs. 悲剧人、主观性 vs. 客观性、心理内部 vs. 人际关系。通过与这些学派之间建立对话，我们可以看到他为了解决精神分析面临多元化挑战时所做的努力。

在这个过程中，阿诺德·理查兹引入了路德维克·弗莱克的观点。弗莱克认为，没有绝对意义上的、客观的科学和科学事实（即真理），因为科学离不开科学家，每个科学家都会受到社会、文化、政治和心理等因素的影响。我们对精神分析理论的看法，一样会受到我们的训练、我们的背景、我们的人格的影响。要理解理论家所阐述的理论，我们就需要理解是“谁”阐述的这个理论。精神分析非常显著的特点是尊重历史和个人史。于是在本书中，我们看到阿诺德回到了精神分析的两个历史源头——弗洛伊德（精神分析的根源）和布里尔（精神分析在美国的根源）。就像在精神分析的过程中去理解神经症起源的个人史一样，他想从精神分析的发展历史中，找到帮助我们理解当代的精神分析为什么会是这个样子，以及这门专业现有困难的“病因”。

科学会受到人的影响，政策和制度也不例外。最典型的例子就是精神分析在美国的“排外政策”。当把思想集体的视角运用在精神分析领域中时，许多所谓的“精神分析的学术问题”（无医学背景的人在美国是不能成为精神分析师的），就变成了“精神分析的制度问题”（谁可以做，谁不能）。阿诺德对精神分析政治的研究，对精神分析和心理咨询在中国的发展具有重大的借鉴意义。心理咨询正在向行业认证转变。在这个过程中，谁可以做心理咨询、谁可以做督导、谁可以给受训学生做个人分析和治疗，除了本身的专业能力需要一个衡量标准，彼此竞争的行业组织的因素也起着决定性的作用。要想让心理咨询在中国的专业发展过程中少走弯路，美国精神分析的发展历史会是非常好的参照——这也是本书如此重要的原因。在本书中，阿诺德给了我们三个与人有关的视角，即历史、政治、思想集体，这让我们有机会反思精神分析行业以及我们自身专业的发展。

同样地，阿诺德·理查兹也以 JAPA 前任主编的身份而享有盛誉。在他接任主编以前，JAPA 本身已经是美国首屈一指的精神分析期刊了，但在 20 世纪 80 ～ 90 年代，在美国精神分析历史上重要事件的影响下（指“诉讼”和“解除关联”，参见本书第 8 章、第 17 章），面对理论多元化的挑战，以及期刊本身的保守、僵化和排外的问题，JAPA 站在了十字路口：是选择继续封闭、故步自封，还是选择不破不立、敞开大门？在这样不同寻常的“内忧外患”的局势中，阿诺德·理查兹作为主编，他选择让 JAPA 敞开怀抱，使它成为我们今天看到的一个开放的、广受欢迎的期刊，“一个能够让交流真正发生的地方”。

本书最终能够翻译完成并出版，是许多人一起努力的结果。本书译者分工如下。

序言一、序言二、前言、第 12 章、第 13 章、第 15 章、第 17 章：张皓（译），何巧丽（校）。

第 1 章：何巧丽、殷芳（译），张皓（校）。

第 2 ～ 7 章：何巧丽（译），张皓（校）。

第 8 章：殷芳（译），何巧丽（校）。

第 9 ～ 10 章：屈笛扬（译）、张皓（校）。

第 11 章：余萍（译），何巧丽、张皓（校）。

第 14 章：汪璇（译），张皓、何巧丽（校）。

第 16 章：王雪君（译），张皓（校）。

囿于我自身的英语水平，翻译的不足之处恳请大家批评指正。在此，我想代表和我一起翻译本书的何巧丽、屈笛扬、殷芳、汪璇等同行，向负责本书出版工作的华章公司的编辑致以深深的谢意。同时，我希望能以此书，纪念已故去的《精神分析：开放性对话》的译者缪绍疆老师。另外，我也希望借这个机会，感谢武汉市心理医院的童俊院长、各位老师及工作人员，感谢你们通过“中美班”，把当代精神分析带给国内精神分析和心理咨询的从业者。

在本书中，阿诺德以思想集体的视角审视了精神分析本身，这既承接了《精神分析：开放性对话》的内容，又启发人们后续聚焦在他的临床工作和理论上，我们也将运用个人历史的视角，后续不断研究理解阿诺德·理查兹这个人，以及他眼中的精神分析到底是什么。

张皓

·第一部分·

序幕

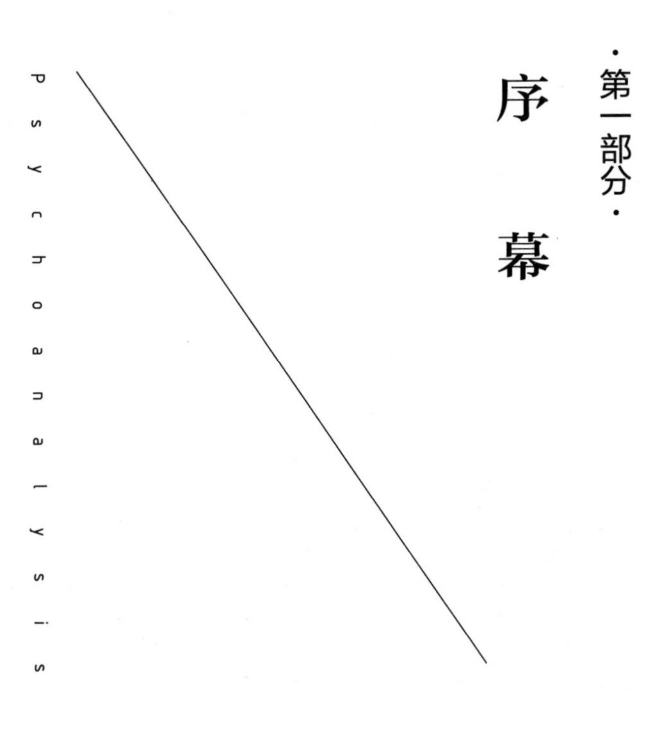

Psychoanalysis

Psychoanalysis

第1章

精神分析知识的创建及其社会传播⊖

感谢迪克·西蒙斯（Dick Simons）赞誉般的介绍。迪克和我相识已久。如他所言，在20世纪60年代早期，我们同为门宁格精神病学院的住院医师。在那个年代，门宁格诊所在美国是独一无二的，在那里做住院医师的经历令人难忘。卡尔·门宁格（Karl Menninger）关于精神病学的生物–心理–社会模型、对精神分析做出的贡献、对杰出思想家的支持，使得托皮卡成为一个综合性社群，容纳了研究员、学者以及各类临床工作者。那里并不会去区分有医学背景与非医学背景的精神分析师。在托皮卡精神分析学院杰出的培训分析师中间，心理学家泰然自若，精神分析群体本身也与周围的学术世界融为一体，其中不乏闻名遐迩之辈，比如阿尔弗雷德·P. 斯隆（Alfred P. Sloane）教授等。

在门宁格诊所，精神病学和精神分析都从属于更大的学术、科学、哲学和文化群体，这个来自托皮卡的思想集体在那个时期发表了众多文章。

我长久地关注精神分析在知识世界中所处的地位，这是我在门宁格诊所期间最丰硕的成果。在托皮卡时，我的学术兴趣范围是非常广泛的，但当我回到纽约开始分析性训练时，我却不得不把学术兴趣缩小到一个比较狭窄的

⊖ 资料来源：Richards, A.D. (2006). *Journal of the American Psychoanalytic Association*, 54:359-378.

范围。我很幸运，因为那个时候纽约精神分析学院的教员有许多20世纪著名的欧洲和美国的分析师。

即使这样，我仍然感觉少了些什么。纽约浓厚的医学色彩与托皮卡多学科合作的氛围是截然不同的。最显著的不同之处是其他学科的同行相对缺乏。那个时期，我们学院明确规定，当心理学“研究型候选人”开展精神分析临床实践时，他们必须保证不能声称自己是经典精神分析师，不能从事精神分析私人执业。

卡尔·门宁格在美国精神分析协会的威望让他足以绕开这一规定，但他所执行的那一套在其他地方是不被允许的。越来越多的日常事务指明，精神分析师需具有医学背景，这意味着在纽约，精神分析师、研究人员及其他学者的级别处于相对低的位置，各类人员之间地位非常不平等。这也意味着，在精神分析研究、临床实践和分析性学术研究上，轻松交流探讨的现象难得一见。

当我到纽约后，才头一次明白这种排外规则是如何让自己陷入孤立境地的。它把纽约心理学界一些最具创造力的思想者排斥在外，他们不能进入协会的机构，不能参加协会的讨论。比如，当罗伯特·霍尔特（Robert Holt）和乔治·克莱因（George Klein）创建纽约大学精神卫生研究中心时，美国精神分析协会在纽约的机构就对他们的工作很少留意。然而，研究中心为精神分析理论和研究做出的贡献大大超出了它的规模和非中心地位。

今天，我主要想讲的就是排外和孤立之间的联系。

精神分析正在逐渐失去它的优势。在这么多年的争论和试图寻求解决方案之后，内部争论和外部争议越来越广泛。现在不仅是我们协会和其他精神分析组织之间存在意见分歧，而且协会内部也有很多分歧，甚至一些分歧还有加深的趋势。我们还需要有更多的机会来进行充分的讨论，终结了医学排外性的诉讼并没有把我们带出荒野从而进入乐土。精神分析不再是无可争辩的心理治疗之王。它曾经在更大的知识世界中获得的欢迎和尊重，现在已经不被视为是理所当然的，甚至最为讽刺的是，在医学和精神病学领域中也是如此。

在 2000 年秋天的大会上，罗伯特·派尔斯在他的就职演说中警醒人们，精神分析已经被包围，到了为生死而战的时候了。对于为什么到了这步田地，我不是完全同意他的感觉，但是我同意他的判断，以及他应对挑战的态度。“我们不一定要成为平民军人，”他说，“但必须成为精神分析学术活动家。我们‘光辉的孤立’必须结束。”（Pyles，2003，p. 34）派尔斯鼓励我们一起展望，在此后 3 ～ 5 年的某一天，那时我们将能够“做一个职业回顾，同时可以看看我们的成员、我们的协会以及我们的社团是怎样全力参与到这个时代重大的社会政治议题中的”（Pyles，2003，p. 23）。现在，5 年已经过去了，我们离这一目标前所未有的遥远——更不要说我们其他的目标了：参与我们这个时代主要的知识议题，对组织管理工作发声，在我们自己内部以及和相关领域同行之间建立合作等。

精神分析的领域并没有扩张，反而正在缩小。尽管大学里我们还能够看到一些人对精神分析感兴趣，但是我们的威望却在下降。人们常说，我们正在经历着精神分析身份认同的危机，我认为确实如此：正是身份认同的问题，阻碍了我们之间，以及我们同周围的知识分子之间形成更健康、更有活力、不断增长的联系。

哈佛生物学家理查德·勒沃汀在《纽约书评》（*The New York Review of Books*）的一篇文章中，引用了其律师朋友最喜欢的格言：“裁决法律争端的唯一通则，就是裁决依赖于司法管辖权”（Lewontin，2004）。争端的解决取决于谁来裁决，在哪里裁决以及在什么样的背景下裁决。

勒沃汀把这一原则应用于有公众意义的科学问题上。他认为，“有人声称科学家工作时没有优先的道德伦理、经济、社会价值观和动机，这是不实言论”（Lewontin，2004，p. 39）。他指出，即使在最基础的层面，科学问题都和政策问题分不开。比如，没有人会把疟原虫称为“濒危物种”，因为就算是最激进的环保主义者也不会关心它的存亡。勒沃汀直截了当的评论强调了科学实体和科学实践者之间的关系，以及学习的重要性，我们要尽可能多地学习科学（包括我们的学科）的社会学进程。

对此，我们还有很多东西要学习。科学知识（至少是科学的发展背景及社会环境方面的学习），一直都不是人们集中学习的目标，直到最近几十年才有所进步。早在20世纪30年代，人们就已经清楚地认识到：不能简单地认为社会因素只会从外部腐蚀科学。社会因素（身份因素）是与科学知识的产出融为一体的，甚至决定了什么才算是科学。“科学”不是独立而独特的，相反，它是一个对外部情境和内部内容同样敏感的开放系统。学习知识社会学就是细致地考量我们每天的思维和实践中都包含什么内容，又漏掉什么东西。

追随弗洛伊德，我们习惯于用三分模式思考精神分析：把它作为一种研究方法、一种治疗手段、一种关于人类心智的理论。我们不习惯把它视为一种建制、学科，或者一群人在社会和知识市场上为求生存而努力从事的一种竞争性的事业（Freud，1923）。值得注意的事实是：我们群体之外的学者（即那些非精神分析师的学者），已经比我们更迅速地朝着这一方向在努力了。

路德维克·弗莱克和科学知识社会学

在我看来，路德维克·弗莱克关注的科学群体内部及各群体之间的讨论，正中我们问题的核心。波兰籍犹太免疫学家和科学史学家弗莱克在1935年出版了《科学事实的起源和发展》一书（Fleck，1935）。他的工作鲜有人注意，直到20世纪60年代，托马斯·库恩才在其里程碑式的著作《科学革命的结构》中引述了他的话（Kuhn，1962）。弗莱克发展并详述的思想观点，后来被证明是现如今众所周知的科学知识社会学体系的萌芽。每个科学领域都把它自己组织成“思想集体”，每个思想集体都有着独特的“思想风格”。

弗莱克把思想集体定义为“一个由人所组成的社会群体，其中人们互相交换自己的想法，以维持知识层面的交流”，并且它“承载了各领域思想的独特的历史性发展，同时也承载了既定的知识和文化层面的发展”（Fleck，1935，p. 39）。他认为，思想风格是思想集体成员的共有态度或背景假设的表征。

弗莱克对托皮卡和纽约的精神分析群体的氛围差异的描述似乎是中肯的，比如在我一直在思考的问题（排外如何导致孤立）上。他思考：思想集体是怎么形成的，是什么塑造了作为其特征的思想风格？它们是怎么运作的？它们是如何区分和连接的？他也提出了与此相关的另一个问题：科学思想群体之间是如何相互对话的，即科学思想是如何传播的？

根据功能的不同，他定义了四种科学知识：期刊科学（一个专业群体共同的理论科学）、手册科学（可用于操作的实用程序和技术指南）、教材科学（可用于教学的现有知识库）、通俗科学（该领域符合当前时代精神的那部分）。我最感兴趣的当然是期刊科学，因为几十年来，我一直都致力于促进同行之间、不同思想集体之间知识的交流传播。在任职JAPA编辑期间，我非常清楚地意识到，如果能够对于这种富有活力的科普需求更加敏感，那么精神分析在更广泛群体中的地位也会得到提升。现在我们协会中在教材科学和手册科学方面正在进行一场战争，论战双方就应该教授什么、由谁来教、应该怎么教，以及怎么评估相持不下。关于科学社群的动力，弗莱克所提出的非争论观点，给我提供了一个广受欢迎的视角来看待这一切。

我致力于对精神分析的非精神分析性研究。虽然自省是我们学科及职业精神的核心，但我们并没有一直尝试着从外部来看待我们自己，看一看其他学科（相邻的思想集体）是怎么看待我们的。我越来越多地注意到，这些外部资源，开始从各自不同的视角慢慢集中到一个主题上：一个专业领域的特征，包括它的思想观点、它的学科科目——简而言之特征的发展，即我们的分析鼻祖所称的“教化”。

教化的理想

“教化”这个词在19世纪的德国备受珍视，其本意是指形成，它特指缺乏政治正确性的那个时代所谓的“造就一个人”，这是一种内在的发展过程，这个过程衍生出成熟的、受过教化的敏感性、智力和人格。教化包括教育，但又比教育丰富得多。教化不仅仅是指学校教育，还包括体验，以及为实现理想而寻找和使用体验的过程。深受欢迎的文学流派“成长小说”（Bildungsroman）就是以此命名的。这类文学作品讲述的是主人公如何受教育、发展、长大成人的故事。“教化”如今已经成了我思考精神分析现状的关键点。

早期精神分析成长于一个非常独特的教化理想中。很多年后，精神分析在美国的建立也如出一辙，因此，我希望能够说服你们：今天，精神分析的繁荣也来自理想，但不完全属于同一个理想。在一篇名为《教化，或精神分析师的养成》（Wang，2003）的文章中，中国台湾的科学历史学家王文基引用了一段描述，原文来自理查德·斯特巴（Richard Sterba）的《一位维也纳精神分析师的回忆录》（*Reminiscences of a Viennese Psychoanalyst*），里面讲到了人文主义传统，这一传统影响了维也纳精神分析协会（Vienna Psychoanalytic Society）的早期成员。“要让人觉得是有文化修养的‘被很好地塑造过的’，”斯特巴写道，“除了德语，还必须会讲至少两种常用语言（主要是英语和法语）……要懂古拉丁语和古希腊知识，必须接受高级中学教育，这些都是不言而喻的。”（Sterba，1982，p. 80）一个有教养的人还必须紧跟时事动态，精通西方艺术和文学的重要作品，掌握社会精英阶层的语言和礼仪。斯特巴承认这是一种理想，但大多数维也纳精神分析协会的成员某种程度上达到了这个标准，并且“其中少数人，比如齐格弗里德·贝恩菲尔德（Siegfried Bernfeld）、哈特曼（Hartmann）、克里斯（kris）和韦尔德（Waelder），甚至达到了非同一般的高度。西格蒙德·弗洛伊德还在所有人之上。他的教养达到了最高水平”。斯特巴继续指出，个人内在的教养是在儿童时期、在正确的环境中潜移默化形成的，之后就很难养成了（Sterba，1982，pp. 80-81）。

这种对教化的关注，为我们长期以来关于非医学专业分析师的争论提供了一些新的启示。弗洛伊德坚持认为，除非一个分析师熟悉诸如神话、文明发展史、宗教心理学和文学科学等学科，否则“他是无法理解自己获得的那些大量资料的”（Freud，1926，p. 246）。人们都知道，他认为只有医学教育是不够的，但是人们很少承认，他为医学、心理学、社会工作学指定的额外需要学习的课程一样多。

弗洛伊德并没有讲实际培训的内容。他讲的更多的是一些基础性的内容——类似于斯特巴的理想。弗洛伊德关于分析资格的要求，与其说是他所创建的这一职业的客观要求，不如说是反映了他的主观感受中对于个人基础的要求。教化使人明理、诚信和正派。在弗洛伊德所处的社会中，关于教化的共识是指一种趋向一致的力量，这种力量跨越行业、宗教及阶层分界。弗洛伊德假定，他和他的患者在关于“什么是有思想、有教养的人”这方面观点一致，同样浸泡在宗教、神话心理学及他们自己文化的人文潮流中。自己坚守着这样一种理想，并期望他的患者们与之共同产生的“临床材料”中，能够坚守同样的理想。

分析师的定义应该反映那个时代盛行的教化理想，而现在我们这个移民社会，与19世纪维也纳的知识分子界相比，同质性相对要少。我们不再怀有这种同一化的理想。尽管争论了几十年，我怀疑我们中间仍有很多人不同意如下观点：一个好的分析师应该是诚实、善良、聪明、有道德、富有同情心和好奇心的人。现在已经不再有那个特定的教育评定者按照19世纪维也纳人的方法确认有教养的人。斯特巴指出，“必须接受高级中学教育”是理所当然的（Sterba，1982）。我们寻找某种等级或程度来区分好的分析师，就算我们抓住了不同时代不同地域的独特等级划分，但实际上等级并不重要。我们在分析师中寻找的是教化的理想——这一理想跨越了文化和时代。

我希望用一个扩展示例来说明，教化及其变迁是如何在知识的发展中显示出它的决定性的。我选取的是弗洛伊德及其弟子A.A. 布里尔（A.A. Brill）的例子，他们或许对美国精神分析的发展有独一无二的深远影响。

布里尔、弗洛伊德和教化

尽管弗洛伊德和布里尔之间有一些不同，但这两个人有着深刻的共同点。他们都是世俗的犹太知识分子，都是内科医生，都聪明且勇敢。他们都是不知疲倦努力工作的人，决心在两种非常不同的文化中为精神分析建立制度上的正统地位，在这两种文化中，犹太人在法律面前是平等的，在社会上却受到不平等待遇。两个人在统治自己的精神分析王国中都遭遇阿布拉姆·卡丁纳（Abram Kardiner）口中“嫉妒的束缚”。

他们也有着共同的根源。

和弗洛伊德一样，布里尔出生于奥匈帝国，只是后者晚了快20年。弗洛伊德出生于摩拉维亚，布里尔出生于加利西亚东部，一个小的犹太人村庄肯祖卡，村庄大约有900多人，说意第绪语，距离布查则、布罗德和次门尼茨不远，这些镇子是弗洛伊德家族的发源地。虽然弗洛伊德至少有一次提到他出生于摩拉维亚，他的父母来自加利西亚，布里尔却从没有宣扬他也在加利西亚出生。弗洛伊德的父母并没有住在出生地，这也是两人某些差异开始出现的地方。

在《文明的考验》一书中，约翰·默里·卡迪希把弗洛伊德创立精神分析放在犹太人解放的大背景下，讨论它对犹太知识分子来说意味着什么（Cuddihy，1974）。他澄清了教化的概念，这对很多早期的犹太分析师来说有一种延伸的意义。这是他们获得社会文化习俗认可的机会，从而与有教养的大多数人保持一致。这会让他们融入之前一直排斥他们的社会中。对更大的欧洲文化价值的不断靠近，意味着远离他们的家族文化。布里尔和弗洛伊德应对这一历程的方式，反映了他们不同的起点和家庭所处的环境。

卡迪希暗示，在19世纪，住在城市的犹太人觉得其乡下父母有失体面，同时又“为自己这种想法感到内疚”（Cuddihy，1974，p. 58）。弗洛伊德当然知晓这种动力。萨拉·温特（Winter，1999）指出，弗洛伊德在《雅典卫城的记忆扰乱》一文中记述了一次旅行，甚至在旅行开始之前，他就很不安地意识到，他已经“超越了”他的父亲，父亲读不了索福克勒斯的作品，而弗洛伊德可以读索福克勒斯的《俄狄浦斯王》，这多亏了弗洛伊德受过古典教育。在那篇文章中，弗洛伊德写道：“父亲一直忙于生意。他没有接受中等教育，雅典对他来说并无深意。所以，干扰我们，使我们不能享受雅典之旅的是一种孝心。”（Freud，1936，pp. 247-248）

关于这一主题，我们有一个不太“虔诚”而更“生动”的版本，格林伍德博士是位虔诚的犹太教徒，来自布查则——这也是弗洛伊德的祖父什洛莫（Schlomo）的出生地。1941年，格林伍德给巴勒斯坦最古老的犹太人期刊《国土报》投稿，讲述了在20世纪初，他在维也纳遇见弗洛伊德的故事（Grinwald，1941）。格林伍德做了一场演讲，是针对一出有争议的通俗戏剧的，很多人认为这出戏剧极大地贬损了正统的犹太人。演讲结束后，他和听众友好地共进午餐，期间弗洛伊德讲了几个关于宗教的笑话。弗洛伊德评论说，他自己更喜欢身着优雅礼服的男士，而不是穿得像个先知模样的男子。格林伍德回忆起自己当时的想法：“这个人离犹太人的生活多么遥远啊！”

实际上，弗洛伊德几乎没有直接体验过那种“犹太生活”。早在西格蒙德一家去卫城旅行前很久，他的父亲不管从哪方面来看，都已经位居维也纳中产阶级。相比之下，布里尔的父亲，正好例证了“穿得像个先知模样的男子”，而且布里尔在远离解放前的犹太生活方式的道路上走得远多了。

布里尔的“父亲的故事”非常类似于弗洛伊德在《梦的解析》里讲的著名的“阴沟里的帽子”事件，和弗洛伊德不同，事件发生的时候，布里尔在场。布里尔还是小孩子的时候，有一次弄伤了手指，父亲带他去看医生，布里尔非常害怕，恼怒的医生把火撒在布里尔父亲身上，而整个过程中，布里尔的父亲都沉默着。布里尔在后来写给史密斯·伊利·杰里夫（Smith Ely Jelliffe）的信中说：“我从来都没有忘记那一段经历，唯一印象深刻的就是我看到我的父亲被人欺侮，而且是被一位内科医生欺侮，他竟默默承受。我在那个时刻下定决心，有一天我也要成为一名医生。”（Hale，1995，p. 390）不管带着怎样的矛盾感受，两个儿子都下了这样的决心，要去“超过”自己的父亲，但是他们从不同的起点开始，他们的教养环境也非常不同，怀有不同的理想。

弗洛伊德 5 岁的时候，他父亲移居维也纳，尽管远不能和儿子的成就相提并论，但是他也发展得不错，足以让儿子在高级中学感到舒服，这让儿子成年后与世界性的维也纳人民（“身着优雅礼服的男士”）更亲近，而疏远戏剧中的约哈南（陌生文化的“皈依者”）。弗洛伊德的父亲尽管很软弱，却为弗洛伊德解决了移民问题，而布里尔要自己解决。

弗洛伊德的父母并没有像弗洛伊德那样，抓住因歧视性法律慢慢被推翻而带给犹太人的机会。

布里尔相关的传记大都语焉不详或者无从考证，包括他的自传，但是历史学家兼布里尔学者葆拉·法斯指出，对布里尔的养育，遵照着启蒙运动前犹太传统中的虔诚惯例（Fass，1968）。布里尔的母亲希望儿子成为一位拉比，他父亲希望他当一名医生。布里尔后来写信给史密斯·伊利·杰里夫说，父母“简直让他感到窒息”，他 14 岁起就离开家独自前往美国。据格林伍德讲，布里尔与弗洛伊德的不同在于，弗洛伊德没有认同犹太先知，而布里尔非常认同亚伯拉罕先知，上帝告诉亚伯拉罕：远离家园，建立新世界。

布里尔和弗洛伊德都与自己的父亲有冲突，且从不同维度和犹太人的身份认同问题相关联。弗洛伊德的父亲冒险移民维也纳，并在那里重建生活，布里尔的父亲却坚守着正统的根。由于布里尔的父亲从没有像弗洛伊德的父亲那样迈出第一步，布里尔走了比弗洛伊德更长的路，才形成了对更具世界性的文化的认同。在维也纳，弗洛伊德生活在文化习俗的中心，他很喜欢这种文化，觉得自己也是其中的一部分，他觉得很舒服。他对自身及地位有足够的信心，所以他能够这样介绍自己：“我于 1856 年 5 月 6 日出生于摩拉维亚的弗莱贝格，那是一个小镇子，如今隶属于捷克共和国。我的父母都是犹太人，我也仍然是一个犹太人。”（Freud，1925，p. 7）

弗洛伊德在维也纳上高级中学，吸收精英阶层的智慧和习俗，而同样年纪的布里尔正苦于纽约下东区的移民生活——努力学英语，习惯异国饮食，精简开支，寻找朋友，想尽办法接受教育，因为教育能给他带来文化资本，就像高中岁月带给弗洛伊德的那样。

温特支持斯特巴的观点：在19世纪中叶的维也纳，教育是主要的文化融入手段，而且在那时，高级中学教育“在德国及德语地区已经成为精英阶层和职业身份的关键元素”（Winter，1999，p. 41）。因此，对于那些不是名门望族的人来说，理想的教养有特殊的好处，可以让他们彰显自己的好品位，这是成为某一道德精英团体成员的基础。弗洛伊德接受了很好的高级中学教育，这让他非常自豪。这段经历赋予了他地位和权益，给予他精英团队的会员资格，尽管有限，但也使得他成为主宰其社会的“道德精英”的一员。

我们有理由假设，布里尔的教育经历是他人格形成的一部分，就像弗洛伊德的教育经历一样，但是他们经历的不同使得他们成为非常不同的人。布里尔可能接受了一些起码的世俗教育，但离他最近的城镇（只有3000人）提供的教育不太可能与主流文化中心提供的教育相提并论。布里尔的传统犹太教育很可能专注于希伯来祈祷书、传统的唱诵法则、圣经及评注，以及犹太法典。意第绪语可能是布里尔母亲的母语，布里尔学习的语言不是拉丁语和希腊语，而是希伯来语。除非他特别幸运，否则他的老师很可能是一个并无多少突出文化成就的虔诚之人。

简言之，布里尔接受的教育偏重于狭隘的文化宗教传统，是孤立封闭的，没有跳出自身界限眺望远方，也没有多文化交互的背景下思考自己的理想启蒙。弗洛伊德所受的教育尽管也有自身的局限性，但提供了更广阔的视角。更确切地说，它提供了一些布里尔完全错失的东西——教化，这是一个人进入有教养的城市社会的门票，即便对于一个犹太人来说只是有限进入。当弗洛伊德意识到作为一个犹太人，他永远也不可能在大学当上他梦寐以求的教授时，尽管他对此非常失望，但他能够安心地留在维也纳，这里是他深入追寻自己的文化兴趣的基地，他从所受的教育中获得安全感，对这里的归属感已经渗入他的血液中。布里尔却深感窒息，与自己所处的社会格格不入，那里褊狭且充满了限制。和弗洛伊德一样，他也是雄心勃勃的人，不打算一直偏安一隅或者做一个局外人，他必须出去。

当布里尔抵达美国时，他便进入了一个世俗的移民社会，这里和之前狭隘封闭的民族聚居地完全不同。这真是一件喜忧参半的事情，对移民而言，这意味着创伤，也代表着机遇。他语言不通，周围也没有能够寻求支持的群体，他缺少高级中学教育背景，这在维也纳和柏林或许会是灾难性的，在纽约却不是。事实上，斯特巴援引了一位非常有文化修养的移民精神分析师——罗伯特·韦尔德（Robert Waelder）的悲伤，他刚到费城就感叹："在这里，想引用一句经典都不行，这可让人怎么教书呢？"（Sterba，1982，p. 142）

在下东区，欧洲式的文化同质性是不可能存在的。来到这里的每个新群体都满载着不同的理想和价值。有一点是他们所共有的，那就是他们都希望成功，而最令人羡慕和钦佩的是他们有能力做到这一点。也就是说，一个新的教化理想正在冉冉升起。布里尔既是从犹太社会漂泊而来，也是从现代欧洲的都市文化中走来。他需要一份工作，他想要被接纳，有名望。像其他移民同事一样，布里尔强烈倾向于实用主义而非哲学。他的目标是自己站稳脚跟，最终让他的孩子立足于此，就像弗洛伊德的父亲之前所做的尝试，以及很多的父亲曾经奋斗的过程。拉丁语和希腊语（维也纳人普遍认定的教化语言）在这里毫无意义，在纽约"教化"有另外的含义，值得布里尔去努力追寻。

如果弗洛伊德对于自己被排斥在学术圈外感到挫败，至少他还有社会和文化方面的资历，可供他实现自己其他的雄心壮志。布里尔在一开始连这些都没有。实际上，他几乎什么资历都没有。他指望着通过加入联盟去获得这些，开始寻找一些能够帮助他、支持他、带给他根基感和归属感的东西，就像维也纳的高级中学教育所起的作用一样。布里尔花费了更多的时间，在教育中找到了这些东西。他设法让自己完成了高中和大学教育，并且奋斗进了一所顶级医学院。29 岁时他已经从哥伦比亚大学医学院毕业，接受了精神科及神经学方面的培训。为了尽快开创新生活，大概在 1907 年，他开始去欧洲旅行，先到了巴黎，然后是苏黎世和维也纳，搜寻精神病学方面的新成果。这趟欧洲之旅，他被西格蒙德·弗洛伊德的工作深深吸引。葆拉·法斯指出，他正在寻求并找到了新的信仰，皈依了精神分析。回到纽约后，他娶了一位非犹太籍妻子，成为美国精神分析私人执业第一人。1911年，他组织了大约20位医生同事，建立了第一个美国精神分析组织：纽约精神分析协会。他努力去掉口音（但不成功），随着声望日隆，他希望能够融入纽约社会，成为其中一员。他加入和谐俱乐部（Harmonie Club，纽约的顶级私人俱乐部之一）及道德文化社会（Ethical Culture Society）。据卡迪希的描述，这是一些中立的地方，“在那里，对于社会阶层和文化教养有追求的犹太人来说，重建犹太文化是不可能了，但是他们可以与基督教同行进行交流”（p. 8）。一旦确立了自己的精神科医生及精神分析师的身份，布里尔开始不知疲倦地为精神分析职业寻找机构性的落脚点，精神分析职业也为他提供了落脚点。1934年，美国精神病学协会（American Psychiatric Association，APA）精神分析分会建立了，布里尔是第一任领导。弗洛伊德在斯佩尔中学所找到的东西，布里尔在医学上找到了。

两人在1920年就分析师是否应具有医学背景进行争论，这反映出两个相隔几千公里的城市不同的社会状况。布里尔力主精神分析归于医学专业，可以说，在为此而战的过程中，他把自己对地位和归属感的需要投射在了精神分析上，然而弗洛伊德作为一个更有信心的局外人，对于自己所开创的精神分析，维持着高级中学式的建构和理想，而且这也确保了他自己的地位和声望。和弗洛伊德一样，布里尔也想要这个他为之献身的新科学能够稳固的建立，但是他认为它最好的生存机会就是变成精神医学的分支——医学对布里尔而言，等同于力量和安全保证。他的评估很可能是对的，在这个国家，实践技术备受推崇，医生拥有地位、声望和财富。

值得注意的是，并不是只有布里尔一个人认为医学是精神分析的所属地。帕特南就认为他所属的美国精神分析协会应只对医生开放。弗洛伊德很看重帕特南优雅的新英格兰根基，后者拥有的社会和文化影响力并不比前者少，但前者觉得精神分析和医学是天生的好搭档。在美国，实用主义占据了主导地位，而清教徒的传统一直对“文化”持怀疑态度，认为文化会干扰工作。我想说，两个如此不同的人（布里尔和帕特南），他们在这个弗洛伊德倾注激情的事业上达成这样的共识，反映了某种潜藏着的涌动力量——那是另一种文化氛围，即认为一个真正的人应具有实用的专业技能，而不是沉溺于智力思考之中。不同的理想，不同的教化。

这种对实用主义的不同态度在精神分析的历史中以另一种方式体现出来。在精神分析扎根美国的过程里，布里尔把自己翻译弗洛伊德著作的功劳归为最重要的因素，在弗莱克主义的传统中，他很可能是对的。第一次世界大战爆发前，弗洛伊德所有著作的英文版在美国都有，除了 5 本不太重要的著作，其余都是布里尔翻译的（里维埃的译本直到 1930 年才出现）。从文学功底上看，布里尔绝无可能赶上弗洛伊德，欧内斯特·琼斯（Ernest Jones）对此很不快，但弗洛伊德曾高调宣称他不在乎：“我更想交个好朋友，而不是找个好翻译。”

《精神分析与美国医学 1894 ～ 1918：医学、科学与文化》一书的作者，美国历史学家约翰·查诺维斯·伯纳姆认为，布里尔的译著比弗洛伊德的原著更简明、更实用、更美式（Burnham，1967）。在这一点上，布里尔可能也正确地捕捉到了：在一个技术不断发展的社会中，不再强调人文主义和思辨的欧洲根源，是精神分析最好的防御工事。

我想，这些历史片段说明了精神分析，包括它的理论、实践，以及制度是怎样被智力乃至经历之外的因素所影响的。在科学论述中，也包括我们的学科，永远都有社会政治这一维度。冲突的意识形态背后往往是冲突的理想典范，如果想要理解这些冲突，那么我们必须先阐明这些影响因素。

当代精神分析中的思想集体

弗洛伊德和布里尔的故事，是一部成长教育小说，本身就足以引人入胜，富有教育意义，可称得上是一部警世寓言。我们的社会一直给予科学很高的声誉，我们不能由此就认为科学是价值中立的，我们为自己的科学所做出的选择就是纯粹客观的。科学和科学家都有各自的社会发展历史。学校教育也一样，它为培养科学家做出了贡献，这些科学家最终发展出思想集体，形成自己独特的思想风格。例如，弗洛伊德用俄狄浦斯的神话组织心理体验，向我们说明了精神分析是如何反映一个人所受到的古典教育的。在这种背景下，伯纳姆关于布里尔译著的评论就特别有争议。今天，我们见证了弗洛伊德著作译本的首次发展更替，新的版本出现了，主编是亚当·菲利普斯（Adam Phillips）。他本人并不懂德语。他给我们呈现了一个后现代弗洛伊德。这版译著由不同的译者完成，排列顺序也与以往不同，引言是文学家而非分析师所写的。对于这次的翻译工程，有很多争议和期待，其中我们可以直接观察到：译本的选择是怎样被挑选团队的思想方式所影响的，然后选定的译本又是怎样为其团队的进一步发展做出贡献的。

从更大的视角来看，精神分析的社会历史既反映了思辨式的教化理想，这一理想启发了现已充分建立并相当同质的中欧城市文化；又反映了新的、偏重技术成就的外向型理想，这种理想常见于想让自己在这里立足的移民大杂烩。教养和理想的不同使得弗洛伊德和布里尔的道路如此不同，60 年前，这种情况令作为维也纳人的斯特巴和韦尔德震惊不已，然而在今天的美国社会司空见惯。我们的共同之处恰恰就是我们各不相同——我们中的大多数人都是移民的子孙。我们不仅是思辨型教化理想的产物，这一理想从源头上启迪了精神分析，同时我们也是更新的、以技术成就为重的外向型理想的产物。这一理想代表着 19 世纪末 20 世纪初的美国，代表着来自五湖四海的、想在这里建功立业的移民。没有哪种教化的范式会在这个民族大熔炉般的国家获得广泛的接纳。在精神分析中，与在社会中一样，“学识”还是“技术”这个古老的选择题仍然还在。就像我们为之困扰的问题：人们越来越多地认识到，科学和技术不是绝对的，我们中的一些人比以往更坚定地追求科学和技术，并且对它们的未来寄予厚望，而另一些人害怕科技会变得不可控，希望回归人性传统以抵消科技的危险。这些分歧强烈影响着我们对精神分析研究的态度，以及我们想要更好地融入（或者不融入）更大的知识群体的愿望。我们没有办法根据教化的理想来区分精神分析的理想，或者说，我们不同的理想不会把我们组织成不同的社群和风格，但是这些不同可以让我们理解并探索这些理想，我们可能会发现思想集体之间可以更高效地互相交流。这是我们非常渴望的。

过去几十年来，我们的协会深受与世隔绝的痛苦，对医学学位的过度重视使我们陷入孤立。一个思想集体，不管他们宣称自己的思想具有多么至高无上的权威，这种提法都必须接受检验，必要的时候还要提出质疑。有争议的想法越是容易被摈弃、被忽视，自我检验就越不可能出现，未经检验的思想就会变得僵化和保守。我们不能继续像波士顿的卡伯特家族那样，“只对上帝讲话”；我们不能继续自说自话，以至于慢慢地，心理健康专业人士越来越不愿意听我们的声音。一门科学的健康发展仰赖于内部的自由交流，而且它在社会群体中的位置要求它的工作是可以被理解的，不管是在内部还是外部。这也就是为什么弗莱克如此强烈地察觉到，一个思想集体所面临的最重要的挑战是与其他群体保持交流，不管他们的思想风格是否相同。

目前，我们正忙着努力打破限制。我们会让新的思想进来吗？新人会觉得自己在我们中间受欢迎吗？我们会加入其他队伍，融入学术大世界吗？如果会，那我们要怎样处理其他集体对我们的要求——要我们检验或者证明自身的理论呢？我们没法预料未来就比弗洛伊德和布里尔所处的时代要好。除非我们想让曾经繁荣的精神分析共同体变成空荡荡的鬼城，否则我们必须要试一试。

在近 100 多年中，即使在那些所谓的理论“多元化”时代，我们中的很多人还固守着本质主义、权威主义、脱离背景的方法来处理精神分析的知识，甚至是在分析情境本身时不断被挑战那种方法。长时间以来，一种绝对主义的立场在我们中间盛行。出于这种立场，我们去建立核心的精神分析认同，以及可传播的、易于教授的精神分析实践。是的，我们付出了代价，失去了那些伟大的天才，系统性地把他们排除在队伍之外了。过去我们并不孤单，毕竟这种立场反映了大多数受过教育的人的世界观，而且它并没有以任何方式把精神分析排除在对知识、哲学、科学的探索之外。现在我们更加孤单，我们开始看到那种隔离已经不能适应环境了。我们和科学家、社会科学家及人类学家之间，在思想上已经没有了共同之处，而由他们所组成的那个知识世界，正是精神分析作为一种专业的心理治疗职业赖以存在的世界。我们的绝对主义，使得我们坚持自娱自乐、自己制定规则，这并没有赢得那个世界的尊重。尽管我们在理论中努力寻找权威主义在咨询室中所造成的影响，但作为一个科学组织，我们并没有对自己的所作所为做同样的审视。

为了获得“自己制定规则”的权力，精神分析付出了高昂的代价。之前，我们的选择或许是必需的，但现在这使我们被孤立，而不是独立。除非我们想要被孤立于心智生活的边缘，否则我们就需要学习相邻学科的语言。我们要能够与相邻的学科对话。我们要参与到整个进步的过程中（甚至就算是我们对于“什么是进步”还存有异议），同时保持不分化也不唯我独尊，我们要避开以下两个陷阱：为了维护权威而失去一切，或者将精华和糟粕一同舍去。

在临床工作和机构体制中也是如此。今天我们面临的挑战是，每当我们不再很确定地明白要怎样才能判断一个精神分析方法及精神分析师是好的，或者要由谁去判断的时候，我们要重新思考自己的选择。没有边界把精神分析同其他学科区分开来的话，前者也不能正常运行。但我们既不能假装其他学科是种绝对真理，也不能假装精神分析与之的结合就是无懈可击。关于边界的主题充斥着这些会议。我们允许谁进来，又把谁排斥在外？我们允许谁来讲课，谁来制定规则？没有规矩不成方圆，这一点毋庸置疑，但是公正地、建设性地、前瞻性地制定规矩绝非易事。我们是想让我们的机构和制度结构僵化、强硬不妥协，成为威廉·赖希（Wilhelm Reich）口中的“性格盔甲”，还是灵活得像一张具有渗透性的膜，既能把我们同外部世界区分开来，也能让我们与之交换信息呢？我们是想让我们的“教科书”，像弗莱克所说的，成为“经典的”和有包容性的，还是狭隘的教义，或是实际技能呢？就像我们审视别人一样，我们会允许自己被审视吗？正如社会学家黑尔佳·诺沃茨曼说的，让公众走进厨房，除非我们都穿着周日最好的衣服，否则就不要坚持隐身（Nowotny，2003）。如果答案是否定的，那么我们真的希望把自己排除在科学、心理学和哲学研究（这些如此重要的领域）之外吗？要回答这些问题，既仰赖于我们对外部世界重要性的认知，又需要我们回到教化这个主题上。

很久以前，在20世纪初的维也纳，弗洛伊德做了一个决定，让精神分析远离精神医学，从而不受大学学科设置的限制，从那时起，他自己就被排除在外了。

很久以前，在20世纪初的纽约，布里尔做了一个决定，把精神分析和精神医学联系在一起，从而把它与一个颇有声望的职业捆绑在一起，他希望这样能保证精神分析生存下去，保证他自己能够接触到精神分析。他运用坚毅而独立的方式，下定决心要让精神分析和医学“同床共枕”，让某些人可以接触到它，正如他非常有效地把其他人排斥在外一样。不像其他纯“学术”学科，医学和法律这样所谓的“自由职业”能为不被综合性大学所接受的局外人（犹太人和其他的“局外人”）提供就业和成功的机会。这对弗洛伊德来说可不行，他想要为他所创立的学科争取到制度上的地位，如果大学不接纳他，他就要为自己建立一个制度。对布里尔来说，自由职业是他的避风港，他以及许多像他一样的人，需要以此来让精神分析这门学科和自己得以立足。

划定界限从来都不是一件容易的事，而且其影响可能出乎意料，或很重要，或持续很久。弗洛伊德和布里尔的不同选择所带来的遗留问题仍然存在。精神分析仍然与相关的学术领域保持着距离，并且在这个国家，尽管我们职业队伍的人员结构已经发生了变化，但是布里尔所建立的准医学式的管理和教育框架仍然存在。在准备制定新规则时，我们必须要考虑的是，这些规则不应当受到命运的限制，也不该受到“学科”绝对需求的限制，而应该是我们置身其中的多种复杂力量相互作用的结果。我们需要选择如何为精神分析划定界限。我们也要更清楚，自己为什么这样做。

分析师让他们的患者明白：越是清楚明白，越能做出更好的抉择。作为一种临床法则，我们已经明白，知识是依赖于背景环境的，独裁权威主义要付出代价。这一定不能分散我们的注意力，我们还是需要让自身的理论能够被科学地检验。不论是一种制度，还是一门学科，两者都必须沿着同样的道路发展下去，即把美国精神分析融入包括临床、大学和实验室在内的更广泛的知识群体中。我们必须要做决定，而对这个决定的后果我们不可能全然预见。弗洛伊德和布里尔的决定听从于他们的理想，我们亦然。现在我们有自己的教化理想和发展旅程。为了摆脱旧的孤立和排外传统，我们做决定时必须要视野开阔。

为总结上述想法，我重审弗莱克的思想。他认为，为了维持组织内部的凝聚力，一个思想集体可能要弱化各分支之间的差异，比如医学的和人文的，或者生物学的和心理学的，或者一人流派和两人流派。你还可以在名单中列上管理风格，这在我们的组织中已经作为独立文化而不断发挥作用——职业标准委员会文化和董事会文化。弗莱克做了相关的观察，发现为了维持内在的凝聚力，思想集体倾向于扩大自己与相异的思想集体之间的差别。

从抽象到具体总是很难的。依我之见，我有两条建议。我们要承认并检查自身集体内部不同的思想风格（医学、人文、研究取向等方面），要认识到弗莱克所说的人为分化和人为的团结倾向对我们组织风格及结构的影响。我们还要努力减少我们和其他思想集体之间的障碍，从而能够判断我们和他们之间的真实分歧和真实联系。只有这样，我们才能明智地思考多深的合作是可能的，是我们想要的。邀请威廉·阿兰森·怀特学院（William Alanson White Institute，WAWI，以下简称“怀特学院”）的一名成员来旁观我们的职业标准委员会，就是切实朝着这个方向前进的一小步。这连同几年前的决定——把《当代精神分析》（*Contemporary Psychoanalysis*，怀特学院的出版物）纳入精神分析电子出版文库光盘中，预示着一个具有历史意义的开端。

一个极具修养的人，斯特巴曾经谈到划界的问题。他把分析师的角色和《神曲》中的维吉尔做了对比。维吉尔带领但丁游历地狱，斯特巴写道：“分析师也是一样，带领患者穿越潜意识的‘阴曹地府’，并一直陪伴、安抚、支援、理解和鼓励患者。”（Sterba，1982，pp. 122-123）有些人可能不同意斯特巴对于分析式互动的“单人”视角。就像弗莱克所说的，我们可以不同意对方，但并不排斥对方；我们可以有分歧，但仍然能互相对话。斯特巴恰如其分地提醒我们：“与其闭关自守，还不如在开放中犯错。”虽然令人不快，但这是教化之路上必要的、暂时的停留。

参考文献

Burnham, J.C. (1967). Psychoanalysis and American Medicine, 1894–1918: Medicine, Science, and Culture. *Psychological Issues Monograph* 20. New York: International Universities Press.

Cuddihy, J. (1974). *The Ordeal of Civility: Freud, Marx, Levi-Strauss, and the Struggle with Jewish Modernity*. New York: Basic Books.

Fass, P.S. (1968). A. A. Brill: Pioneer and prophet. Masters thesis, Columbia University.

Fleck, L. (1935). *Genesis and Development of a Scientific Fact*, ed. T.J. Trenn & R.K. Merton, transl. F. Bradley & T.J. Trenn. Chicago: University of Chicago Press, 1970.

Freud, S. (1923). Two encyclopaedia articles. *Standard Edition* 18:235–259.

Freud, S. (1925). An autobiographical study. *Standard Edition* 20:7–70.

Freud, S. (1926). The question of lay analysis: Conversations with an impartial person. *Standard Edition* 20:183–250.

Freud, S. (1936). A disturbance of memory on the Acropolis: An open letter to Romain Rolland on the occasion of his seventieth birthday. *Standard Edition* 22:239–248.

Grinwald, M. (1941). *Haaretz*. September 21, 1941.

Hale, N.G. (1995). *Freud and the Americans: The Beginnings of Psychoanalysis in the United States, 1876–1917*. New York: Oxford University Press.

Kuhn, T. (1962). *The Structure of Scientific Revolutions*. Chicago: University of Chicago Press.

Lewontin, R. (2004). Dishonesty in science. New York Review of Books, November 18, 2004.

Nowotny, H. (2003). The potential of transdisciplinarity. http://www.interdisciplines.org/interdisciplinarity/papers/5.

Pyles, R. (2003). The good fight: Psychoanalysis in the age of managed care. *Journal of the American Psychoanalytic Association*. 51 (Suppl.):23–41.

Sterba, R. (1982). *Reminiscences of a Viennese Psychoanalyst*. Detroit: Wayne State University Press.

Wang, W. (2003). Bildung, or the formation of the psychoanalyst. *Psychoanalysis & History* 5:91–118.

Winter, S. (1999). *Freud and the Institution of Psychoanalytic Knowledge*. Palo Alto: Stanford University Press.

·第二部分·

弗洛伊德及其追随者

Psychoanalysis

Psychoanalysis

在哈布斯堡的土地上创造社会学和精神分析
弗洛伊德、布里尔、弗莱克

今天晚上我将要谈到中欧犹太文化，以及三位从这种文化中走出来的人。这种文化于19世纪后期到20世纪早期，在哈布斯堡王朝的阴影之下发展起来（哈布斯堡王朝后来被称为奥匈帝国）。这三个人是：弗洛伊德，住在维也纳的精神分析奠基者；布里尔，来自加利西亚的移居者，他把精神分析带到了美国；弗莱克，来自克拉科夫的内科医生，他建立的原则就是我今晚演讲所依据的原则。

在非常短的时间内，这三个人就创立了两个后来久负盛名的研究新领域：精神分析和科学知识社会学。他们的丰功伟绩让我们知道，犹太人在欧洲及美国寻求接纳和认可的历史，以及他们对社会科学超乎寻常的贡献。

我先列一个背景年表：

1849年　犹太人在布拉格获得公民权。

1856年　弗洛伊德出生于摩拉维亚的弗莱贝格。

1868年　犹太人在奥地利获得解放。

1869年　犹太人在北德意志联邦获得解放。

1871年　犹太人在德意志帝国获得法律和民事上的完全平等，并获得正式公民资格。

1874 年　布里尔出生于加利西亚的肯祖卡。

1895 年　弗洛伊德发表了《癔症研究》。

1900 年　弗洛伊德发表了《梦的解析》。

1905 年　弗洛伊德发表了《性学三论》。

1908 年　布里尔到访欧洲。

1909 年　弗洛伊德、布里尔和费伦齐访问美国。

1911 年　弗莱克出生于加利西亚的利沃夫。

1911 年　纽约精神分析协会和美国精神分析协会建立。

1935 年[㊀]　弗莱克发表了《科学事实的起源和发展》。

我将从弗莱克开始，因为正是他的发现给了我们工具，去考量犹太人在学术生涯后期成就中哈布斯堡文化有多重要。弗莱克是一位波兰免疫学家。1935[㊁]年，他出版了一部里程碑式的书《科学事实的起源和发展》（Fleck，1935）。托马斯·库恩曾在 1962 年出版了或许是科学知识社会学领域迄今为止最好的著作《科学革命的结构》，他承认自己深深受教于弗莱克，以及他关于文化、历史、社会、政治、心理学对知识发现所产生的作用的研究（Kuhn，1962）。

西格蒙德·弗洛伊德的精神分析之所以被称为一门犹太学科，一部分原因在于其创立者是一位犹太人，另一部分原因在于最初追随弗洛伊德 19 个人（以及后来的很多人），同样是中欧犹太人，他们成长的地方一度是哈布斯堡王朝的中心地带。不过，很少有人知道，社会学同样饱含浓郁的哈布斯堡及犹太风格。社会学的奠基之作《社会纲要》，是克拉科夫地区的犹太人路德维克·龚普洛维奇于 1885 年出版的（Gumplowicz，1885）。弗莱克的知识社会学，有它自己的中欧犹太风格。后来社会学被传播到大西洋后，很

㊀ 原书为 1936，疑似有误，已改为 1935。——译者注

㊁ 原书为 1936，疑似有误，已改为 1935。——译者注

多的主要贡献者也是犹太人。经久不衰又很重要的新文化学科并不是每天都会被人所建立，但在这 40 多年间，我们的生活就出现了两个新领域，而且其奠基者都是奥匈帝国的犹太人。

当然，犹太人强调学习，以及对文本的研究和分析。这与他们所取得的学术成就不无干系。无可争议的是，如果文化移民想要成功的话，一定会仔细地研究移居后的新社会的风俗习惯。不列颠人移居到罗马人中是这样，撒克逊人移居到诺曼人中是这样，19 世纪的哈布斯堡犹太人也是这样。一旦犹太人被法律隔离起来，周围社会的文化风雅就与他们无关了。纵观整个 19 世纪的发展进程，把犹太人隔离在外的歧视性律条在逐渐放宽，直至被废止。

弗莱克的两个关键概念是“思想集体”和“思想风格”，后者包括作为一个思想集体的特征的共享态度或者背景假设。弗莱克的想法与哈布斯堡犹太人总体认同的发展，尤其是精神分析有关。19 世纪后期的第一代维也纳和克拉科夫犹太人，来自一个与众不同的思想集体，有自己独特的思想风格（犹太贫民窟及犹太小村落式的），但是他们渴望不同的集体和风格（大学式的、职业化的、市场性的）。弗莱克对这一动力有足够清晰的认识，并把它用于科学知识的发展，我的建议是：这一认识更像是反映了他自己所感觉到的、他的同胞与他们想要进入的社会之间的差异。

多年前，弗莱克把他对思想集体及思想风格的重要性的洞见编辑成册，弗洛伊德亲身例证了这些洞见。从一开始，弗洛伊德想成为有教养的维也纳人和德国人及其文化思想集体的一分子，希望能共享他们的思想风格。为了让他能够达到那个向往的社会所要求的受教育程度，其父送他去上高级预科学校。他学习非常刻苦，毕业后他又凭借自己的努力成功进入大学。为了实现那个目标，当大学最终因为他的松懈（后来还因为他曾有一小段时间参加了圣约之子会，成员是其科学文章的第一批听众）而把他排斥在外时，弗洛伊德建立了自己的思想集体。建立的原则和方式类似于那些学术集体，但是剔除掉了其中的反犹偏见，通过它弗洛伊德能够施展自己的影响力，他的影响力如此之大以至于改变了那个曾经拒绝他的思想集体。不管从制度上还是从个人角度来看，弗洛伊德的思想集体（精神分析和精神分析式运动）的发展，都是思想集体和思想风格之间的一系列斗争的过程：弗洛伊德和大学之间的斗争、弗洛伊德（犹太人）和荣格（非犹太人）之间的斗争、以弗洛伊德为代表的人文主义者和以布里尔为代表的医学技术人员之间的斗争。

我强调弗洛伊德曾经上过高级预科学校，因为对于刚刚被解放的中欧犹太人来说，要进入思想集体，学习那个有文化且有影响力的社会的思想风格，最关键的一步就是要获得教化，毕竟19世纪德语世界对"教化"这个词极为珍视。教化的意思是塑造，尤其指的是（在那些不太讲究政治正确性的时代）通常所谓的"造就一个人"，即一种内在的发展过程，产生出成熟的、受过教化的敏感性、智力和人格。教化包括教育，但远不止于教育，它指的是接受学校教育，但也包括体验，并且把这些体验用于服务一个人的理念的方式。教化一词源于深受喜爱的文学类型：教化类小说。这类小说常常描写年轻主角的人格成长过程。教化的概念从早期的启蒙运动中发展而来，那个时期的哲学家开始探索：是否理性而非宗教启示才是真理的决定因素？在这样的背景下，教化是作为民主概念发展起来的，但后来变成了贵族精神的基础，成为排他性的理想的固定地位和特权基础。

教化从理念走向制度化要归功于威廉·冯·洪堡（Wilhelm von Humboldt），他于1807～1810年担任普鲁士的教育部长。洪堡是一位哲学家和外交家，也是一位政治家。他的理念在约翰·斯图亚特·密尔（John Stuart Mill）的《论自由》（*On Liberty*，1859）中被英语世界所了解。洪堡的《论政府行为的局限性》（*On the Limits of State Action*，1810），大胆地捍卫了启蒙运动的自由主义世界观，其中他强烈支持犹太人的解放。他辩称国家是"法律"机构，不是"教育"机构。他反对那种把国家视为守护神的想法，那种认为国家有权利判定犹太人的道德地位以及要求平权的主张的想法。他认为，作为法律制度的建立者，国家应该认识到犹太人作为人天然地具有法律面前平等的权利。解放是他们基于“自然权利”无条件应得的。洪堡的政治观点没有流行开来，但他的某些教育理念得到了普遍认可。他所提出的教化概念重视在古典文学和哲学方面的教育，但教化远不止于此。

其他文学及哲学方面的基础也很重要。康德、席勒、歌德、莱辛、密尔都有重要影响，这是启蒙思想在制度层面的反映，与英国政治体系中发生的事情类似。（洪堡把希伯来语纳入他的课程体系中，这样做不仅可以用圣经的写作语言来读圣经，还让人们可以更好地接近圣经的伦理和道德训令。）

在弗洛伊德成长的那个年代，德国处于欧洲中部，其教育是多种语言混用，对于犹太人来说，获得教养是被接纳及同化的必备条件，同时也是社会阶层上升、智力提升及职业发展的必备条件。德国文化思想史学家乔治·莫斯（George Mosse，他为世人所熟知的是在1987年所做的利奥·贝克纪念讲座），为犹太人和其他群体发声，认为对教化的研究是对尊重或者说是对伦理道德的研究。

文化历史学家卡尔·休斯克得出了类似的结论。他认为，规则和对激情的控制是自由不可或缺的组成部分。犹太人被强加上刻板印象，或许某种程度上是出于某些人的羡慕心理：他们比起德国上流阶层来说，缺少道德，更容易被自己驾驭不了的激情所掌控，因此他们要获得德国主流社会的接纳，就必须证明他们有自我约束的能力。这些他们可以通过获得教化来达成。就像休斯克指出的那样，“比起学习的美德，对美德的学习更重要”（Schorske，1980）。

当然，刻板印象只是刻板印象。如果教化指的是一个人为了避免道德混乱而必须具备的自律，那么犹太人追寻自律所倚仗的是其长久以来的信念：婚姻与家庭稳定，孩子行为端正，以及家族事业兴旺。犹太人在融入亲德文化的过程中也与之抗争，并按照自己的理念和需要改造它们，最终创造了一种亚文化，其中德国理念的教化被纳入犹太文化、信念及思想。这变成了这个群体的特性，它的思想集体、群体凝聚力、思想风格的基础。

从18世纪后半叶到19世纪前半叶，犹太人一直致力于在法律层面做出改变来解放社会和政治现实。一旦有机会，他们会毫不犹豫地把自己的传统应用到教化的获得以及教化的定义中。对每个人来说，机会的出现方式不会完全一样，这让我又想起了弗洛伊德和布里尔。他们两个人的故事形成了对比，不仅说明了教化在一个人的智力发展中怎样起到决定性作用，也说明了在一个思想体系（精神分析）的发展中，教化是如何起到决定性作用的。这两个例子也说明了寻找相契合的思想集体和思想风格（寻求把自己同化进一个想要获得的社会生态系统）是如何强有力地驱动一个人的。

弗洛伊德和他的弟子布里尔有很多相似之处。他们都是世俗的犹太知识分子，都是内科医生，且都是有胆有识的、不知疲倦的人。他们在两种非常不同的文化中各自致力于让精神分析获得制度上的合法性，他们的努力使得犹太人在法律上获得了平权，但在社会层面并不总是能够获得平等。他们在统治自己的精神分析王国时，都带有阿布拉姆·卡丁纳称之为“嫉妒的束缚”的特征。他们的根是一样的，但生长的方向不同。他们的出生地都属于奥匈帝国的领域，弗洛伊德大布里尔 20 岁。弗洛伊德大部分的青年时光是在维也纳度过的，而布里尔在东加利西亚肯祖卡的犹太小村落里长大，那里大约居住着 900 多名犹太人，他们讲意第绪语。布里尔的家乡离布查则、布罗德、次门尼茨不远，这些小镇子是弗洛伊德家族的发源地。

弗洛伊德不下一次地宣称他出生于“摩拉维亚，而他的父母来自加利西亚”，但布里尔从没大肆宣扬他也出生于那片地区，在相关文献中，他的出生地通常只是奥地利。实际上，布里尔的父母从没有离开过加利西亚，而弗洛伊德的父母离开了那里，这其实说来话长。

弗洛伊德给出的像是一个家族起源的神话，他写道：“我有理由相信，我父亲的家族曾经长时间生活在莱茵兰地区，在 14 世纪或者 15 世纪的时候，为了躲避反犹太运动的迫害，他们迁徙到东方，在 19 世纪，他们回溯曾经走过的路，从立陶宛经加利西亚，来到了奥匈帝国。”

弗洛伊德的父亲雅各布・弗洛伊德（Jakob Freud）㊀是一个羊毛商人，为了生意奔波于次门尼茨和弗莱贝格十余年，后来搬到摩拉维亚。受祖父西斯金德・霍夫曼（Siskind Hoffman）的影响，他成了一名“马斯基尔”㊁，一个受过启蒙的犹太人，更赞同德国犹太人的改革运动，而不太赞同传统的犹太教运动。1855 年，他与阿玛丽・纳坦松（Amalie Nathanson）结婚，这是他的第二次或者第三次婚姻，同年他开始穿西装，讲话及签名更多用德语而少用希伯来语或者意第绪语。他仍然继续学习犹太法典，同样也学习圣经，他的儿子曾得到过一本 1929 年出版的德语犹太法典。

雅各布后来离开了弗莱贝格，因为新的铁路线路绕过了这个城市，他无法在这里谋生了。如果火车仍然在弗莱贝格停靠，并且弗洛伊德从来没有去过维也纳会怎么样？说不定他会成为羊毛工厂的一名纺织工。弗洛伊德 5 岁的时候，他的父母定居于维也纳。此前，同化过程的某些部分已经开始小有成果。从语言、教育、着装上，弗洛伊德已经成了维也纳社会的一分子。

据历史学家奥斯卡・韩德林（Oscar Handlin）的研究，弗洛伊德和布里尔的父辈大多数是商人和工匠，但他们（和第一批涌入美国的犹太移民一样）有一个共同的伟大愿望：为孩子们提供非宗教主导的世俗教育。韩德林指出，年轻的犹太人想要获得大学学位，因为除此之外再没有什么东西能让他们赢得尊敬，财富也不能。他继续写到，在奥地利和德国，教化及其天然的文化象征意义代表着社会地位，这对于被歧视敌对了几百年的少数派来说，是一种弥补。

弗洛伊德强调自己接受的人文主义教育，总是弱化他的犹太学科知识，包括希伯来语和意第绪语，但他的某些否认声明（例如，否认自己会讲意第绪语）令人怀疑，让人想起布里尔闭口不谈自己的出生地。据说弗洛伊德的

㊀ “雅各布・弗洛伊德”在下文中用“雅各布”指代，本书的“弗洛伊德”均指代西格蒙德・弗洛伊德。——译者注

㊁ Maskil，即认同哈斯卡拉运动的人，哈斯卡拉运动是 1770 ～ 1880 年的犹太人启蒙运动，旨在让犹太人重新受教育，更适应当代社会。——译者注

妈妈只会讲意第绪语，那么当弗洛伊德去探望母亲时他一定要用意第绪语和她交谈，弗洛伊德每周日都要去拜望母亲，直到她去世。他的父亲在自己35岁的生日上，用希伯来语在一本圣经的扉页上题写了“Melitza”(是圣经中的一个引用语的同位语)，后来他把这本圣经送给了他的儿子。弗洛伊德或许并不像他看上去的那样，完全被同化，他显然对自己的犹太出身以及自己与加利西亚犹太小村落之间千丝万缕的联系有着矛盾的感受，就像大多数的维也纳犹太人一样。

弗洛伊德和其他犹太人一样，对德国的一切都有很高的评价。纳粹曾经劝说埃里希·玛利亚·雷马克[⊖]回到德国，纳粹说：“难道你都不思念故乡吗?”雷马克回应道：“不会，我不是犹太人。”不过，弗洛伊德也强烈地认同摩西。这位犹太法典的制定者及严格的领导者，也认同约瑟夫（Joseph)，法典的阐释者。他还把犹太身份放在了拿破仑的将军马塞纳（Massena）身上，但其实马塞纳并不是犹太人。这很大程度上是因为弗洛伊德是犹太人。他发现自己是维也纳高级中学的一名学生，而那里的学生大部分是犹太人。历史学家萨拉·温特同意韩德林的观点：在19世纪中叶的维也纳，上学是犹太人完成文化移民的最主要途径。她写道：“那个年代，在德国及德语地区国家中，接受过高级中学教育是进入上层社会和获得专业地位的关键因素。对于那些没有经济及社会特权背景的人来说，教化的理念对于他们有着特殊的好处，可以让他们标榜自己的好品味，这是成为道德精英的基础。”

高级中学教育的目的就是获得教化。因此，弗洛伊德大量地学习拉丁语和希腊语。他也研究莎士比亚、塞万提斯，以及德国启蒙运动中的关键人物——莱辛、歌德、席勒和海涅等。有教养的人就是按照古典理想中的秩序与和谐理念接受教育的，弗洛伊德成年后的工作清楚地显示了他所受的教育对他的思想的影响，不只是发现希腊哲学和神话学的特定隐喻，还表现在他

⊖ Erich Maria Remarque,《西线无战事》作者。——译者注

致力于把考古学隐喻应用于精神分析。他认为精神分析师逐层深入地发现心智，就像考古学家逐层发现一个被掩埋的文明。通过研究当下情况来理解过去，通过研究独特性来理解普遍性。就算他接受教化的理念作为他的文化家园，而他必须渐渐远离传统犹太社会，这一点又带来其自身的局限性。

在《文明的考验》中，约翰·默里·卡迪希检视了解放对犹太知识分子意味着什么（Cuddihy，1974）。他把弗洛伊德创立精神分析这件事放在当时的背景下，而且像韩德林和温特一样，他也清楚表明，教化对于早期的犹太分析师有着更深远的意义，它是他们获得与道德教养保持一致的机会，而道德教养会让他们融入那个一直排斥他们的社会。然而，每次接纳更大的欧洲文化价值，也意味着离他们的家族文化又远了一步。卡迪希认为，向社会上层流动的19世纪城市犹太人对其乡下父母感到难堪，而且“又为自己这种想法感到内疚”。弗洛伊德和布里尔处理这一困境的方法不同，这反映了他们不同的起点及家庭环境。

在《梦的解析》中，弗洛伊德提到很多弗洛伊德学者所认为的其典型经历（Freud，1900）。在他14岁的时候，他的父亲说了一件自己的往事。有一次他正走在弗莱贝格的大街上，一个非犹太人告诉他，他应该走在路边的排水沟里，并且打飞了他头上的帽子。“那你怎么办了？”弗洛伊德问他的父亲，他回答说他走进了排水沟，并捡起了自己的帽子。弗洛伊德当然明白卡迪希所描述的“动力”在自己身上也有。他为父亲的行为感到羞耻，后来他把自己描述成像迦太基的汉尼拔将军（为罗马人而战）一样。萨拉·温特指出，弗洛伊德在《雅典卫城的记忆扰乱》一文中记录了一次旅行，甚至在那次旅行之前，弗洛伊德意识到，自己已经“超越了”父亲。他的父亲读不了用希腊文写的索福克勒斯的《俄狄浦斯王》，托古典教育的福他可以做到（Winter，1999）。在《雅典卫城的记忆扰乱》中，弗洛伊德写道：“父亲一直忙于生意。他没有接受中等教育，雅典对他来说并无深意。所以，干扰我们，使我们不能享受雅典之旅的是一种孝心”。

关于这个话题，格林伍德博士的版本不太“虔诚”但更有故事性，格林伍德是一个犹太人，有宗教信仰，来自布查则，弗洛伊德祖父的出生地。1941年，格林伍德投稿给巴勒斯坦古老的犹太杂志《国土报》，讲述了19世纪初他在维也纳偶遇弗洛伊德的故事（Grinwald，1941）。格林伍德曾经就一部有争议的通俗剧（《先知约哈南》其中有很多鄙视传统犹太人的思想）做过一篇演讲。演讲后，格林伍德和听众友好地共进午餐，弗洛伊德开了几个与宗教有关的玩笑，指出有多少犹太人都在模仿约哈南——这部剧的主角，穿着卷毛外套，蓬乱着头发，一脸神秘。然后他说，自己更欣赏的是穿着优雅燕尾服的男士，而不是先知。格林伍德回想起自己当时的想法："这个人离犹太人的生活多么遥远啊！"

事实上，格林伍德错了：弗洛伊德对于格林伍德版的"犹太生活"从来都没有多少体验。在雅典卫城之旅之前，弗洛伊德的父亲早已在各个方面成为维也纳中产阶级了。然而，布里尔的父亲"穿得像个先知"，这也正是为什么布里尔的同化之路要远得多。

布里尔的父亲也有一件往事，类似于弗洛伊德父亲的"帽子被打飞，掉到排水沟里"的故事，但和弗洛伊德不同的是，事发时布里尔在场。布里尔小时候有一次弄伤了手指，父亲带他去看医生。布里尔被吓坏了，恼怒的医生把火一股脑地发到布里尔父亲的身上，布里尔的父亲一直沉默不语。这两个做儿子的人，不管有着什么样的矛盾情感，都决心要"超越"自己的父亲，但是他们的父亲是不同的人，从不同的起点出发，在非常不同的环境中长大，有着非常不同的思想。雅各布从没有像自己儿子那样成功过，但他也还不错，他把弗洛伊德送入精英学校。长大后，弗洛伊德觉得自己和穿着"优雅的燕尾服"的维也纳人更亲近，而对于剧中的精神移民约哈南——一个"皈依了"外乡文明的人，他觉得陌生。尽管很软弱，但父亲替弗洛伊德完成了大部分的移民工程。布里尔必须自己去完成这项工程。当歧视法被慢慢废止时，有一些机会开始向犹太人敞开，雅各布抓住并利用了这些机会，布里尔的父母却没能够。大多数布里尔的传记（包括他的自传）都很简略或者不可靠，但据历史学家葆拉·法斯说，布里尔是被严格按照启蒙前的旧式犹太传统养大的（Fass，1968）。对于布里尔的母亲，人们只知道她想让儿子成为一名拉比。他的父亲想让他成为一名医生，这一点似乎暗示他或许也思考过同化的问题。布里尔后来说，他觉得简直被父母“扼杀”了，他 14 岁就离开家，独自一人去了美国。

弗洛伊德对犹太英雄的认同处理得非常小心谨慎，而布里尔强烈认同亚伯拉罕。上帝曾经告诉亚伯拉罕：远离家园，建立新世界。布里尔和弗洛伊德都与自己的父亲有冲突，这些冲突也都与犹太人身份认同问题密切相关，但他们关注的是其不同侧面。雅各布冒险移民到维也纳，并融入那里的生活；布里尔的父亲（仅就我们所知）牢牢地抓住传统的根基不放。弗洛伊德舒适地成长在维也纳中产阶级社会，处于已经建立起来的文化传统的中心，而且这个文化是他所仰慕的，他觉得自己也是其中的一分子。他对自己及自己的地位有足够的确信，他可以这样描述自己：“我于 1856 年 5 月 6 日出生于摩拉维亚的弗莱贝格，那是一个小镇子，现在属于捷克共和国。我的父母都是犹太人，我也仍然是一个犹太人。”直到后来，他不得不自己努力去赢得他人的接纳和尊重。在弗洛伊德就读维也纳高级中学、吸收欧洲中产阶级的智慧和道德的年纪，布里尔正努力维持在纽约下东区的移民生活，努力学英语、挣钱、交朋友，想方设法接受教育，只有教育能够给他必要的文化资本，而这种文化资本弗洛伊德是在高中岁月中获得的。简言之，在认同一个更具世界性的文化的过程中，布里尔比弗洛伊德走了更远的路。

有理由推测，布里尔的教育经历也是他人格形成中的很大一部分，弗洛伊德也是如此，但他们的教育经历非常不同，结果是形成了不同的人格。布里尔可能也接受了一些世俗的学校教育，但离他最近的城镇，人口只有三四千，不太可能有一所学校可以媲美最重要的文化首都中哪怕差一些的学校。布里尔接受的犹太传统教育主要基于圣经、希伯来祈祷书、传统的吟诵格律，以及犹太法典。意第绪语可能是他的母语，我们不知道他的德语说得怎么样，但是他的一项重要工作是翻译弗洛伊德的著作。这或许说明他的德语实际上很流利。他当然没学过拉丁语或者希腊语，除非他非常幸运，否则他的老师也大概是一个虔诚的智力平平的人。即使在他的宗教学习中，在肯祖卡这样的地方，也不太可能有一位老师像弗洛伊德的宗教老师——塞缪尔·哈默施拉格（Samuel Hammerschlag）。

布里尔接受的教育很有可能大多集中于狭窄的文化－宗教传统。犹太文化传统以严格闻名，在这样的教育下，学生一定学得不差，但布里尔很有可能在学校中非常刻苦，不断地磨练自己的思想潜能，就像弗洛伊德一样专注。他大概没有机会接触柏拉图、亚里士多德、维吉尔、塔西佗、席勒、莱辛、莎士比亚、塞万提斯。他在加利西亚所接受的教育可能主要目标是维持一个受到威胁的摇摇欲坠的文化。地方教区的犹太学校一般也没有金钱或者安全方面的资源可以让他们在其他文化背景下审视犹太传统，或者突破局限寻找灵感。弗洛伊德所接受的教育，尽管也有其局限性，但给他提供了更广阔的视角。仅是我个人观点，它提供了一些布里尔完全缺失的东西：教化，这是进入文明的城市社会的入场券，即便是只对犹太人管用。弗洛伊德可以舒适地生活在维也纳，那里是他的大本营，他可以从那里出发，深入探索自己在文化方面的兴趣。教育慢慢地渗透进弗洛伊德的心里，带给他安全感和归属感。直到后来，他必须要抗争令他失望的不被认同的文化：作为一个犹太人，他不可能获得自己渴望已久的大学教授职位，因此，他有意走出去建立一种新的思想集体，最终媲美于在大学不能获得的名望。布里尔所处的社会相对孤立和局限，但他并不愿意一直做一个乡下人，或者一个局外人。很早他就觉得窒息和疏离，像弗洛伊德一样，他是一个有雄心壮志的人。他们两个人都决定要在各自世界的最高等级的知识和专业排名中为自己争得一席之地，就如弗莱克后来向我们展示的：他们之所以这样做，是因为他们需要变成自己想要进入的社会的人才。

当布里尔抵达纽约，他遇到的是一个世俗的移民社会，这与他刚刚离开的种族封闭的社会非常不同。这既是好消息也是坏消息，对于移民来说，创伤和机遇并存。他语言不通，没有支持性的团体，但至少他没有上过高级中学的背景在纽约并不是灾难，而在维也纳和柏林就是了。事实上，精神分析

师弗雷德里克 · 怀亚特（Frederick Wyatt）在他抵达费城时，曾引述另一位精神分析移民、非常有文化修养的罗伯特 · 韦尔德的悲叹："在这里，想引用一句经典都不行，这可让人怎么教书呢？"欧洲文化的同质性在下东区是不会出现的。每个新抵达的群体都满载着不同的思想和价值体系。唯一共同的事情是，他们都需要完成自己的目标，有能力做到的人通常最受羡慕和钦佩。在已成型的美国社会，功绩、能力、成就也受到欧洲人文教育的影响。换句话说，新的"教化"理想正冉冉升起。

十几岁的布里尔不仅仅是从旧式的犹太小村落社会而来，同样也是从现代欧洲城市文化中漂泊而来。他需要一份工作；他想要被接纳，想要名望。与大多数的移民伙伴和定居很久的同胞一样，他更愿意从实际出发去考虑问题，而不是从哲学层面。他的目标是自己立足，最后到他的孩子定居于此。与弗洛伊德父亲的打算一样，我们很多人的父亲也是如此。接受过拉丁语和希腊语的教育，这是教化的古典外衣。

维也纳模式在这里什么也不是，但这里有纽约模式。布里尔发现了它，然后追随而去。如果说弗洛伊德受挫于学术圈子对他的排斥，但至少他获得了社会文化方面所需的证明，让他可以实现自己的很多抱负。布里尔从零开始，没有任何资质。什么东西能像在维也纳接受高级中学教育那样支撑这个年轻人，为他打基础、树根基、给予他归属感呢？与弗洛伊德一样他从教育中找到了这些。他设法进入高中和大学，并进入顶级医学院。29 岁时，他从哥伦比亚大学医学院毕业，并且已经接受过精神病学和神经学的训练。

他迫切想要建立新的职业生涯，1907 年开始游学欧洲，第一站去了巴黎，然后到苏黎世和维也纳，寻找精神病学的最新成果。这次游学中，他被弗洛伊德的工作深深地吸引。回到纽约后，他娶了一位非犹太籍妻子，并成为美国首个私人执业的精神分析师。1911 年，他组织了 20 位医生同行，建立了第一个美国精神分析组织：纽约精神分析协会（大多数成员是犹太人）。他努力改掉自己的口音（但不成功），随着声望日隆，他开始寻求融入纽约社会。他加入了德国犹太人和谐俱乐部和道德文化社，约翰 · 默里 · 卡迪希把协会描述成一个中立的地方“在那里，对于社会阶层和文化教养有追求的犹太人来说，重建犹太文化是不可能了，但是他们可以与基督教同行进行交流”。一旦立足之后，布里尔不遗余力地为精神分析的职业化奔走，希望为它找到一个制度性家园，同时精神分析作为一种职业为他打造了一个家园。1934 年，美国精神病学协会精神分析分会成立，布里尔是第一任分会会长。

弗洛伊德在斯佩尔高级中学找的东西，布里尔在医学上找到了。弗洛伊德通过走出大学，创立精神分析为一门自由职业，布里尔在医学中建立精神分析分支。弗洛伊德努力让精神分析作为人文科学的一部分而非医学特项，从而深化他的同化目标。布里尔努力把精神分析医学化，从而深化他的同化目标。两人在 20 世纪 20 年代关于分析师是否需要具有医学背景的激烈争论，不但反映了相隔千里的两个城市的社会条件的不同，也反映了这两个想要寻找途径融入各自社会的人的需求，在某种程度上，他们仍是被其所在的社会边缘化的。布里尔把自己对地位和归属的需要投射进了精神分析，所以他拼尽全力也要把精神分析打造为医学特项，而弗洛伊德，一个更有信心的局外人，在制度结构上保持了高级中学般的结构和思想，借此来确保自己的地位和名望。他们都认识到，精神分析想要持续发展，需要作为一个思想集体建立起自主性。他们实践这一构想的方法不同。弗洛伊德努力通过远离大学和医院的反犹霸权来保存精神分析，而布里尔相信，这门新的学科想要幸存下来，最好的机会是就是成为精神病学的一个分支。对布里尔来说，医学等同于力量和安全，而且他的判断很有可能是对的。至少在这个国家，对实践技能的重视是别的地方比不上的，医生拥有较高的地位、声望和财富。我想这段简要的历史说明了精神分析，它的理论、体制、某种程度上的实践，是受到额外的智力因素影响的：具体来说，这需要两个人在习惯性排斥他们的社会中站稳脚跟。科学论述中总是会有一个社会政治的维度，精神分析也不例外。弗莱克的智慧在于，发现了一种方法去概念化并组织这个维度，在两个“犹太学科”：社会学和精神分析中，一个主要的社会政治维度就是需要一个受训良好的犹太思想者去理解那个他们正在寻求同化进去的社会。让我简要概述如下：①教化既不是一门课程，也不是一种体验，而是一种理念。②教化的理念在维也纳是通过高级中学这样的机构得以传播的，有资格进入高级中学的人会得到社会声望作为很大的回报。③在美国，实用性的职业技能替代了欧洲的沉思和鉴赏的古老理念。④弗洛伊德所接受的古典训练，深深地影响了他的精神分析构想，以及他对非医学背景分析师的捍卫。⑤早期维也纳精神分析师的思想集体也深受古典主义文化理念的影响，这一文化理念是他们身处的社会的一部分，他们正是在这样的氛围中长大的。⑥在美国社会，名望的标志是职业技能和证书，而不再是抽象的“有学问”。⑦布里尔把重要性赋予自己所接受的医学训练，这说明了他关于精神分析的构想，也预示他会反对非医学背景分析师。⑧美国精神分析的思想集体及其在美国的实践，深受更加具体的观点（把精神分析视为一项特别的医学学科以及治愈工具）的影响，而不是纯粹作为了解自己的一个源泉。

两个人的故事，是一部双主角的教化类小说，既引人入胜，又警世育人。我们的社会持续不断地为科学赋予名望，我们切不可被蛊惑，认为科学是价值中立的，或者我们为科学所做出的选择是纯粹客观的。科学和科学家也有其社会历史。为培养个体科学家、科学家汇聚的思想集体，以及成为其思想风格，学校教育同样做出了贡献。弗洛伊德用俄狄浦斯的神话深化组织心理学体验，这鲜明地表示了精神分析如何反映一个人接受过古典教育。还有来自纳西索斯（Narcissus）、爱洛斯（Eros）、塔纳托斯（Thanatos）⊖的思想，尽管后两者可能与1889年的梅耶林事件有更多联系：奥匈帝国王储鲁道夫与情人幽会后双双殉情。

在19世纪早期的维也纳，弗洛伊德做了一个决定：让精神分析远离精神病学，并且从曾经排斥他的大学环境中独立出来。凭借自己的坚强意志和独立自主，他一直都能够控制自己的发明，并确保它生存下来，弗洛伊德开创先河，把精神分析同其他学术世界分离开来。同时，几千公里之外的纽

⊖ 纳西索斯、爱洛斯、塔纳托斯分别是希腊神话中爱上自己的人、爱神、死神。——译者注

约，布里尔决定把精神分析和精神病学联系在一起，把它列入有声望的职业序列中，他希望这样可以确保它的生存，也确保自己能够接触到它。同样，凭借他的坚强意志和独立自主，布里尔也开创先河，让美国精神分析及医学同行为某些人（包括犹太人）接触精神分析提供了可能，同时实际上他也向其他人（非医学背景）关闭了大门。

与纯粹“学术性”学科（学术性职业）不同，所谓“自由的”职业或者自由职业，例如医疗和法律为有志者提供从业和成功的土壤，而不受大学的限制。对弗洛伊德来说，这还不够，他希望自己的发明在体制中占有一席之地，如果大学不给他，他就要自己建制。对布里尔来说，自由职业是他和像他一样的人的避风港，他们需要在这里建立精神分析，让自己立足。在各自的道路上，弗洛伊德和布里尔都决定要确保精神分析不进入学术圈，这个决定在 21 世纪的今天产生了强烈的反弹，精神分析希望在学术圈争得一席之地。为了把这些联系在一起，我重新回到弗莱克，关于他的教化理念我再说一两句。弗莱克是一位犹太人，来自波兰，实际上，和弗洛伊德的父亲、布里尔一样，他是加利西亚人。1896 年出生于利沃夫，他要比弗洛伊德和布里尔年轻许多，但他接受的仍是早期分析师推崇备至的欧洲传统教育。弗莱克上了一所学院。这所学院在波兰的地位相当于维也纳的高级中学。弗莱克 18 岁毕业，至少可流利地使用德语和波兰语。他对哲学深感兴趣。在医学院，弗莱克在免疫学和细菌学方面成绩优异，但是出于种族原因，他没能在利沃夫大学获得正式职位。在一个位于普热梅希尔的研究感染性疾病的实验室做了一段时间助手之后，他建立了自己的实验室。

弗莱克年表

1896 年　出生于利沃夫。

1914 年　毕业于波兰学院（等同于奥地利的高级中学），能流利地使用德语和波兰语。

1914 年　开始医学院的学习。

1920 年　在一所位于普热梅希尔的研究感染性疾病的实验室做助手。

1923 ～ 1939 年　做着细菌学家的工作，尽管他具备资格，却没能从利沃夫大学获得正式职位。

1935 ～ 1939 年　在自己所创建的细菌学实验室工作。

1927 年　首次在哲学科学上发表分析医学学科的文章《医学方式思维的某些特征》。

1929 年　发表文章《“真实”的危机》总结了他关于医学的观点，覆盖所有自然科学。弗莱克不认为绝对的真实可以不依赖于体验而存在。

1935 ～ 1936 年　出版专著《科学事实的起源和发展》，他深受卡尔·曼海姆（Karl Manhiem）、耶路撒冷·齐美尔（Jerrusalem Simmel）、勒庞（Le Bon）、麦克杜格尔（Mcdougal）、弗洛伊德、杜尔凯姆（Durkheim）、伯格森（Bergson）、列维－布留尔（Levy-Bruhl）等人的影响。他对维也纳学派，包括卡纳普（Carnap）和马赫（Mach）等的方法提出了质疑。

第二次世界大战历险

1941 年　被驱逐到利沃夫的犹太贫民窟。用斑疹伤寒患者的尿液研制出了针对斑疹伤寒症的疫苗。德国人听说了他的疫苗，弗莱克成了斑疹伤寒症的首席专家。

1942 年　弗莱克被捕，并迫使他训练德国医生制造疫苗。

1943 年　被送到奥斯维辛集中营。或许曾感染斑疹伤寒而后治愈，因为他为自己注射了自己发明的疫苗。

1943 年　被遣送至布痕瓦尔德集中营，主管生产斑疹伤寒症疫苗的实验室。他给纳粹造出的疫苗（600 升）是失活无效的，给犹太人的疫苗是有效的。

1945 年　回到波兰，在巴黎第六大学做医学微生物学系主任。

1954 年　进入波兰科学院。

1955 年　被选为波兰科学院主席。

1957 年　移民以色列。

1961 年　于以色列去世。

和弗洛伊德一样，弗莱克不只是位医生。在他成长的社会中，在自己领域有能力的学者被广受推崇，但学识渊博比术业专攻更受人尊敬。出于自己广泛的兴趣，在被排挤出大学之后，弗莱克仍然主动学习，最终他也建立了一门新的学科：科学知识社会学。

弗洛伊德解释了社会中的个体经历了怎样复杂的心理变迁，同样，弗莱克解释了如何组织欧洲知识分子的生活，以及他自己对此的反应。正如弗洛伊德在维也纳，弗莱克在利沃夫也是大的社交团体的局外人，但是他所接受的协会教育，让他能够进入知识世界，同样也可以进入技术世界。弗洛伊德挑战了当时心理学的一些旧观念，弗莱克对准了科学的神话，并以子之矛，攻子之盾。

布里尔所接受的教育范围比较狭窄，因而他也选择了一条狭窄的道路：传播知识，而不是开宗立派，他把弗洛伊德的著作翻译成英文，并说服人们使得精神分析能在美国传播。要是说博大的教育造就创造者，狭窄的教育造就传播者，那就太过于简单了。当然也有一些人接受了良好的人文教育却并没有好好利用，而有一些局外人，他们千方百计让自己获得教育，后来凭借本身的实力成为开创者。

犹太人从居住的小村落或者贫民窟中谨慎小心地迁出，他们关注自己在迁入地的社会结构及群体中所处的位置。社会学和精神分析，研究社会和个体在其中所处的位置，成为犹太人发展出来的科学，原因是：在这些“软”学科中，犹太人有更多的发挥空间，它们通常在大学之外独立运作，而这些学科在同化的进程中比硬科学要有用得多。

韩德林显然是正确的，他指出：犹太人脱离农民和无产者的身份，进入更大的知识分子世界，带来了创造力的非凡大爆发，重塑了那个犹太人刚刚进入的世界。韩德林问：从中欧来的犹太人到底处于什么样的位置，从而在这个时代伟大的文化发展进程中造就了他们的角色？韩德林认为，在这样的故事中，关键的是对革新的强调，不是通过阐述已有的理论或者把已有的技术再精细化，而是与现有理论大相径庭的观点，这才是恰当的。弗莱克也是如此，从这方面来讲，爱因斯坦亦然。

他们都在寻找宏大的普遍法则，以解释可观察到的细节。他们的基本前提是，宇宙是可被理解的，就像爱因斯坦所说的“上帝不会跟宇宙掷骰子”。但是他们的研究并非仅仅是形而上的，也可以看成是一个比喻：探索着去理解一个人居住其中的具体的宇宙，并找到方法适应它。弗洛伊德这个局外人，是他所向往的世界的敏锐观察者。他迅速得出结论：从众是不会有远大前途的。弗莱克把他犀利的眼光投向自己所处的社会，用文字描述它，并把它纳入自己的分析工具。布里尔的眼光同样敏锐，他评估的是一个完全不同的社会，他采取的方式是怀揣着自己的兴趣去建设它。这三个人的局外人身份一方面增强了他们的动机，另一方面减弱了他们作为反叛者的危险。“因为我是个犹太人，”弗洛伊德说，“所以我发现我自己可以不受一些偏见的影响，那些偏见限制了其他人对自己聪明才智的使用，我可以不与‘紧密团结的大多数’保持一致。”发现这一点的不只弗洛伊德一人。在某些时代、某些地区，边缘化会刺激创造力，启蒙运动后的中欧就是这样。“这完全是巧合吗？开始出现十二音技法、当代建筑、法律、逻辑实证主义、抽象绘画，以及精神分析，更不要说人们对叔本华（Schopenhauer）和克尔凯郭尔（Kierkegaard）的兴趣再度复活，所有这些都同时发生在维也纳？”在雅尼克和图尔敏的《维特根斯坦的维也纳》（Janik and Toulmin，1973）中找答案，或许在社会学中找答案？

参考文献

Cuddihy, J. (1974). *The Ordeal of Civility: Freud, Marx, Levi-Strauss, and the Struggle with Jewish Modernity.* New York: Basic Books.

Fass, P.S. (1968). A. A. Brill: Pioneer and prophet. Masters Thesis, Columbia University.

Fleck, L. (1935). *Genesis and Development of a Scientific Fact,* ed. T.J. Trenn and R.K. Merton, transl. F. Bradley and T.J. Trenn. Chicago: University of Chicago Press, 1970.

Freud, S. (1900). The interpretation of dreams. *Standard Edition* 4/5.

Freud, S. (1925) *An Autobiographical Study. Standard Edition* 20:3-70.

——— (1936). A disturbance of memory on the Acropolis. Standard Edition 22:239B248.

Gumplowicz, L. (1885). *The Outlines of Sociology,* transl. Frederick W. Moore. Philadelphia: American Academy of Political and Social Science, 1899.

Grinwald, M. (1941). *Haaretz.* September 21st, 1941.

Hale, N.G. (1995). *Freud and the Americans: The Beginnings of Psychoanalysis in the United States, 1876-1917.* New York: Oxford University Press.

Handlin, O. (1951). The Uprooted: The Epic Story of the Great Migrations That Made the American People. Philadelphia: University of Pennsylvania Press, 2002.

Janik, A. & Toulmin, S. (1973). *Wittgenstein's Vienna.* Rev. ed.. Chicago: Ivan R. Dee, 1996.

Jones, E. (1953). *The Life and Work of Sigmund Freud: Vol. 1: The Formative Years and the Great Discoveries 1875-1900.* New York: Basic Books.

Kuhn, T. (1962). *The Structure of Scientific Revolutions.* Chicago: University of Chicago Press.

Schorske, C.E. (1980). *Fin-de-Siècle Vienna: Politics and Culture.* New York: Knopf.

Winter, S. (1999). *Freud and the Institution of Psychoanalytic Knowledge.* Palo Alto: Stanford University Press.

Wyatt, F. (1988). The severance of psychoanalysis from its cultural matrix. In *Freud in Exile: Psychoanalysis and Its Vicissitudes,* ed. E. Timms and N. Segal. New Haven: Yale University Press, pp. 145B155.

精神分析在东欧[㊀]

西格蒙德·弗洛伊德，这位精神分析的创始人，东加利西亚是他的根系所在。弗洛伊德父亲的家族来自次门尼茨和布查则；他的母亲出生于布罗德，童年时光是在敖德萨度过的；他的妻子玛莎的家族同样也来自布罗德。在后来的几十年中为精神分析的发展做出贡献的许多人（他们都是弗洛伊德最初的追随者），也都深深植根于东加利西亚。现如今，那些著名的精神分析师，其中有很多人是东欧犹太人的第二代或者第三代子孙。

精神分析一开始就是从东欧繁荣起来的，尤其是20世纪20年代晚期的俄国和1939年的匈牙利。俄国精神分析学会（Russian Psychoanalytic Society）建立于1911年。1912年，弗洛伊德写信给荣格，“精神分析似乎在俄国流行起来了”。第一次世界大战前，弗洛伊德著作在俄国比任何别的地方都销售得多。

1904年的俄文版《梦的解析》是弗洛伊德的著作首次被翻译成外文。1909年，尼古拉·奥西波夫（Nikolai Osipov）出版了第一本详细的俄国临床案例研究。同年，第一本俄国精神分析期刊《心理治疗》（*Psychotherapy*）开始发行，心理治疗图书馆也开始建立，其目的是为了出版弗洛伊德著作的俄文版全集（计划35卷，其中18卷进入刊印阶段，所有发行本几乎一经上架立刻售罄）。

㊀ Richards, A.D. (2010).Yivo Institute for Jewish Research.

20世纪早期，在俄国从事精神分析的三位最重要的犹太人是萨宾娜·斯皮勒林（Sabina Spielrein，1885—1942）、塔蒂阿娜·罗森塔尔（Tatiana Rosenthal，1885—1921）、摩西·伍尔夫（Moshe Wulff，1878—1971）。斯皮勒林和罗森塔夫出席了维也纳精神分析协会的会议，她们还在苏黎世与马克斯·艾丁根（Max Eitingon，1881—1943）一起读医科。艾丁根是俄籍犹太人，是一位杰出的柏林精神分析师，也是弗洛伊德的一位护戒使者，创立了柏林精神分析自由执业诊所。

斯皮勒林的精神分析之路始于1907年，那一年她抵达苏黎世的布洛伊尔诊所，她是被父母从顿河畔罗斯托夫送到这里治疗精神疾病的。她接受了荣格的治疗并痊愈，她和荣格之间也传出一段风流韵事。经荣格介绍认识了弗洛伊德后，她成了一位弗洛伊德派的分析师，也在这个领域做出了重要贡献。斯皮勒林被认为是第一个提出了“死亡本能”概念的人，在她的《生命起源中的破坏》（1912）中，这一概念成为弗洛伊德晚期工作框架中的一个关键元素。

受训结束，弗洛伊德鼓励斯皮勒林去莫斯科，而不要去柏林（据她的一位家人讲，她考虑过这个想法）。她于1923年回到俄国，在此之前，她在苏黎世治疗过让·皮亚杰（Jean Piaget）。一年后，她从莫斯科搬回顿河畔罗斯托夫，此后一直住在那里，直到1942年纳粹杀害了她和她的两个女儿。亚历山大·鲁利亚（Alexander Luria，1902—1977）、利维·维果斯基（Lev Vygotsky，1896—1934）都是20世纪上半叶重要的精神分析师，也是俄国精神分析协会的成员，他们也可能接受过斯皮勒林的培训、授课或者治疗。

摩西·伍尔夫在柏林接受过卡尔·亚伯拉罕（Karl Abraham）的分析，1909年回到俄国。他翻译并出版了几本弗洛伊德的著作，包括俄语版精神分析术语词汇表。1924～1927年，他担任俄国精神分析协会主席。后来他离开苏联去了巴勒斯坦，在那里和马克斯·艾丁根一起，成为巴勒斯坦精神分析学会（Palestine Psychoanalytic Society）的初创成员。

塔蒂阿娜·罗森塔尔于1905年加入俄国社会民主工党，1911年发表精神分析文献注释，1920年创建了一所接收情绪问题和学习障碍儿童的学校。

她于1921年自杀身亡，时年36岁。

在俄国，精神分析的巅峰时代是在1921～1923年。1922年建立了首个培训机构，伍尔夫和斯皮勒林是第一代训练分析师。1924～1927年弗洛伊德主义和马克思主义之间存在意识形态的激烈斗争。阿伦·扎尔金德（Aron Zalkind，1889—？）作为领头羊，致力于精神分析被俄国社会主义社会所接受。期间由V.A. 乌伦内茨（V. A. Iurenets）发起反击，由米哈伊尔·莱斯纳（Mikhail Reisner）对反击进行回击。鲁利亚和维果斯基也加入混战，站在精神分析阵营中，强调精神分析和马克思的历史唯物主义是兼容的，但他们并没有取得成效。在20世纪20年代中期，托洛茨基（Trotsky）致力于帮助苏维埃弗洛伊德学派，但在那之后一直不满。1927年，鲁利亚辞去了俄国精神分析协会秘书的职位，伍尔夫决定继续留在国外。关于协会最后的报道发布于1930年，同年，弗洛伊德系列著作的最后一卷俄语译本在历经50余年后，终于在苏联出版。

俄国精神分析的复兴始于20世纪70年代，经历了20世纪80年代的政策开放之后迎来了一次迅猛发展。在这次复兴中，几个重要人物都是俄籍犹太人，包括亚历山大·艾特金德（Aleksandr Etkind）和亚伦·贝尔金（Aaron Belkin）。1989年，三本弗洛伊德著作的俄语版发行，总印数超过50万册，同年苏联精神分析协会成立（Psychoanalytic Association of the USSR)，后于1990年更名为俄国精神分析协会（Russian Psychoanalytic Association)。

精神分析在匈牙利也历史悠久。匈牙利精神分析协会（第17个本地团体）成立于1913年，倡议者是桑德尔·费伦齐（Sándor Ferenczi，1873—1933)，他是协会的第一任主席，也是世界上第一个精神分析教授。协会中杰出的精神分析师还包括：杰诺·哈尼克（Jenö Hárnik)、伊姆雷·赫尔曼（Imre Herman，1889—1984)、盖扎·罗海姆（Géza Róheim，1891—1953)、伊凡·霍罗思（Istvàn Hollós，1872—1957)、西格蒙德·法伊夫（Zsigmund Pfeiffer)。在第二次世界大战爆发时，协会25%的成员都是犹太人。1948年，协会被共产主义政权解散，流亡至匈牙利的精神分析师都是该领域的名人，包括：匈牙利籍犹太人梅兰妮·克莱因（Melanie Klein，1882—1960）、桑德尔·雷多（Sandor Rado，1880—1962）、弗朗兹·亚历山大（Franz Alexander，1891—1964）、罗伯特·巴克（Robert Bak，1908—1974）、保罗（Paul）、安妮·欧内斯特（Anna Ornstein）、乔治·格罗（György Gerő）、贝拉·格伦伯格（Béla Grunberger）、玛格丽特·马勒（Margaret Mahler）、约翰·盖多（John Gedo）等。1975 年，匈牙利精神分析协会以研究小组的形式再次复兴，于 1989 年获得了国际精神病学协会全部会员资格。

最杰出的波兰籍移民分析师是赫尔曼·那伯格（Herman Nunberg，1887—1970）。之所以立陶宛在精神分析历史上占有一席之地，是因为弗洛伊德是 YIVO 犹太研究所的主席团成员（1930），该研究所于 1925 年在维尔纳成立。其主管马克斯·魏因赖希（Max Weinreich）把弗洛伊德的《精神分析引论》翻译成了意第绪语，并就青少年认同的形成问题写了一篇精神分析性研究报告。

尽管东欧，尤其是东加利西亚的犹太文化，自 100 多年前精神分析诞生之初就成为其文化背景的重要组成部分，但人们还不太清楚为什么会有这样的相关性和有趣性。你可以推测，这可能与加利西亚在哈布斯堡王朝中的位置有关，或者是因为德国和斯拉夫文化与犹太教哈西德派（情感上的）及拉比犹太教法典（知识上的）传统的相互交流。

参考文献

Brabant-Gerö, Eva. *Ferenczi et l'école hongroise de psychoanalyse* (Paris, 1993).

Etkind, Alexander. *Eros of the Impossible: The History of Psychoanalysis in Russia* (Boulder, 1997).

Harmat, Paul. *Freud, Ferenczi und die ungarische Psychoanalyse* (Tübingen, 1988).

Miller, Martin A. *Freud and the Bolsheviks: Psychoanalysis in Imperial Russia and the Soviet Union* (New Haven, 1998).

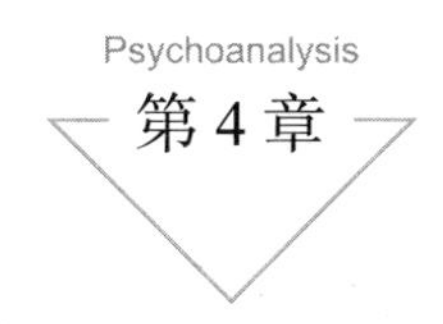

弗洛伊德的犹太身份认同与作为一门科学的精神分析

精神分析是一个犹太人创立的，这是什么意思？这是思想文化史学家很感兴趣的一个问题。现在，人们理所当然地就把弗洛伊德、马克思、爱因斯坦与那个时代其他犹太知识分子联系在一起。学者巨细无遗地研究了犹太思想者对当时欧洲生存条件的反响，当然也包括弗洛伊德身后留下的蛛丝马迹。我在这里想提一个稍微不同的问题：精神分析的创始人是一个犹太人，这句话对弗洛伊德来说意味着什么？

1935[⊖]年，另一个来自哈布斯堡王朝的奥地利－匈牙利犹太科学家兼医生——路德维克·弗莱克，出版了一本书《科学事实的起源和发展》，他在书中坚持认为：科学发现受限于社会、文化、历史、个人及心理因素。这部里程碑式的著作被托马斯·库恩赞誉为他的灵感来源，启发他写出了《科学革命的结构》。弗莱克的科学知识社会学不仅是在本文所用方法的依据（Richards，2005，2006），也是其赋予启发意义的背景。

弗莱克于1896年生于波兰的利沃夫。在医学院，他学的是细菌学和免疫学，但是由于种族背景，他无法在利沃夫大学获得正式职位。在普热梅希尔的一间实验室做研究员期间，他完成了自己的伟大作品。他从来没有告诉

⊖ 原书为1936，疑似有误，已改为1935。——译者注

我们他是怎样把理论应用于生活的：他的犹太特性是如何影响他的成就的，以及反过来，他的成就是如何影响他的犹太特性的；他对社会学做出的贡献是如何反映出利沃夫的犹太人团体的“思想集体”——用这一独特鲜明的术语；他自己的“思想风格”（又一个弗莱克所创造的词语）是如何反映犹太传统和境遇的。如果他说了，我们或许已经明白，弗莱克的理论怎样保留和反映其身份认同对他产生的影响，从而把他自己对犹太经验的个人理解提升到一个全新的普遍层次。这就是我在这里试图从弗洛伊德身上探究的内容，他留下了一些线索，而且他的视域不局限于意识层面的因素，还包括潜意识层面的。

关于弗洛伊德的犹太身份认同，我将从三条不同的路线来描述：他对教化理想的信奉，他对反犹主义的回应，以及他的“无神论”思想。我将阐述这三条路线是如何呈现在精神分析中的，我会从他广博的学术著作中提取素材。当然，我也会尽力阐述他内心的张力，不会放过这些路线中隐含的矛盾情感。我认为，正是这一矛盾情感（以及弗洛伊德尝试解决它的努力），促成了他晚期备受争议的著作：《摩西和一神论》。弗洛伊德曾经问奥斯卡·普菲斯特（Oskar Pfister，牧师转型的分析师）：为什么精神分析的创始人是一位犹太无神论者？我们发现，可能正是在这本著作中，这个问题会得到最清楚的回答。

教化

弗洛伊德出生于摩拉维亚的弗莱贝格，在他 4 岁时，全家搬到了维也纳。他的父母都来自加利西亚。尽管弗洛伊德从未否认他的家族起源于乡野之地的加利西亚，但是在他 1925 年的自传性研究中显示出，这对他来说并非无关紧要。“我完全有理由相信，我父亲的家族曾经长时间居住在莱茵兰（后来的科隆）地区，在 14 世纪或 15 世纪的时候，为了躲避反犹迫害，他们向东迁徙，后来在19世纪，他们回溯曾经走过的路，从立陶宛途经加利西亚，来到了奥地利共和国。”（1925, S. E 20: pp.7-8）研究者已经注意到，这一“信念”（这个家族的传奇故事）并没有把弗洛伊德的家族起源定在乡野山村，而是接近德国文化心脏的地方。不仅如此，科隆这个城市据说在日耳曼部落定居前的罗马时代是犹太人定居于此的。弗洛伊德所宣称的犹太背景挑战了当时的观点：犹太人是游牧民族、外来者，从来都不是真正的原住民。他的犹太身份认同相当复杂，要追溯到很久以前。

弗洛伊德的父亲雅各布，多年来一直东奔西走做羊毛生意，是一个接受过“启蒙教育”的犹太人，比起传统的希伯来犹太主义来说，他对德国犹太改革运动更能产生共鸣。1855年他就开始穿西装，同年与阿玛丽·纳坦松（即弗洛伊德的母亲）结婚。那个时候他已经讲德语，而不是意第绪语，尽管他还读希伯来语的圣经。

1860年，弗洛伊德一家定居维也纳。他们培养弗洛伊德参与到这个国际化大都市中。在那个年代，世俗教育是犹太人同化的主要途径，取得大学文凭是获得地位和得到尊重的必由之路（Handlin，1951）。犹太人接受教育的愿望、融入教化的理念，以及对智力和道德品质的培养，摩西·门德尔松（Moses Mendelssohn，犹太启蒙运动或哈斯卡拉运动的创始人）甚至把它等同于启蒙本身。知识史学家乔治·莫斯（Mosse，1895）指出：对犹太人（以及其他人）来说，对教养的寻求也是对伦理的寻求，寻求真正的体面，这种体面被理解为建立在传统之上的道德品质。文化和政治史学家卡尔·休斯克也有同样的结论。人们对犹太人的看法是：比起上流德国人，他们更少道德约束，更多为激情所控。被德国主流社会接纳至少证明了他们的自控能力，而这是通过教育上的成就获得的。就像休斯克曾经写道：“比起学习的美德，美德的学习更重要。”（Schorske，1981，p.283）

雅各布是弗洛伊德的启蒙老师。他用他菲利普森式的德语和希伯来语亲自教儿子，课本就是圣经，里面有精美的插图和极富启蒙意义的评注。弗洛伊德后来说：“我被圣经故事深深吸引……这对我的兴趣取向带来了持久的影响。”他的犹太宗教老师哈默施拉格去世后，在他发布的讣闻中，他再次确认犹太传统对他有着决定性的影响。这一页讣闻几乎是献给犹太启蒙教化的赞美诗：“宗教教义对他（哈默施拉格）而言，是一条育人之路，朝向人文之爱，从犹太历史中汲取素材，他能够找到方法轻叩心房，激发出年轻人深藏心底的激情，并将之汇成溪流，不受教条的限制。”（Freud，1904，S. E. 9：p.225）就弗洛伊德来说，犹太传统是一个要复杂得多的议题。

对雅各布·弗洛伊德来说，摈弃传统礼仪，改穿世俗着装，更多讲德语，构成了基于他们自己的同化感的圆满转型。对于儿子，他更有野心，还要包括犹太人致力于获得教化，融入德国文化，这些最终会把他们和犹太传统分开。对于犹太知识分子来说，接纳更大的欧洲文化价值，每迈出一小步，就意味着离他们家族文化又远了一步（Cuddihy，1974）。他们中有一些因为自己的父母是乡下人而感到羞耻，同时又为“自己这种想法”感到内疚（Cuddihy，1974，p. 51）。弗洛伊德也未能幸免于这种感受。

历时40载的三版自传性手稿，显示出弗洛伊德对于其父亲的世界的两难感受，以及他的一些应对方法。第一个故事就来自《梦的解析》：一位异教徒禁止雅各布走人行道，并打落了他的皮帽——明显是一顶传统犹太教哈西德派教徒常戴的皮毛礼帽。

雅各布把这件往事告诉了弗洛伊德，那时候弗洛伊德10多岁（也就是中世纪混乱达到顶峰的那一年），1867年改革遍及整个奥匈帝国，改变了犹太人的日常生活，为新的汉堡市政府赢得了不朽的忠诚。

对雅各布来说，这件事情已经过去，永远成为往事。对于他的儿子来说，父亲的“懦夫”行为令人羞愧和失望。他寻求安慰的复仇故事并不是马加比家族或者圣经中的其他英雄故事，而是汉尼拔和他的父亲哈米尔卡——闪米特族人物的故事。鉴于过往的传统，弗洛伊德一定是从拉丁文的书中读到这些人的故事的，而不是希伯来文的书中。对书中的这些人物，他的父亲大概一无所知。到弗洛伊德12岁的时候，他们各自关联的世界已经非常不同，当弗洛伊德在火车上遭遇类似处境时，他已经丝毫不考虑让步了。20

多年后的第二次事件，已经更清楚地显示出代际分化。1891年，雅各布又重新捡起了他的菲利普森圣经，这本圣经是弗洛伊德的启蒙书，作为弗洛伊德35岁的生日礼物。在这本圣经中，雅各布用希伯来语题写了寄语（当然是暗示弗洛伊德要读一读），亲切地批评他的儿子没能恪守传统。从这里开始，摩西第一次进入弗洛伊德的个人史记录中。正如耶路沙尔米在一个精妙的注释中指出的，在雅各布的题词中隐含着犹太法典的指引（Yerulshami，1991）。摩西一怒之下打碎了十诫碑，后来这些碎片被收集起来，和新碑一起被保存在约柜中。雅各布为自己的儿子赠言："这本圣经曾被保存在我这里，就像十诫碑的碎片保存在约柜中。"

作为历史背景，我在这里补充一些内容。这一时期弗洛伊德已经开业5年了，与玛莎·伯奈斯也已经结婚4年半了。他与犹太知识分子及宗教贵族家庭的联姻，并没有让他停止游说妻子以放弃她的宗教活动，也没能令他放弃德国式的文明结婚仪式，而采取传统的犹太仪式。后来维也纳天主教会拒绝承认这一对文明夫妻的结合，要求他们必须再举行一次婚礼，全仰赖他的导师及保护人约瑟夫·布洛伊尔（Josef Breuer）从中调停和劝说，弗洛伊德才耐着性子完成犹太仪式。随后他就禁止新婚妻子在安息日点蜡烛。

第三件有意思的事情发生在1904年，那时雅各布已经去世8年了。弗洛伊德和他的哥哥亚历山大重游雅典卫城，在那里他体验到了一次严重的现实感丧失。后来他分析了自己的这种感觉："看起来好像是这样：一个人成功的本质其实是超越父亲，而且好像超越父亲仍然是某种禁忌。雅典及雅典卫城这一主题本身就包含着儿子获胜的证据。父亲一直忙于生意。他没有接受中等教育，雅典对他来说并无深意。所以，干扰我们，使我们不能享受雅典之旅的是一种孝心。"（Freud，1936，S. E. 22: pp. 257-248）弗洛伊德懂希腊语，他在家就可以自由遨游于古典时代。雅典带给他的共鸣是他那个只读过圣经和犹太法典（弗洛伊德早已将它们抛之脑后）的父亲不可能体会得到的。在"孝顺"的深处，社会阶层的羞耻感或许在隐隐回响。

弗洛伊德的出身背景时不时提醒他，同化这个目标在他的生命中总是忽隐忽现。在维也纳，犹太人通常聚居在三个主要街区，其中一个是利奥波德城，弗洛伊德一家也住在这里。历史学家玛莎·罗森布里特这样描述这里："即使在这些街区里面，三个街区毗连相接，犹太人也通常集中在某些区域，所以城市的某些区域几乎全是犹太人，至少看起来是这样。"（Rozenblit，2006，p. 14）另外，罗森布里特指出，穷人与富人比邻而居。那么他对父亲的内疚感或许也混杂了对邻居的羞耻感。他无法彻底与这样的邻居分开，他们像他大学里的朋友内森·韦斯一样带给他羞耻感。

韦斯是一位才华横溢的青年神经学家，弗洛伊德喜欢他，但又不止一次因为看到韦斯咄咄逼人的自负而倍感屈辱——这是另一件他曾经请教过他那位杰出导师布洛伊尔的烦心事。韦斯在缔结了一段考虑不周的婚姻之后上吊自杀了，新娘子不太情愿，他却坚持要娶。弗洛伊德写信给玛莎说，在葬礼上一位来宾发言称，聚集在这里的是一群"野蛮的、残忍无情的犹太人"，并谴责那位年轻的寡妇，这让弗洛伊德"被惊骇羞愧得目瞪口呆，我们中间竟然出现了这样一位基督徒"（E. Freud，1960，p.65）。

随着犹太人聚居区在城市中不断扩大，学校里也有了越来越多的犹太学生，也有越来越多的犹太人在从事某些职业。到了 1880 年，弗洛伊德 20 多岁的时候，医学院 38.6% 的学生是犹太人。就算集世界上全部教化之力，也只能帮犹太人到这里了。在准备进入大学时，弗洛伊德改名为西格蒙德（Sigmund），因为西格斯蒙德（Sigismund）经常被拿来作为反犹太笑话。1929 年，他得到了托马斯·曼（Thomas Mann）的高度赞赏。1930 年，他获得了歌德文学奖，这个奖项设立于法兰克福。这种终于"抵达"的满足感，弗洛伊德早已描述为是一种"短暂的幻想"（Freud，1925，S.E. 20：p.73）。那种想要完全成为一个德国人的感觉很少被满足，这种感觉烙印在很多奥地利及德国犹太人的身上，而极为讽刺的是，在另一位伟大作家埃里希·玛利亚·雷马克身上，这种激情受到了拷问，当他选择移居国外生活时，纳粹诱骗式地问他："难道你就不思念故乡吗？""不会，"雷马克回答说，"我不是犹太人。"

犹太知识分子被搁浅于两个世界的中间地带。就像卡夫卡所描述的那一代犹太人："那些开始用德语写作的犹太人最想要的就是，冲破犹太主义的束缚，通常都会得到他们父辈模糊的支持……他们的后腿深陷于父辈的犹太主义泥沼中，迈出的前腿却找不到新的落脚点，由此而产生的绝望是他们灵感的源泉。"（Kafka，1958，p. 337）

1897 年的弗洛伊德面临的问题是，如何解放他的"后腿"。他希望解析梦的技巧能够提升他自己，就像他的密友约瑟夫超越自己的部族（Freud，1900，S.E. 5：p. 484n）。他对自己的梦的分析最终会带给他权威而专业的生活，从而把"绝望"升华成"灵感"。

分析笑话也可以，但现在还不行。很长一段时间，弗洛伊德都挣扎于卡夫卡困境中，他的应对方式就是远离自己的犹太背景。在 1930 年（弗洛伊德获得歌德文学奖的那一年）的一封信中，他写道："我接受的犹太教育太少，以至于今天我都读不懂你的赠言，显然你是用希伯来文写的。"（E. Freud，1960，p. 395）在分析那个"我儿子是近视眼"的梦时，遇到希伯来语"geseres"时，他引用语言学权威的说法，好像他自己不认识那个词似的。对于作为更加学术的希伯来语的反面意第绪语，他声称自己完全不懂。他父亲讲希伯来语（Yerulshami，1991），高级中学中也有希伯来语的环境。意第绪语是他双亲的母语，或许他的妈妈只会讲意第绪语。弗洛伊德在儿时一定同妈妈讲意第绪语，而且成年后，他每个星期日都去看望她，直到 1930 年她去世。

他真正喜欢也发表过许多犹太笑话。他在父亲死后开始搜集犹太笑话，这些笑话帮他达成理论上的突破，进入潜意识性欲的领域。桑德尔·吉尔曼指出，这是一种提升竞技平台的方式："忙于搜集并重新讲述犹太笑话，把它们从日常环境中剥离出来，在这样的过程中，弗洛伊德必须达到更高的新科学话语平台，即精神分析的平台，这个过程也让弗洛伊德能够净化掉自己身上的不安全感，这种感觉是作为当时维也纳的犹太人这一角色带给他的。他驱逐焦虑的方法是把它放进书中封闭的世界里，把自己放在作者这个享有特权的位置上，用精神分析这一门新的语言同刚刚开始学习这一科学话语的听众交流。”（Gilman，2006）卡迪希也做了相关解释：让维也纳人直面潜意识，弗洛伊德彻底地证明了，其实德国人和犹太人一样。我认为，弗洛伊德晚年对犹太特性的态度到底是怎么形成的，其过程比这些作者的说法要复杂得多。

20世纪初，一位虔诚的犹太人格林伍德博士做过一场演讲，内容是关于《先知约哈南》这一部饱受争议的流行戏剧，这部剧中的很多思想是贬低正统犹太人的。弗洛伊德参与了讨论及随后的午宴。他说自己更愿意像身着优雅燕尾服的男人，而不是穿得像个先知的男人。多年后在哈拉雷，格林伍德在一篇文章中写到了这次谈话，并回忆起自己当时的想法：“这个人离犹太人的生活多么遥远啊！”（Grinwold，1941）

弗洛伊德认为自己是个犹太人，其他人也这么看。希伯来语的《图腾与禁忌》的序言非常出名，其中他首次承认自己不懂神圣语言，并且“已经远离了父辈的信仰”，同样也声明他拒绝同意任何民族主义思想。他假设有人这样问他：“作为一个犹太人，你身上还剩下些什么？”他回答说：“还剩下很多，或许剩下的正是本质。”弗洛伊德没有拒绝犹太身份认同，而是调转了话头。到底谁自以为有权利决定“谁是犹太人，谁不是犹太人”？

作家路德维格·博尔内（Ludwig Börne）捕捉到这一具有讽刺意味的两难窘境：“有人挑剔我是犹太人，有人原谅我，甚至还有人恭维我，但没有一个人好好地想一想我的犹太身份。”你可以改名字，不加入宗教团体，甚至为德国文化做出重要贡献，但在“其他人”眼里，尤其是反犹的人眼里，那些都毫无意义。

反犹主义

“反犹”这个词第一次出现在1860年犹太学者莫瑞茨·斯泰因施耐德（Moritz Steinschneider）的书中（Bein，1990，p. 594-595）。1880年，威尔海姆·马尔（Wilhelm Marr），一位柏林的记者兼煽动者，把这个词视为荣誉勋章般地用在他的《泛日耳曼主义战胜犹太主义之路》里面。到了1881年，这个词的新规范意义已经在维也纳流传开来，为后来人们增加对犹太人的憎恨奠定了基础，犹太人被视为外人的“另类”。抛向犹太人的中伤不完全基于宗教原因，也有种族原因。不管种族概念曾经如何具有欺骗性和被歪曲，其衍生出来的憎恨是真实且强有力的。同化、教化，甚至改变信仰，这些都被证明是无用的，不足以与之对抗。

这就是弗洛伊德在维也纳时期的社会背景。他这样讲述他的高级中学岁月：“直到升入高年级，我才开始渐渐懂得作为一个异族人意味着什么，其他男生中弥漫的反犹情绪警示我必须采取明确的态度。”（Freud, 1900, S.E. 4: p. 229）上大学后他谈道：“我发现大家都期待我能自觉矮人一等并且把自己划归为异类，只因为我是犹太人。我坚决拒绝这种想法。我从不认为我应当为我的祖先或者‘种族’感到羞耻，尽管人们已经开始这样说了。”（Freud, 1900，S.E. 4：p. 9）1880年后，反犹主义的兴起常常被归因于东部地区的犹太人涌入维也纳和德国。我的同事约瑟夫·格林伯格提出，反犹主义肯定也反映了对竞争的焦虑，来自受过教育已经同化的犹太人这一新兴阶层的竞争。弗洛伊德曾看见自己在综合医院的犹太同事受到侮辱和谩骂（E. Freud, 1960，p. 132）。另一个朋友兼同事卡尔·科勒（Karl Koller），有次与一位外科医生产生了技术上的分歧，争执中卡尔·科勒突然被人叫成“犹太猪”。卡尔和那位外科医生都是预备军官，这次的突发事件后来引起了一场决斗（犹太人常常被禁止从决斗中获得满足），最终科勒赢了。“这是我们的荣耀之日。”弗洛伊德这样写信给玛莎。他自己的荣耀之日发生在1883年，当时在去往莱比锡城的火车上，一个反犹团体称他为肮脏的犹太人。“我想我的确把自己控制得不错，”他写信给玛莎，“勇敢地采用了我自己的应对方式，无论如何我也不可能把自己降格到他们那个层次。”（E. Freud，1960，p. 123）

后来，弗洛伊德与他的犹太导师兼保护人约瑟夫·布洛伊尔的关系开始紧张起来。1890年中期，他们的关系破裂，弗洛伊德突然在一个反犹主义日益严重的城市里变得孤立无援。这是他自己做出的选择。在一封 1926 年的信中，（这封信吉尔曼称之为“弗洛伊德向犹太信仰的告白”）他回忆了在 1897 年 9 月，那时他父亲刚去世 11 个月，是什么样的环境使得他加入了圣约之子会：

> 我觉得自己像是遭到了放逐，人人都躲着我。这种孤立唤起了我的渴望，渴望进入一个由杰出人士组成的圈子，他们有着崇高的理想，会友好地接纳我……大家都是犹太人，一定会欢迎我，因为我自己也是一个犹太人，否认这一点总是显得既不体面又非常愚蠢。我必须要承认，把我和犹太民族联系在一起的不是信仰，甚至不是民族自豪感，因为我一直都是无信仰者，我的养育环境中没有宗教因素，但不缺对所谓的人文“道德”要求的尊重……但仍有足够的力量让犹太教义和犹太人的吸引力难以抗拒，许多暗黑的情感力量，都是越强大越难以用语言表达，以及对内在身份的清晰意识，对同一心理结构的熟悉亦是如此……因为我是一个犹太人，所以我发现我自己很多时候都不会囿于偏见，那些偏见会限制其他人使用其聪明才智，作为一个犹太人，我时刻准备着站到对立面，放弃与“紧密团结的大多数”保持一致。（*E. Freud*，*1960*，*pp. 366–367*）

在加入圣约之子会的时候，弗洛伊德正集中精力于他的新理论。新理论用新的性欲“基石”取代了遗传性退行的旧基石，这将会彻底改革门诊患者的精神病理学。这一点通常不会引起现代读者的注意，他们不太理解这种影响：“遗传性退行”这一概念耽搁了 19 世纪人们的想象力。那时候，如果一个临床工作者采用精神病史的视角，就很有可能去查阅家族的遗传倾向，以及在患者身上首发的时间点。此外，“遗传”和“人种”之间的关系会鼓励以下推测：不管医生是犹太籍还是非犹太籍，都存在把“神经质”归因于犹太人的人种倾向。弗洛伊德的新理论非常有策略地处理了这一令人不悦的情形。创伤理论和幻想理论摈弃了遗传因素（从而也摈弃了人种因素），支持一种更具争议但更平等的选择。

桑德尔·吉尔曼描述了这一理论突破及其对先前关于神经症的人种理论的影响（Gilman，2006）。丹尼斯·克莱因描绘了弗洛伊德作为圣约之子会成员的生涯，以及这段生涯对即将横空出世的精神分析运动的影响（Klein，1981）。这两个发展阶段是历史性的、主干性的，最好放在一起看。1898～1902年，弗洛伊德都在挑战人种在普遍流行的精神病学范式中的位置，他所有的关于新兴科学的演讲，听众都是圣约之子会的成员。除了他的朋友威尔海姆·弗里斯（Wilhelm Fliss）外，他们是弗洛伊德唯一的听众群，直到1902年10月弗洛伊德开始召集星期三讨论组。彼得·盖伊写到，在那段时间里，弗洛伊德曾向弗里斯抱怨说，自己感觉像"一个又老又寒酸的犹太人"（Gay，1987，p.78）。星期三讨论组的首批19位成员都是犹太人——替代了圣约之子会的成员。他们当然清楚自己的犹太身份。弗里茨·维特尔思（Fritz Wittels）和奥托·兰克（Otto Rank）很骄傲地写下这一点，兰克甚至认为，对原始性欲的强调（这种犹太人的典型特征）使他们成为"人类的医生"（Klein，1981）。这种必胜的信念并没有出现在备忘录中（备忘录从1906年开始记录），但是我们可以假设，那种身份上的共同性已经被他们深切地感知到了，当犹太身份限制了他们的专业前景时，他们中的很多人在寻求专业上的进一步发展，对这种共同性的感知更加强烈。如果像卡迪希说的那样，弗洛伊德的新科学是一个犹太人在告诉异教徒：他们的潜意识一样，那么这一新科学的刀刃在反犹主义的磨砺下，一定已经异常尖锐。因此，当精神分析开始吸引非犹太裔追随者时，一种新的自我意识兴起了。布拉班特等人描述了弗洛伊德在危机四伏的外交中寻找到正确方向的种种努力（Brabant et al.，1993）。

盖伊注意到弗洛伊德在给卡尔·亚伯拉罕的信中反复呼吁要分享"种族间的紧密联系"，同时又警告他不要排斥非犹太人，尤其是荣格，"只要他出现了，就能防止精神分析变成一个犹太民族自己的事情"（Gay，1987）。在建立国际精神分析协会前夕，弗洛伊德批评了他的维也纳同事："你们大都是犹太人，因此没有能力为新的教学计划赢得朋友。犹太人只满足于谦逊的奠基者角色……瑞士人将会拯救我们。"（Wittels，1924，p.140）当然，随着时间的推移，与新的瑞士成员之间的联盟最后也无可挽回地破裂了。盖伊记述了弗洛伊德就随后的纷争向费伦齐提供如下建议："不应该区分什么雅利安科学或者犹太科学。结果应该是同一的，只是呈现方式上的不同。如果在把科学中的客观关系概念化时出现了分歧，那一定有些什么东西是错误的。"（Brabant et al.，1993，pp. 490-491）长久以来，这就是弗洛伊德的防御姿态——科学不允许有任何种族上的区分。毕竟，当他在圣约之子会演讲时，主题是科学。当他在维也纳群体面前演说时，他也在演说科学。当他把瑞士人逐出的时候，也是以科学的名义。在一封给费伦齐的信中，他苦涩地写道："犹太人和非犹太人"的不相容就像"水与油"，同样的话也出现在他给兰克的信中，他告诉兰克自己正尝试着"在精神分析协会这个土壤中把犹太人和反犹者"联合起来（Gay，1988，p. 231）。对于瑞士人，他认为非犹太人的定位和反犹者是不同的，"科学"是他反抗这种不同的唯一武器。这是弗洛伊德写《米开朗基罗的摩西》时的背景。1913 年早秋，国际精神分析协会（International Psychoanalytic Association, IPA）的第四届大会召开，会上弗洛伊德从侧面发起了对瑞士人的最后一击，在大会进行期间，他曾多次参观那尊摩西雕像。在弗洛伊德后来对这尊雕像的追忆中，耶路沙尔米听到了对生日题词"十诫碑的碎片"的呼应，他 1901 年首次参观那尊雕像，距父亲给他圣经作为生日礼物已经过去 10 余年。弗洛伊德自己的分析揭示出，他认同摩西能够在盛怒之下克制自己的能力："那是一个人在心灵上有可能获得的最高成就的具体表达，是一个人为了他献身的事业与内心的激情搏斗的具体表现。"两种观点可能都对。就像耶路沙尔米提出的观点，在 1901 年，摩西代表了弗洛伊德的父亲雅各布，责备他抛弃了犹太传统，没能确保十诫碑的安全。然而到了 1914 年，弗洛伊德站到他父亲的位置上，摩西成了他自己，在献身于精神分析之"法"的路上，他感到愤怒异常又有所克制。在去往莱比锡的火车上，他不愿把自己降格到乌合之众——反对者，也就是精神分析的异教徒的水平上。现在他的英雄不再是汉尼拔和哈米尔卡。

这么多年过去了，他的联想世界又转回到他的父亲那里。后来，看到精神分析的大流散，他还两次用约哈南及其学生的故事打比方，在神庙被罗马人破坏后，为了把犹太人群体聚集在一起，约哈南在雅弗尼创立了塔木德学院。遭遇的反犹主义越多，弗洛伊德越是公开地、对抗性地承认他的犹太身份。1926年，就是他“向犹太信仰告白”加入圣约之子会的那一年，他说：“我讲的是德语，我的文化，我的成就，都是德国的。在理智上我认为我是一个德国人，直到我看到反犹偏见在德国和奥地利不断滋长，从那时起，我宁愿称我自己是一个犹太人。”（Gay，1987，p.139）

无神论

弗洛伊德的犹太身份认同中第三条关键的线索是，他彻底地、激进地没有信仰。当哈斯卡拉运动在欧洲犹太人中间蔓延开来时，做一个离弃了主的犹大、一个不信神的犹太人，并不是什么稀奇的事。很多的分析师，例如亚伯拉罕、费伦齐、伊西多·赛吉尔（Isidor Sadger），对于自己的无信仰轻描淡写，对待宗教信仰也只是简单的漠不关心，而弗洛伊德费尽心力地要把宗教信仰变成他的新科学的攻击对象。

他的第一枪是一个总结性的判断，他指出，信仰是“一种普遍存在的强迫性的神经症”，是内在的“自我中心主义和反社会本能”的外化（Freud，1908，S.E. 9: pp. 126-127）。紧接着，在《图腾与禁忌》中，他猛烈地发起了进攻，在他与瑞士人的斗争进入白热化的时期，《图腾与禁忌》分作四期陆续写完发表。首篇文章攻击的是仪式，但其更明确的目标是基督徒的道德心和圣餐仪式。当时，弗洛伊德曾向亚伯拉罕吹嘘：《图腾与禁忌》会“让我们彻底与任何雅利安宗教信仰划清界限”（Abraham，Freud，1965，p.139）。1930年，在《图腾与禁忌》的希伯来译本的序言中，他再一次附加了一个普适性的免责声明，即这本书“并不是站在犹太人的角度上，并没有特别偏向犹太人。作者希望，它能够与读者一起坚定地相信，无偏见的科学对于新犹太人的心灵来说不再是陌生的”（Freud，1913，1930，S.E. 13: p. vx）。当然，那个时候弗洛伊德已经出版了《幻想之未来》，指出精神分析赋予科学工具，通过明确宗教令人饱含期望的根源，彻底地揭示宗教之幻想（Freud，1926）。这一声明没有为下一代分析师留下多少可以灵活处理的空间，那时弗洛伊德在写给艾丁根的信中也说：“尚待分晓的是，分析本身是否必定会真正引导一个人放弃信仰。”（Gay，1987，p. 12）

精神分析，就像它的创始人一样，是“无神的”——弗洛伊德如是说。他为什么如此坚定？耶路沙尔米的结论是：“弗洛伊德对犹太宗教信仰和仪式这种反冲式的对抗力量……它展示了强烈的攻击性，伴随着等量强度的对先前的依恋关系的反叛。”（Yerulshami，1991，p. 68）这也就是说，他更像是来自一个犹太神学院的逃离者，而不是来自一位接受了世俗教育的人，一位有着自由思想的父亲的儿子。精神分析师威廉·迈斯纳（William Meissner）是一位耶稣会会士，他也有类似的结论，认为这是弗洛伊德的个人问题，而且根源很深：“比起他工作的其他方面以及他的心理学，弗洛伊德的宗教观或许最能反映他潜在的未解决的矛盾和冲突。”

这些判断很机智也富有根据，但是它们只是基于弗洛伊德后来的行为。能反映他早年的态度的唯一确凿证据是，他在十几岁时与爱德华·西尔伯斯坦（Eduard Silberstein）的通信，信中他讲述了自己对礼拜日的鄙视，谈到他与哲学家弗朗兹·布伦塔诺（Franz Brentano）的相遇。仔细读这些信件，可能会发现一个并不需要信仰上帝的年轻人。更重要的是，他似乎也并不需要不信上帝，在布伦塔诺的影响下，他有时也会思考是否要试一试相信神的存在。他的彻底反叛是后来的事。

我认为，弗洛伊德蔑视宗教信仰出现在他的社会心理学逐渐成熟的时候，其根源并不在于他的个人史或者家族史，而是源于社会羞耻感，这种社会羞耻感在他关于韦斯的葬礼的那封信中有所体现，从他对《先知约哈南》这幕剧的评论中也能感觉到。他耻于（同时也对此感到挫败）与他同宗教信仰的人被选中，而之所以被选中，并不是因为他们的着装或者言辞，而是因为他们固守旧的信仰、古老的仪式、老旧的方式。我想，这才是为什么他如此反对在犹太教仪式规定的彩棚下举行婚礼，他对父亲预定的葬礼服务感到震惊失望。宗教仪式和信仰，让犹太人成为异类，成为反犹偏见显而易见的靶子。

在弗洛伊德分析良知的心理结构的过程中，我们可以探测到心理动力。我坚信，他是在检阅自身时正好发现了他所提出的想法：通过继承谋杀，我们也继承了内疚感。是什么东西让一个人相信他有弑父之念？是什么让他明白他不仅有能力完成这一壮举，而且某种程度上有能力承认这一罪行？在《图腾与禁忌》中，弗洛伊德认为这种信念是普遍存在的，但后来，在《摩西与一神教》中，他认为其原型是犹太人。犹太人第二次杀死了摩西，让他们的血液和骨头沾染上了弑杀之罪。在弗洛伊德家族中，怎么可能看不到这样的主题呢？在那里，每代人中都有儿子抛弃了父亲的信仰，在自己的生活中自作主张，又艰深难测地混合着决心、羞耻心、遗憾，或许还有为了生存不得不如此纯粹的愤怒。我还进一步认为，《摩西与一神教》也给我们显示了一些弗洛伊德的最终看法，他到底是怎么看待精神分析和他的犹太身份认同之间的关系的。在这本著作中，关于他的身份认同的所有线索都很明显。他对自己的个人感觉——认为自己是一个已经被同化了的、世界性的犹太人，他作为本书的作者就证实了这一点。这种文化传承[⊖]中的一个元素就是它的知性。他坚定不移地接纳自己是一个犹太人，这一点镶嵌在犹太人独一无二的系统进化传承这一种族主题中。他的无神论，同时也是他的犹太身份认同的某些方面的延续以及对其他人的反抗，表现得很明显，因为他确信，人们代代相传的忠诚守信之人圣父，只存在于如下意义上：他唤起了原始的弑杀事件。科学，尽管是弗洛伊德为了对抗反犹主义所筑起的壁垒，但这本书的存在，本身就在为科学代言，因为正是凭借着他的科学，也就是精神分析，弗洛伊德才能证明他的“历史小说”并不仅仅是传统《圣经》的评论。

⊖ 指自己是一个被同化了的、世界性的犹太人。——译者注反犹主义是这本书的契机，当精神分析解释基督徒对犹太人的憎恨时，反犹主义达到了高潮。就像那是弗洛伊德给阿诺德·茨威格（Arnold Zweig）写信说："面对新的迫害，有人再次躬身自问，犹太人是如何成为现在这个样子的？为什么会招致这种阴魂不散的憎恨？"（E. Freud，1960，p. 421）甚至非常细小的一个细节，弗洛伊德自己对宗教仪式的憎恨也潜藏于此，因为在他看来，犹太主义的本质中重要的不是它的那些仪式，而是犹太人的一神信仰，这一点很重要，是其超越旧有迷信之处，而且再一次表明了犹太人的知性。在这一切背后，还重述了这一结论：《图腾与禁忌》是弗洛伊德对自己良知的检阅。这一点闪烁在字里行间，构成了基本的反讽：弑杀是良知的心理结构的原始来源[㊀]，而犹太人在犯下双重罪行时，也同时深化了内疚感，并使之更容易被人理解。

结论

弗莱克坚持认为，科学发现受社会的、文化的、历史的、个人的、心理的因素影响。在《摩西与一神教》中，弗洛伊德让我们领略到，他如何以及为什么理解精神分析是犹太人的独特贡献。这本著作本身就是一种独特的犹太遗产，逐渐浮现于意识中。如果犹太人不同于其他种族是因为他们的知性，以及他们在心理上靠近已被遗忘的原始弑杀真相，那么发现这一真相的人当然一定得是一个具有挑战精神的犹太人。《摩西与一神教》是弗洛伊德对于犹太身份的最后一次证明。这不仅仅是一次向犹太信仰的告白，也是向精神分析的告白。对弗洛伊德来说，精神分析就是一种犹太解放哲学。其中，犹太传统变得完全自清自明，通过精神分析，人类也同样更了解自己。宗教基于恐惧之上，精神分析帮助人类克服恐惧。与此相比，其他的原因都不重要了。

㊀ 正是因为有了弑杀，一个人才会有内疚感，内疚感进而发展成良知。——译者注

参考文献

BEIN, ALEX, (1990) *The Jewish Question: A Biography of a World Problem*, tr. Harry Zohn. Cranbury, NJ: Associated University Presses.

BOEHLICH, WALTER, ED. (1991). *The letters of Sigmund Freud and Euduard Bernstein 1871-1881*, tr. Arnold J. Pomerans. Cambridge: Harvard University Press.

BRABANT, EVA, FALZEDER, ERNST, & GIAMPIERE-DEUTSCH, PATRIZIA, EDS. (1993). *The correspondence of Sigmund Freud and Sandor Ferenczi, Volume 1, 1908-1914.* Cambridge: Harvard University Press.

CUDDIHY, JOHN (1974). *The ordeal of civility: Freud, Marx, Levi-Strauss, and the struggle with Jewish modernity.* New York: Basic Books.

FREUD, ERNST, ED. (1960). Letters of Sigmund Freud. New York: McGraw Hill, paperback edition, 1964.

FREUD, ERNST & ABRAHAM, HILDE (1965). *A psycho-analytic dialogue: The letters of Sigmund Freud and Karl Abraham: 1907-1926.* New York: Basic Books.

FREUD, SIGMUND (1900). The Interpretation of Dreams. *Standard Edition of the Complete Psychological Works of Sigmund Freud, Vol.s 4 & 5.* London, Hogarth Press, 1953.

——— (1904). Obituary of Professor S. Hammerschlag. *Standard Edition of the Complete Psychological Works of Sigmund Freud, Vol. 9*: 255-6. London: Hogarth Press, 1959.

——— (1908). Obsessional acts and religious practices. *Standard Edition of the Complete Psychological Works of Sigmund Freud, Vol. 9*: 117-127. London: Hogarth Press, 1959.

——— (1913). *Totem and taboo. Standard Edition of the Complete Psychological Works of Sigmund Freud, Vol. 13:* 1-161. London: Hogarth press, 1955.

——— (1914). The Moses of Michelangelo. *Standard Edition of the Complete Psychological Works of Sigmund Freud, Vol. 13:* 211-36. London: Hogarth Press, 1955.

——— (1925). An Autobiographical Study. *Standard Edition of the Complete Psychological Works of Sigmund Freud, Vol. 20: 3-74.* London: Hogarth Press, 1959.

——— (1926). The future of an illusion. *Standard Edition of the Complete Psychological Works of Sigmund Freud, Vol. 21:* 3-56. London: Hogarth Press, 1961.

——— (1930). Civilization and its discontents. *Standard Edition of the*

Complete Psychological Works of Sigmund Freud, Vol. 21: 59-145. London: Hogarth Press, 1961.

——— (1936). A disturbance of memory on the Acropolis. *Standard Edition of the Complete Psychological Works of Sigmund Freud, Vol. 22*: 239-248. London, Hogarth Press, 1964.

——— (1939). Moses and Monotheism: Three Essays. *Standard Edition of the Complete Psychological Works of Sigmund Freud, Vol. 23*: 7-137. London: Hogarth Press, 1964.

GAY, PETER (1987). *A Godless Jew, Freud, Atheism, and the Making of Psychoanalysis.* New Haven: Yale University Press.

——— (1988*). Freud: A life for our time.* New York: W. W. Norton.

——— (1990). Reading Freud: Explorations and entertainments. New Haven: Yale University Press.

GILMAN, SANDER (2006). Sigmund Freud and Electrotherapy. Paper for Conference: "Freud's Jewish World" December 2-4, 2006, Leo Baeck Institute, YIVO, New York City, New York.

GRINWALD, M. (1941). Ha-aretz. September 21, 1941.

HANDLIN, OSCAR (1951). *The uprooted: The epic story of the great migrations that made the American people.* Philadelphia: University of Pennsylvania, 2002.

JONES, ERNEST (1953). The life and work of Sigmund Freud, Vol. 1: 1856-1900, The formative years and the great discoveries. New York: Basic Books.

KAFKA, FRANZ (1958) *Letters 1902-1924* New York: Schocken Books.

KLEIN, DENNIS (1981). *The Jewish origins of the psychoanalytic movement.* Chicago: University of Chicago Press.

KRULL, MARIANNE (1979). *Freud and his father,* tr. Arnold J. Pomerans. New York: W. W. Norton.

MOSSE, GEORGE (1985). German Jews beyond Judaism.

PAUL, ROBERT (1994). Freud, Sellin and the death of Moses. *International Journal of Psychoanalysis* 75: 825-837.

RICHARDS, ARNOLD (2005). The creation and social transmission of psychoanalytic knowledge. *Journal of the American Psychoanalytic Association* 54/2: 359-378.

SCHORSKE, CARL (1980).

——— (2006). Sociology, and psychoanalysis: The development of scientific knowledge by Jews in the Hapsburg Empire: Freud, Brill, and Fleck. Leo Baeck Memorial Lecture. New York, Berlin: Leo Baeck Institute.

ROBERT, MARTHE (1976). *From Freud to Oedipus: Freud's Jewish Identity,* tr. Ralph Mannheim. Garden City: Anchor Books.

ROZENBLIT, MARSHA (2006). Assimilation and affirmation: The Jews of Freud's Vienna. Paper for conference on "Freud's Jewish World," December 2-4, 2006, Leo Baeck Institute, YIVO, New York City, New York.

SCHORSKE, CARL (1981). Fin de Siecle Vienna. New York: Vintage Books.

WINTER, SARA. (1999). *Freud and the institution of psychoanalytic knowledge*. Palo Alto: Stanford University Press.

WITTELS, FRITZ (1924). *Sigmund Freud: His personality, his teaching, and his school.* (London: Allen & Unwin, 1924).

YERUSHALMI, YOSEF (1991). *Freud's Moses: Judaism terminable and interminable.* New Haven: Yale University Press.

无信仰是一种需要
对弗洛伊德无神论的再思考

在思考弗洛伊德作为 19 ～ 20 世纪的犹太人的身份认同时，我提出要考虑三条不同的线（Richard，2008）。第一条，心理学界内外众多研究者的研究主题，那就是弗洛伊德通过全面的古典教育完成文化同化，参与到更广阔的欧洲科学与文学世界中——作为教育、道德和同化主义理想的教养传统，弗洛伊德同时代的很多犹太人都有此理想（Richard，2006）。对于弗洛伊德和他同时代的许多犹太人来说，这条同化主义的路线并不是没有潜在的矛盾和冲突。据弗洛伊德自己的自传所讲，这一条线在弗洛伊德的生命中开始得非常早，可以说从 7 岁就开始了，那时他的父亲使用那部伟大的启蒙及同化的读本——菲利普森圣经来教育他，这是他在形成身份认同的过程中的一个重要主题。弗洛伊德身份认同中的第二条线是他对反犹主义的回应，从 1881 年开始，反犹主义在维也纳泛滥并恶化。弗洛伊德一直以反抗回应，期间的细节在他成年后的生活中不断发展变化，也伴随着精神分析的发展，以及后续的精神分析运动的发展。我无法在这里详细阐述其微妙变化之处，但我想指出，弗洛伊德的反抗加剧了他作为犹太人的认知：犹太传统大体上有助于理性的发展，尤其是科学世界观的发展。我还要指出的是，晚年弗洛伊德终于在《摩西与一神教》中提供了他自己对反犹主义的心理学本质的分析（Freud，1939）。

在本文中，我想去思考弗洛伊德犹太身份认同的第三条线——他彻底的、激进的无神主义。让我们一开始就明确一点：此处利害攸关的是什么。不管是在19世纪的最后几十年或者20世纪最初的几十年，作为一个无信仰的犹太人，一个离弃了神的犹大，也没什么奇怪的。实际上，这很平常，自从哈斯卡拉运动开始在欧洲犹太人中间传播，无信仰就屡见不鲜。在德国的异邦人中间，也不把无神主义视为什么骇人听闻的事。弗洛伊德其实可以轻松地对待他的无信仰主义。就像他将心灵感应视为"我的私事，就像我的犹太身份、我的烟瘾或其他事"（Gay，1987，p. 148）。他完全可以毫无负担地对待自己的无信仰主义，对宗教信仰只简单地不予关心，就像他的朋友们，分析师卡尔·亚伯拉罕、桑德尔·费伦齐、伊西多·塞吉尔那样。他本可以间接迂回地只做形式上的批评，同时暗示圣父带有父亲的某种品质，然后就此打住。

然而，他故意把宗教和信仰作为新的精神分析"超心理学"的靶子，并且在他后来的职业生涯中从未停止过攻击，似乎这是一件荣誉攸关的事。真正的第一枪是在1908年，他指出宗教信仰是"一种普遍存在的强迫神经症"（Freud，1908，pp. 126-127），与普通神经症的主要区别是宗教活动下被压抑的本能是自我中心和反社会性质的。众所周知，弗洛伊德在个人生活中非常反对仪式和信仰。在这篇文章中，犹太教比基督教受到的攻击要多，两者互相牵连，并且伊斯兰教也涉及其中。

与《图腾与禁忌》比起来，上述说法就小巫见大巫了。《图腾与禁忌》是在精神分析运动中，当弗洛伊德和他的瑞士追随者之间的斗争到了白热化的时期写就的，分四期发表。这篇文章的主体是显示弗洛伊德在此之前与尤金·布洛伊尔（Eugen Bleuler）、荣格，以及美国神经学家帕特南的相遇及合作。这里的靶子已经更清楚地指向了基督教的良知以及宗教仪式的实践，在此之下，弗洛伊德发现了物种遗传性质的、继承得来的内疚感，这种内疚感来源于谋杀原始父亲这种原始的罪行[⊖]，这一过程再次将图腾视为食

⊖ 此处为弑父情结的起源并非弑父情结，其中原始父亲不同于弑父情结中的父亲。——译者注

物。《图腾与禁忌》于1913年出版成书。当时，弗洛伊德向亚伯拉罕吹嘘，这本书将“帮我们和所有的雅利安宗教彻底划清界限”（Abraham，Freud，1965，p. 139）。1913年在给费伦齐的一封信中，弗洛伊德也有同样的观点，同时还认为犹太精神在面对科学时更为开放：“不应该有什么特定的雅利安或者犹太科学……如果在对科学的客观联系进行概念化的过程中出现了这些区分，那一定是哪里出了错。干涉他们日益远去的世界观和宗教信仰并非我们所愿，但我们认为我们自己更适宜从事科学活动”（Brabent，Falzeder，Giampiere-Deutsch，1993，pp. 490-491）。1930年，《图腾与禁忌》出版了希伯来语译本，在序言中，弗洛伊德加上了一个普适性的免责声明，强调了同样的观点：“它绝没有站在犹太人的立场，也没有为犹太人开任何方便之门。作者希望他能够与读者一起坚信，对于新犹太人的精神来说，无偏见的科学不会再是陌生领域。”（Freud，1913，p. XV）

在为希伯来语版的《图腾与禁忌》写序言时，弗洛伊德早已开始着手出版他的《幻想之未来》（Freud，1926）。我们应该再次细读《幻想之未来》，把它和弗洛伊德其他著作做文风上的对比，就会明白这本书里的攻击是多么直白，缺少了弗洛伊德的散文中的优雅特征，而是生硬地反复强调重点。罗伯特·保罗曾不太确定地引用过一个出处可疑的评论，据闻弗洛伊德曾就此文对雷内·拉弗格（Rene Laforgue）说：“这是我最糟糕的文章……那不是我弗洛伊德的著作……那是一个老头子的！”（Paul，1994，p. 836）这样的悲叹听起来与文章事实是相符的。因为破旧迎新的关键是基于这样的前提：随着新兴的超心理学的到来，科学现在又配备了心理学工具，通过揭露宗教让人满怀期望的起源，足以彻底揭露其虚幻性。在这样的背景下，弗洛伊德启用对原始父亲的原始谋杀罪行作为圣父这一概念和良心这一心理机制的起源几乎被抛在了一边，尽管争论是存在的。真正的核心是致力于科学推理，确立精神分析科学的学科地位，破除宗教的虚幻性只是科学发展的结果。只给下一代的分析师留下了非常少的摆荡空间，就像弗洛伊德在那时写给艾丁根的信中所说，“留待观察的就是：精神分析在本质上是否一定能够带来对宗教信仰的真正摈弃”(Gay，1987，p. 12)。

回想我自己在纽约接受分析训练的岁月，那时，把宗教信仰从精神分析中清洗出去的努力达到了顶峰。我自己对犹太主义的兴趣被我的犹太导师视作神经症性的。我还记得，我和我的同班同学如何努力说服课程主管不要在犹太赎罪日排课。退后一步，我们看到弗洛伊德义无反顾、明目张胆地让自己的无宗教主义和科学喜结连理。他立场坚定地禁止犹太仪式出现在他的家里，不让他的儿子们行割礼，只庆祝圣诞节和复活节这样传统的维也纳节日，在和女儿安娜一起采蘑菇时取笑宗教形式。如果说弗洛伊德还有所信仰的话，那就是科学了。在他看来，科学会尽最大可能缓解人的状况。出于同样的原因，一个真正的科学立场，如果从精神分析的洞察中得到启发，就会驱逐宗教信仰——这种过时的不再需要的“幻想”。这种攻击（我再次鼓励读者用全新的视角去看待这些文章），在 1930 年的《文明及其不满》(Freud，1930) 中再次出现，在《摩西与一神教》中更是令人瞩目——本书写于 1934 年，1939 年才得以成书出版，而且令人震惊的是，弗洛伊德甚至曾经想要去除“摩西是犹太人”这一印象。

历史学家约瑟夫·耶路沙尔米早已认为，这实在是一个心理方面的议题：

> 且不说所有的细节，单就弗洛伊德如此激烈地、反弹式地反对犹太宗教信仰和仪式，就足以引起我们深切的怀疑。它显示出一种攻击的强度，这种强度通常与反抗相伴，反抗先前的同等强度的依恋。典型的情况是，之前接受过犹太高等教育的学生，会比接受了最低限度犹太教育的学生更反对犹太教义。我们相信，他的父亲在定居维也纳时已经是一个自由思想者了。(*Yerulshami*，*1991*，*p. 68*)

精神分析学家、耶稣会会士威廉·迈斯纳认为，这是一个深层心理方面的议题：

> 或许，弗洛伊德的信仰观，比起他别的著作及精神分析理论来，更能反

> 映他源自早年心理层面的、潜在的、未解决的矛盾冲突。弗洛伊德派宗教信仰论的背后站着弗洛伊德这个人，而弗洛伊德这个人以及他的偏见、信念和确信背后，潜藏着弗洛伊德童年的阴影。精神分析的一个基本洞见是，所有思想家或者富有创造力的艺术家，其作品的本质及内容都反映了其人格结构中固有的冲突及动力结构的本质方面。弗洛伊德也不例外，他在信仰方面的思想，比他在其他方面的工作，更有力地揭示了这些内在的冲突及未解决的矛盾。（*Meissner*，*1984*，*p. vii*）

那么，我们要怎样根据弗洛伊德“未解决的矛盾”来解释他的“宗教信仰论”呢？我们要到哪里去寻找迈斯纳所说的“童年阴影”？我们又去哪里寻找耶路沙尔米所说的叛逆的等价物——匹敌于“之前接受过犹太高等教育的学生对犹太教的叛逆”呢？让我们从还没有涉足的地方（弗洛伊德的童年）开始吧。或许在那里能找到，但据历史记录所言，那里也已经空空如也了。基本上，我们是根本不可能找到上帝的。的确，有一位信基督教的看护照料他到两岁半，给他灌输的都是来世的观念，但如果努力寻找这些与弗洛伊德的成年生活有什么联系，就像保罗·薇姿（Vitz，1988）等人那样，可能一定会不可避免地触礁。到后来，无论何时当他被迫开始讲基督教主题时，这些内容对他来说，一如既往地陌生，这并不是耸人听闻。这有一则趣闻：当他还是个孩子时，妈妈告诉他，人是用泥土造出来的，最终还会归于泥土，说完妈妈还搓了下手掌，搓出些污垢证明给他看。那一刻，6 岁大的弗洛伊德感到生命的有限，“你欠大自然一个死亡”（Freud，1900，p. 205）。可能有人要问了，是否就是这种感觉与他作为犹太人的感觉紧紧联系在一起呢？在他 70 岁生日上，在给圣约之子会的一封信中，他写下了作为一个犹太人的感觉，“暗黑的情感力量越是强大，越是难以用语言表达”（E. Freud，1960，p. 367）。对原始父亲的谋杀以及由此产生的原始内疚感这一心理现实是宗教的心理源头。尽管沿着这个方向深入的分析是如此令人心动，还需要强大的分析性想象力才能解释得通，但我们很难看出这如何会让我们接近弗洛伊德的“无神论”。他在意识层面坚持“无神论”，弗洛伊德在晚年生活中有组织有意识地坚持“无神论”的一面。

历史记录中出现的下一个明确的证据（不管其形式如何），来自弗洛伊德18岁时的大学时代。在写给爱德华·西尔伯斯坦的信中，弗洛伊德描述了他与哲学家弗朗兹·布伦塔诺的相遇，这位哲学家的有神论观点曾一度让弗洛伊德尝试着放弃自己的无神论。仔细阅读这些信件（Boehlich，1991），你会有惊人的发现。弗洛伊德并不是真的“尝试”放弃无神论，而是他在严谨地保持思想开放。他真正想做的是理解哲学，更好地思索布伦塔诺的观点，然后更有信心地反驳它们。这个年轻人并不需要信神，而且他也不需要不信神，后者于我的结论来说尤为重要。如果弗洛伊德后来致力于破除信仰，如果他的态度是一种对宗教的反叛，那么在他18岁之后的人生中一定有其根源。不管是什么样的根源，随着他的年岁渐长，都会在精神上逐渐发展壮大。

我还是赶紧阐明我的目的所在吧。我不认为弗洛伊德的无神论反映了对他自己信仰的反抗。我也不认为它说明了弗洛伊德对自己作为一个被同化的犹太人的自我认同的反抗。我还不认为，在弗洛伊德的身份认同中，无神论反映了某些他对于信仰的个人困境。我甚至更不认为，按照薇姿的说法，它与某种想象的基督教徒的身份认同有关。我更愿意相信，弗洛伊德激进的无神论是对其他人的信仰的反对，尤其是那些与他同一教派的人。从这一点来看，这其实显示了一个更深的矛盾，但是这个矛盾关系到其犹太同伴的处境；换句话说，这个矛盾与社会心理因素和社会羞耻感相关，也是这一主题在弗洛伊德后来的成年岁月中逐渐变得非常重要的原因。

回到我一开始就提出的想法，社会矛盾心理的确是经由同化形成自我认同的底面。尽管拥抱教化理念的犹太人是理性的发起人，占有主场优势，但必须要与传统的犹太社会分道扬镳，这本身就带有张力。在《文明的考验》一书中，约翰·默里·卡迪希批判性地审视了解放对犹太知识分子来说意味着什么。他把弗洛伊德发明精神分析置于这种对抗中，而且像其他历史学家韩德林（Handlin，1951）和萨拉·温特（Winter，1999）一样，他澄清了教化这一概念对很多犹太人来说具有更广泛的意义，尤其对早期的犹太分析师来说的确是这样的。这是一个机会，使得他们可以与文化中的大多数人取得一致，允许他们成为社会的一分子，获得相应的地位。在历史上，他们一直是被排斥在外的。对更大的欧洲文化价值的不断接纳，也意味着对自己家族的犹太文化的不断远离。卡迪希认为，19 世纪逐渐向上层社会流动的城市犹太人，面对他们乡野出身的父母，会感觉很尴尬，而且“为自己这样的想法感到内疚”（Cuddihy，1974，p. 58）。

当然，这种矛盾在弗洛伊德自我认同中可以被清晰地看到。尽管弗洛伊德强调他所接受的人文教育，一直轻视他在犹太科目上获得的知识，包括希伯来语和意第绪语。他 1930 年给 A.A. 罗巴克（A.A. Roback）的信中指出：“我所接受的犹太教育太少，以至于今天都读不懂你的赠言，显然你是用希伯来文写的。后来，对于我所受教育中的这一缺失，我常常深感遗憾。”（E. Freud，1960，p. 395）像这样的说法可以追溯到远至《梦的解析》的年代。在分析“我儿子是近视眼”的那个梦时，弗洛伊德连篇累牍地纠结于希伯来语“ geseres”一词：“根据我从一位哲学家那里学到的内容，‘ geseres’是一个地道的希伯来词语，词根是动词‘ goiser’，最好翻译为‘强加的痛苦’或者‘厄运’。俚语用法容易让人觉得它的意思是‘号啕大哭’。”（Freud，1900，p. 442）好像他自己真的不太懂“ geseres”是什么意思，不管是希伯来语还是意第绪语的意思，例如“俚语”（slang）或许用德语“行话”（jargon）更容易理解。

然而，约瑟夫·耶路沙尔米认为，弗洛伊德的否认[⊖]是不可信的（Yerulshami，1991）。菲利普森圣经的每页都有许多希伯来词语，弗洛伊德的父亲能看懂。聪明如弗洛伊德不会从中学会几个词？正如耶路沙尔米指出的，我们有“确凿的证据”证明“在每年的逾越节家宴上，雅各布都会

⊖ 否认自己懂希伯来语和意第绪语。——译者注

仅凭记忆引述逾越节《哈加达》（犹太逾越节庆典手册）全文”（Yerulshami，1991，p. 67）。不管希伯来语在家里有没有得到重视，但它的确是高级中学课程表上的一门课程。洪堡在 19 世纪初就把它纳入课程表中，就算比起拉丁文和希腊文来说它得到的重视是最少的，但也不等于没有。实际上，在高级中学里，弗洛伊德是学习希伯来语的，同时学习圣经和犹太历史，教他的是他最心爱的老师哈默施拉格。至于意第绪语，耶路沙尔米随手就找到了弗洛伊德已发表通信中使用过的 13 个意第绪词语，诸如羞愧（schammes）、笨蛋（schnorrer）、疯癫（meschugge），但也有生僻的比如皱纹（knetcher）、废话（stuss）、贫穷（dalles）（Yerulshami，1991，p. 69）。更切中要害的一点是，有确凿可信的证据证明，弗洛伊德的妈妈只懂意第绪语。那么，他父母是用什么语言交流呢？作为儿子，弗洛伊德小时候和妈妈讲话一定用意第绪语——甚至长大后，他每周日还去拜望妈妈直到她 1930 年去世。弗洛伊德或许并没有完全同化，虽然他希望自己看起来是。他也像那个年代的维也纳犹太人一样，在内心里，对他的犹太根源，以及经由父亲与那些住在加利西亚犹太小村落中的犹太人一脉相承这一事实，感到非常矛盾。弗洛伊德对犹太语言的态度反映了这一点。

谈及弗洛伊德的矛盾心理通常很快就谈到他父亲雅各布。玛尔特·罗伯特让我们注意到，30 多年前，精神分析自身的存在完全归功于弗洛伊德的自我分析——其中主要人物是父亲。用罗伯特的话说，是一个“模糊不清的父亲”，他让儿子悬空在两种文化之间（Robert，1976）。当然在这样的语境中，我们会很容易想起《梦的解析》中的那则著名的逸闻，当时弗洛伊德还是个学生，对父亲的“懦夫行为”感到羞耻，一位非犹太教徒打飞了他父亲的帽子，一顶典型的哈西德派教徒便帽，帽子落到了水沟里（Freud，1900，p. 197）。弗洛伊德的反应是，他感到非常愤怒，并从内心转而寻求汉尼拔与其父亲哈米尔卡相处的情境，以寻求寄托，从而背叛他之前崇尚的传统文化。的确，对父亲的羞耻感在这里不难探测到，在弗洛伊德文集的其他地方也一样，尽管经常与喜爱的情感混合在一起，在二手文献中或许不太强调这一点。与此同时，玛丽安·克鲁尔把罗伯特的结论又推进了一步（其实推得太远了点），她的结论是弗洛伊德全部著作的核心冲突是想要掩盖父亲的罪孽（Krull，1986）。或许克鲁尔并非全无道理，因为雅各布终其一生都在远离他自己的信仰，以及他自己的文化及信仰的发源地。对传统的矛盾情感父亲可能也有，一点也不比儿子少。受祖父西斯金德·霍夫曼影响，雅各布成为一名马斯基尔，一个受过启蒙的犹太人，更赞同犹太改革运动，而不是传统的遵循拉比教义的犹太主义（Krull，1979）。1855 年，他娶阿玛丽·纳坦松（他的第二任或第三任妻子）为妻后，雅各布开始穿西装。那时，他讲话或者签署文件都已经用的是德语而非希伯来语或者意第绪语了。雅各布仍然继续阅读犹太法典（即使不再研习），同时也读圣经（他的儿子弗洛伊德后来得到了德语版犹太法典的两个译本，希伯来语本和 1929 年出版的阿拉姆语本）。不管父亲对于逃离自己父辈的出身背景有着什么样的矛盾情感，都会影响到他对自己儿子的引导。

值得注意的是，在高级中学的最后两年，也就是他为进入维也纳大学做准备的时候，弗洛伊德改了名字，去掉了中间名“什洛莫”，这曾是他祖父的名字，把“西格斯蒙德”，这个后来经常出现在反犹笑话中的名字，改成了“西格蒙德”。自由思想家雅各布人生课题中的悖论在于，尽管他能够凭记忆就引述逾越节《哈加达》全文，但他养的儿子到了 18 岁时高高兴兴地在给友人西尔伯斯坦的信中说，如果不是正餐的菜单不一样，他几乎没办法区分那些节日。[⊖]最终，在晚些时候，对于这种情势，雅各布还是做了一些事情。1891 年，他又找出了曾经用来教育儿子的菲利普森圣经，并用新的皮革重新装订了，然后在儿子 35 岁生日当天赠送给了儿子。

这里我们要注意到 1891 年，弗洛伊德已经是一个成年人了。那时，西格蒙德已经自己执业五年了，他开业那天是复活节，这对他来说也有特殊的意义，那时他也已经结婚四年半了。他娶了犹太知识分子及宗教贵族伯奈斯

⊖ 弗洛伊德在这里用戏谑的口吻表示自己对犹太教的轻视。要不是每个节日正餐时菜单不一样，他都区分不了这些节日。——译者注

家族的女儿，却与未婚妻一起锲而不舍的游说他人抵制宗教仪式。的确，他是真的不想站在传统婚礼仪式的彩棚下面，以至于他坚持在德国举办文明婚礼竟掀起了一场小小的风波。天主教辖下的维也纳没有承认他们这一结合的合法性，因此他们必须再次举行结婚仪式。为了逃避结婚仪式，弗洛伊德甚至曾经想改变信仰。最后，在导师和保护人约瑟夫·布洛伊尔友好的建议下，弗洛伊德妥协了，布洛伊尔只是简单的劝告他说，如果要那样就“太复杂了”。彼得·盖伊这样描述最终的结局：“于是，在9月14日，曾经发誓要与仪式及宗教为敌的人，不得不背诵他刚刚记下的希伯来语，来让自己的婚姻合法有效。”（Gay，1988，p. 54）弗洛伊德立即“开始报复，或者，至少是竖起了自己的旗帜，”盖伊又写到，他不允许玛莎在婚后的第一个周五晚上点亮蜡烛，“这是生活中令她比较心烦意乱的经历之一”（Gay，1988，p. 54）。

此时，距离那个晚上已经过去了四年半，父亲给了儿子一份生日礼物——菲利普森圣经，弗洛伊德大概把它留在了父母家里。不仅仅用新皮革重新装订了，雅各布还新写了题词——用希伯来语。不但用希伯来语，还采用了格言警句的形式，这种形式被犹太作者广泛采用，不管是启蒙过的马斯基尔还是拉比先贤们。这种形式是引用一些圣经或者犹太法典中的词句碎片，拼凑起来传递说话人当时情境下的感觉，这种形式不仅仅要求讲者非常熟悉圣经，有时候还要熟悉犹太法典，同时还假定听者能有一定程度的共鸣。让我们仔细想一想：如果弗洛伊德不懂希伯来语，像他后来展现的那样，如果说他根本不能理解这段话，更不用说产生某些共鸣了，那么雅各布的这段题词可能暗含着对弗洛伊德极大的谴责。那样的可能性似乎已被连根拔除，因为字里行间显然都是来自父亲的爱与欣赏。如果仍有责备，也是充满爱意的责备，责备儿子没有遵照传统。特别是其中的一句：此后这本书就封存在我这里，就像十诫碑的碎片封存在约柜里。正如耶路沙尔米在一个精妙的注释中指出的，这一句直指犹太法典的起源，以及在摩西打碎十诫碑后犹太法典传统的保存：十诫碑的碎片被收集起来，并与新的十诫碑一起保存在约柜中（Yerulshami，1991，pp. 72-74）。所以，父亲雅各布清楚弗洛伊德年轻时期对犹太教的信仰，就像“十诫碑的碎片”破碎了，被丢弃了，又被父亲抢救保存下来。如果1891年的弗洛伊德快要到达同化的顶峰，那么也就面临着把出身传统远远地抛在身后的危险。或许因此，父亲似乎在隐隐的暗示。这是一个人在听到阴曹地府的召唤后会表达的心声。结果，雅各布也就还有五年可活，当他后来真的去世后，他的儿子将会充满情感地怀念他。即便如此，关于葬礼如何安排，家里还是起了冲突，弗洛伊德强烈要求仪式简单化。让我们把它归因于仪式场面对弗洛伊德个人来说，的确是个困难的场面……

耶路沙尔米指出，生日题词（“十诫碑的碎片保留在约柜中”）在弗洛伊德后来的生活中有一个重要的回音，在弗洛伊德参观了米开朗基罗的摩西雕像后写的记录中，这个雕像位于圣伯多禄大教堂，1901年弗洛伊德第一次参观，生日礼物事件10年后再次参观：

> 多久了，我才再次沿着陡峭的台阶，穿过丑陋的科索凯沃尔，来到这座寂寞的广场上，一座废弃的教堂矗立于此，我也尝试着去感受英雄眼中那一瞥愤怒的嘲讽！有时，我也小心翼翼地爬出晦暗不明的内心世界，就好像我也是英雄注视下的芸芸众生——毫无坚定的信念，既没有信仰，也缺乏耐心，只要抓住虚假的偶像就欣欣然而乐陶陶。（*Freud*，*1914*，*p. 213*）

我们没有听到他的父亲格言警句中的责备吗？当然有，再后来，到了1913年，在精神分析运动中与瑞士人建立的联盟正面临分崩离析，弗洛伊德会把另一个人看成当年再次参观雕像时的自己，也就是说，他自己保存着科学信条，他在对抗新的精神分析异教徒。

相比于父亲的矛盾心理及所处环境，弗洛伊德自己的困境被他所处的环境强化了。利奥波德城是雅各布开辟新家园的地方，也是弗洛伊德成长的地方，他一直住到1883才离开。这是犹太人在维也纳的三个有代表性的定居点之一。历史学家玛莎·罗森布里特描绘了维也纳犹太人最终形成的集中定居点：

犹太人占城市人口的9%，但他们构成了第一街区（内城）人口的19%，第二街区（利奥波德城）人口的36%，这里被称为“马佐岛”，以及第九街区（阿尔瑟格伦德）人口的18%。弗洛伊德的成年生活是在伯格巷19号度过的，靠近西奥多·赫茨尔（Theodor Herzl）的住所。这几个街区紧挨着，而且街区内的犹太人也集中在特定区域，所以，城市中的某些区域（至少看起来）几乎全是犹太人。在这些犹太人聚居区内，尽管有些街区是富人区，但大体上是富人穷人杂居的状态，富人住在主干道上好一些的公寓里，而穷人住在窄小边道旁的破旧房屋里（Rozenblit，2006，pp. 14–15）。

在弗洛伊德成长的过程中，在好的和破旧的住宅里都住过。后来他定居在伯格巷19号，仍然是在第九街区的拐角，既可以照字面意思理解，他住在拐弯儿的地方，这也象征着他与教友们的相处模式。让我们记住，维也纳的犹太人，尽管有一些成功者，但整体上是贫穷的。据罗森布里特记载，到了1900年，他们中三分之二的人还付不起教堂税。这些犹太人应该住得离弗洛伊德的家越来越近，而不是越来越远，尽管雅各布的财富在逐年增长，他儿子婚后的职业生涯也不断攀升。

可能很难把他对父亲的羞耻感和对周围环境的羞耻感截然分开。我们听说过好几则关于后者的逸闻趣事。27岁那年，他对好朋友内森·韦斯的行为非常懊恼，于是就把这件事告诉了他很重要的犹太同道约瑟夫·布洛伊尔。韦斯在经历了一场灾难性的婚姻后自杀身亡，而这场婚姻是他强硬拒绝了所有朋友（包括弗洛伊德）的忠告，一意孤行缔结而成的，他的自杀导致在葬礼上出现了非常难堪的一幕，主持葬礼的人责怪那个姑娘和她的家人要为韦斯的死负责。“他讲话的声音里有一种狂热的力量，那种无情的、野蛮的犹太人的狂热，”同时，弗洛伊德在给未婚妻玛莎·伯奈斯的信中谈及此事，“我们被惊骇羞愧得目瞪口呆，我们中间竟然出现了这样一位基督徒。”（E. Freud，1960，p. 65）出身背景，以及他的父亲，长久地困扰着弗洛伊德。1904年，与哥哥亚历山大一起参观雅典卫城的旅途中，他的现实感有一些紊乱。在生命的最后两年，借由“我们真的已经走得太远”的这种感觉，他分析了这次经历，并与“年轻时家里条件不太好”做了对照，又加上了：“看起来似乎成功的本质是超越父亲，而且似乎超越父亲仍然是不被允许的。”（Freud，1936，pp. 246-247）

至于在参观雅典卫城的时候，弗洛伊德自己的认同感歪歪扭扭地站在何处，我们有一个道听途说的版本，同样是社会羞耻感的主题，来自格林伍德博士的记述。格林伍德是一名虔诚的犹太教徒，出生于布查则，那里是弗洛伊德祖父什洛莫的出生地。1941 年，格林伍德在《国土报》（巴勒斯坦地区最古老的犹太期刊）上发表了一篇文章，描述了 19 世纪初他在维也纳遇见弗洛伊德的经过。当时格林伍德刚刚就一部颇有争议的戏剧《先知约哈南》做了一场演讲，很多人认为这部剧是在诽谤正统的犹太人。演讲结束，格林伍德与听众一起友好用餐，期间弗洛伊德讲了几个关于宗教信仰的笑话。接着弗洛伊德说，他自己更愿意做一个身穿优雅燕尾服的犹太男人，而不是穿得像个先知。格林伍德后来回忆自己当时的想法：“这个人离犹太人的生活多么遥远啊！”（Grinwald，1941）

尽管有这些社会性矛盾心理，弗洛伊德在思想上从没有想过要随便离弃自己的教友。从弗洛伊德的少年时期和成年早期开始，反犹主义的幽灵，逐渐变得越来越邪恶，把他推到了相反的、对抗性的方向上，激起了他身上挑战性的一面，他反而挑衅般地忠诚于自己的犹太身份认同。他的文章以及公共言论都明确表达了这一点。在高级中学：“上了高年级，我才终于明白，作为异族意味着什么，其他男孩子中间的反犹氛围在警告我，我必须明确我的立场。”（Freud，1900，p. 229）弗洛伊德谈到他的大学生活：

> 1873 年，刚进大学的我，体验到了相当大的失望。首先我发现，大家都期待我自觉低人一等并承认自己是一个异类，因为我是一个犹太人。我绝不要这样。我从来都不明白为什么我应该为我自己的血统，或者像人们开始用的词——我的“种族”，感到羞耻。我顶着不被接纳的风险进入学校这个

大团体中，并不感到特别遗憾。（*Freud*，*1900*，*p. 9*）

1873 年，加入圣约之子会时，弗洛伊德感慨：

我觉得自己像是遭到了放逐，人人都躲着我。这种被孤立唤起了我的渴望，渴望进入一个由杰出人士组成的圈子，他们有着崇高的理想，会友好地接纳我，不在乎我的鲁莽轻率……每当我体验到那种民族性的沾沾自喜时，我都试着压制这种感受，觉得它们是危险的、不公平的，被我们犹太人生活的国家的警告吓着了。但仍有足够的力量让犹太主义和犹太人的吸引力变得难以抗拒，许多黑暗的情感力量，越强大越难以用语言表达，以及对内在身份的清晰意识、对同一心理结构的熟悉亦是如此……因为我是一个犹太人，我发现我自己很多时候都不会囿于偏见，那些偏见限制其他人使用其聪明才智；作为一个犹太人，我时刻准备站到对立面，放弃与"紧密团结的大多数"保持一致。（*E. Freud*，*1960*，*pp. 366–367*）

在他 70 岁接受的一次访谈中说道："我讲德语，我的文化是德国文化，我所取得的成就属于德国，我认为我自己是一位德国知识分子，直到后来发现反犹偏见在德国及奥地利不断增长，从那时起，我更愿意称我自己为犹太人。"（Gay，1987，p. 139）

这些都是一个成年人的心绪，他的冲突是遇到的事件所决定的，他的矛盾因为目标的不同而被反复重塑。简言之，我认为，他对宗教信仰的蔑视如此强烈，其根源不在童年期，也不在他的个人心理发展过程中，而是在过了青春期后，以及他的社会心理发展过程中。也就是说，我认为弗洛伊德的态度中埋藏着他与其教友们在一起时感到的羞愧、耻辱，以及尖锐的挫败感。他的教友们仍然是老样子，信守古老的宗教信仰、古老的仪式、古老的生活方式，这是他们的疯狂愚蠢之处，正是这些东西让他们仍然不能脱离犹太小村落的出身背景，让他们成为反犹偏见显而易见的靶子。所有这些都是无法言说的。与这一根源相比较，他认为把基督教信仰连根拔除的动机更加明显，他将这个动机与精神分析同行分享。

沿着这条脉络，让我们再来看看弗洛伊德在道德良知的核心以及圣父信仰的核心中发现的心理结构：先天固有的谋杀导致先天固有的内疚感。就我自己而言，从未怀疑过弗洛伊德是在反省自身时发现的这些思想。更好的说法可能是，这个结构表达了他的发现，而他的发现本身是无法用语言表达的。

什么东西让一个人判定弑亲之心存在于自己身上，他不但有能力做这件事，而且从某种意义上讲他知道他已经这么干了，而且就因为他知道这么干会伤人，所以他就觉得自己是有道德良知的？在《图腾与禁忌》中，弗洛伊德认为这种理念是普遍的：道德良知的结构（可以让一个人监督自己的自私自利和反社会本能）能够发挥作用是因为族生记忆中关于谋杀这一段出了错。㊀在《摩西与一神教》中，他做了更进一步的发挥，认为这段记忆其实是超越了一般性的，其原型在犹太人那里，犹太人曾经二次犯下谋杀罪，他们杀死了摩西，他们的宗教领袖，这个人为他们带来了圣父和宗教，还有割礼——这是第一次谋杀的再现，也进一步从种系发生的角度把这一主旨固定在他们的骨血中。弗洛伊德把一普世遗产调换成犹太人的，许多人推测这一调换以及弗洛伊德更进一步认为这就是犹太民族的本质的深层心理学意义。就像大多数分析评论家承认的那样，雅各布，这个死后被弗洛伊德深情怀念的人（这种怀念里明显都是喜爱，没有丝毫的恐惧），成了假定的俄狄浦斯戏剧中最不像对手的对手。难道我们不可以更简单地把弑亲这一主题视为弗洛伊德家族中两代人的社会化主题的表达吗？两代中都是儿子不得不抛弃父亲的信仰，把决心、羞耻、遗憾、或许还有纯粹的愤怒，用难以理解的方式结合在一起，形成自己的生活主张，以求得生存。

我认为在《摩西与一神教》中，我们才看到了弗洛伊德最后的陈述——关于宗教信仰、犹太主义、无神论，以及“许多暗黑的情感力量，越是强大

㊀ 杀死图腾的记忆错误地演变成杀死原始父亲。——译者注

越难以用语言表达”（E. Freud，1960，p. 367）。我们终于看到了弗洛伊德的犹太身份认同中三条线最后交织在一起——我们也知道了他自己的科学中社会文化观的最终版本。他对自己犹太身份纳入这个整体观念中：犹太人共享一独特的种系演化遗产。这是一个种族主义观点。他宣称犹太人遗传了非同一般的智力，这同时表明了他自己作为世界性的、已经被同化了的犹太人的身份认同。当然，无神论也在里面了。对圣父的信仰是一个遗传方面的事实，而且只是在这种意义下：他使人想起了原始的弑亲事件，其余都是错误的解读。科学，这个弗洛伊德的无神论戏法的关键所在，显然已经在他的努力中得到了拥护，精神分析是科学新分支的实践应用，使得弗洛伊德可以为他的“历史小说”正名，把它视为优于传统的圣经评注——不管是希伯来语的，还是其他语言的。至于反犹主义，那么写书就是最厉害的挑衅。正如弗洛伊德在给阿诺德·茨威格的信中所写：“面对新的迫害，一个人反复自问，犹太人是怎么成了现在的样子的，为什么招致绵绵不绝的憎恨。”（E. Freud，1960，p. 421）此外，弗洛伊德对这个问题最详细的回答，是在一篇用精神分析的方法解释基督徒为什么憎恨犹太人的文章中。终于，反犹者也躺在了躺椅上。[⊖]

尽管一些详细的细节，诸如弗洛伊德自己对犹太仪式的反感，都在这里描述过了，但在他看来，犹太主义的本质中最重要的部分不是仪式，而是一神信仰，重点在于它超越了旧的迷信，以及它的理性。或许最重要的是，在他与父亲、维也纳犹太世界间的关系背景下，弗洛伊德检视了他自己的良知。在以讽刺为基调的字里行间，你会发现有微光闪烁：弑亲是良知这一心理结构的起源。

事情就是如此。实际上在《摩西与一神教》中，我们还可以发现最后的证据，证明弗洛伊德自己的发明是犹太特色的——不仅仅是对“犹太信仰的告白”，也是对“精神分析的告白”。因为，如果把犹太人与其他人种区

⊖ 在经典精神分析中，被分析者会躺在躺椅上接受分析。这里指反犹的基督徒也被弗洛伊德分析了。——译者注

分开来的是遗传而来的理智，以及同样的遗传学事实，即犹太人在心理上更接近已被遗忘的原始谋杀，那么我们不应该惊讶，弗洛伊德也不应该惊讶的是，最终从原始罪恶发掘出真理的人本身就应该是一个犹太人。在弗洛伊德看来，而且对弗洛伊德来说，经由精神分析，犹太传统最终完全发展出了自觉性，借此也推广到全人类。我认为，不愿相信和坚信不疑都来自同样的心理源头——并不是来自个人深植于童年的根源，尽管这一根源或许也很重要，而是来自社会联结感，这种社会联结感需要在世界观中找到表达方式，而这种世界观需要提供一些建设性的过程，一种有意义且不断前进的感觉，一种在动荡不安的世界里意志坚定永不言弃的愿景。

最终，精神分析会被带到哪里，我们又会被带到哪里呢？宗教信仰源于恐惧，精神分析帮助人克服恐惧。与此相比，其他原因都是次要的。

参考文献

Abraham, H., & Freud, E., EDS. (1965). *A Psycho-Analytic Dialogue: The Letters of Sigmund Freud and Karl Abraham: 1907-1926*. New York: Basic Books.

Boehlich, W., ed. (1991). *The letters of Sigmund Freud and Euduard Bernstein 1871-1881* (A. J. Pomerans, trans.). Cambridge, Mass.: Harvard University Press.

Brabent, E., Freud, E., & Giampiere-Deutsch, P., eds. (1993). *The correspondence of Sigmund Freud and Sandor Ferenczi: Volume 1. 1908-1914*. Cambridge, Mass.: Harvard University Press.

Cuddihy, J. (1974). *The ordeal of civility: Freud, Marx, Levi-Strauss, and the struggle with Jewish modernity*. New York: Basic Books.

Freud, E., ed. (1960). *Letters of Sigmund Freud*. New York: McGraw Hill, 1964.

Freud, S. (1900). The Interpretation of dreams. *Standard Edition* 4, 5.

——— (1908). Obsessional acts and religious practices. *Standard Edition* 9:117-127.

——— (1913). Totem and taboo. *Standard Edition* 13:1-161

——— (1914). The Moses of Michelangelo. *Standard Edition* 13:211-236.

——— (1926). The future of an illusion. *Standard Edition* 21:3-56.
——— (1930). Civilization and its discontents. *Standard Edition* 21:59-145.
——— (1936). A disturbance of memory on the Acropolis. *Standard Edition* 22:239-248.
——— (1939). Moses and monotheism: Three essays. *Standard Edition* 23:7-137.
Gay, P. (1987). *A Godless Jew: Freud, atheism, and the making of psychoanalysis*. New Haven, Conn.: Yale University Press.
——— (1988). *Freud: A Life for our Time*. New York: Norton.
Grinwald, M. (1941, September 21). Encounters with Sigmund Freud. *Haaretz*.
Handlin, O. (1951). *The uprooted: The epic story of the great migrations that made the American people*. Philadelphia: University of Pennsylvania, 2002.
Krull., M. (1986). *Freud and his father*, transl. A. J. Pomerans. New York: Norton.
Meissner, W. (1984). *Psychoanalysis and Religious Experience*. New Haven, Conn.: Yale University Press.
Paul, R. (1994). Freud, Sellin and the death of Moses. *International Journal Psycho-Analysis* 75: 825-837.
Richards, A. (2006). The creation and social transmission of psychoanalytic knowledge. *Journal of the American Psychoanalytic Association*, 54(2):359-378.
——— (2008, October 5). *Freud's Jewish Identity*. Paper presented at the Chicago Institute of Psychoanalysis.
Robert, M. (1976). *From Freud to Oedipus: Freud's Jewish identity*, trans. R. Mannheim. Garden City, N.Y.: Anchor Books.
Rozenblit, M. (2006, December 4-6). *Assimilation and affirmation: The Jews of Freud's Vienna*. Paper presented at the conference on "Freud's Jewish World," Leo Baeck Institute, YIVO Institute for Jewish Research, New York City.
Schorske, C. (1981). Politics and patricide in Freud's Interpretation of dreams. In: *Fin de Siècle Vienna* (pp. 181-207). New York: Vintage Books.
Vitz, P. (1988). *Sigmund Freud's Christian Unconscious*. New York: Guilford Press.
Winter, S. (1999). *Freud and the Institution of Psychoanalytic Knowledge*. Palo Alto, Calif.: Stanford University Press.
Yerushalmi, Y. (1991). *Freud's Moses: Judaism Terminable and Interminable*. New Haven, Conn.: Yale University Press.

对普罗尼克《弗洛伊德、帕特南和美国精神分析之目标》一书的评论

[Richards, A.D. (2008). *International Journal of Psychoanalysis*, 89:199-202]

乔治·普罗尼克的父亲是一位维也纳犹太人，曾祖父是詹姆斯·杰克逊·帕特南。普罗尼克写的这本书，记述了他的曾祖父与弗洛伊德之间的关系，他的曾祖父是一位波士顿婆罗门、神经科医生，弗洛伊德也是维也纳犹太人、神经科医生，创建了精神分析。帕特南与弗洛伊德的交往开始于弗洛伊德旅美期间，那时马萨诸塞州伍斯特市的克拉克大学正在庆祝建校 20 周年，弗洛伊德受邀在庆典上做了一系列演讲。

尽管帕特南对弗洛伊德的工作非常感兴趣，而且已经读过弗洛伊德大部分的文章，但是在两人见面之前，他对于精神分析能帮人治病还是心存疑虑。普罗尼克写道："他觉得精神分析费时太久，而且要太过深挖患者代际历史中不光彩的部分，才能构建出精神分析治疗的某种救赎。"普罗尼克继续写道："治疗中的元素可能是有用的，但并没有真正抓住波士顿人更上一层楼的想象力。"

然而在伍斯特市，当帕特南听了弗洛伊德的演讲后，他被深深地吸引了。帕特南对于此次与弗洛伊德的会面深感触动，于是邀请弗洛伊德、荣格和费伦齐去他家位于阿迪朗达克山脚的庄园共度周末，这样他就可以和弗洛伊德多相处一些时间。关于弗洛伊德此次造访阿迪朗达克已经有了很多记述，他欣赏那里的自然美景，他去追踪豪猪（果然找到一只死的），他和帕特南12岁大的儿子弗朗西斯一起玩绳球。

此书的前两章“茫茫的荒野”和“去追踪豪猪”详细描述了这个四人组的往来。之后的各章节不再描述帕特南的度假营，转而描述帕特南是如何发展成一名精神分析师的，描写他对先验哲学和灵性的兴趣、弗洛伊德对宗教和超自然神秘学的兴趣，以及在1919年帕特南去世前他和弗洛伊德之间的互相交流。我们的观察沿着这样的路线：他们出现在精神分析及历史的各个不同阶段，魏玛和纽伦堡国会时期，以及第一次世界大战前后。我们探访在维也纳、罗马度假中的弗洛伊德，我们探寻帕特南和他的妻子玛丽安、孩子，尤其是其女儿莫莉之间的关系，探究帕特南与莫莉的父女关系和弗洛伊德与安娜的父女关系之间的类似之处，还有莫莉和安娜职业生涯的相似之处。我们还了解了很多弗洛伊德与其追随者、背叛者之间的交往，其中包括费伦齐和荣格，这两个人也与弗洛伊德一起受邀同访帕特南的度假营。

对于美国心理学及超验主义哲学史，以及圣路易斯市的黑格尔运动史，书中也都不同深度有所涉猎。后者的思想受到苏珊·布洛的影响，布洛曾经是帕特南的患者、灵性及哲学顾问和红颜知己，她也是普罗尼克书中第三个主要人物。普罗尼克文本的优势在于其来源是一手资料：由内森·黑尔编辑发表的弗洛伊德/帕特南通信、其他已发表的弗洛伊德书信、存放于波士顿的帕特南档案、存放于圣路易斯的布洛档案、被珍藏起来的帕特南家庭书信。那些家庭书信被收藏在儿童房里，普罗尼克曾经在那里长大。当他开始写这本书时，他的妈妈把这个秘密透露给了他。

普罗尼克的书中记述到：美国精神分析协会于1911年5月在巴尔的摩成立，这个记述漏掉了一个重要的历史事实。1910年5月，美国精神病理学协会就在波士顿成立了，作为美国神经学协会的一个分支，帕特南任主席。琼斯认为，当时在美国成立“纯粹的精神分析协会的时机还不是很成熟”。接下来的几年，弗洛伊德让帕特南挑起美国精神分析协会主席的“重担”。弗洛伊德的确说过，他选中帕特南是因为他知道，伟大的知识分子运动开始于波士顿，但普罗尼克并没有提及弗洛伊德会挑选一位非犹太教徒作为组织的首脑。

到了20世纪20年代早期，帕特南去世后，他所任职的协会又变成美国精神病理学协会，成了一个影子精神分析组织（意指不公开的组织）。布里尔的纽约精神分析协会，与波士顿、芝加哥和巴尔的摩–华盛顿的精神分析协会一道，于1932年合并成了新的美国精神分析协会，也就是延续至今的美国精神分析协会。

普罗尼克相当详细地记述了帕特南于1911年9月拜访魏玛国会的过程。1911年6月23日，帕特南一家登船前往格拉斯哥。他们取道苏格兰前往巴黎，后来又到了瑞士，在那里，帕特南接受了弗洛伊德大约6小时的分析，“分析时间的简短和集中，在那个年代是可接受的”。

帕特南的魏玛演讲是与会的欧洲分析师期盼已久的，受到了热烈欢迎，但演讲结束后出现了“冰冷的沉默”和“令人不安的骚动”。哪里出了问题？那篇演讲文稿后来被发表为《准备进行精神分析工作之前，请先学习哲学方法》。这是帕特南想把精神分析和圣路易斯黑格尔主义哲学流派结合起来的一种尝试。帕特南在请求乐观主义、升华以及灵性，而这些刚好不是弗洛伊德和他的中欧同行所看重的。帕特南对听众说道：“人们不应该只分析身体和头脑，要分析身体、头脑和心灵——也就是说，作为与宇宙同呼吸的生灵。”新教神学家普菲斯特，是听众中最有共鸣的一位。琼斯批评他过分看中黑格尔。弗洛伊德对琼斯说：“帕特南的哲学就像放在餐桌中央的精致装饰品，每个人都很欣赏，却没有人会碰。”

帕特南的演讲在魏玛国会遭到冷遇，这并没有减弱他对精神分析的热情，也没有破坏他和弗洛伊德之间的关系。弗洛伊德需要帕特南，这个非犹太教徒，需要他为精神分析在美国开疆拓土，显然弗洛伊德认为移民者布里尔并没有能力完成这项任务。帕特南为精神分析承担的这项任务，以及他频繁以精神分析代言人的身份出现在波士顿公众面前，这些都给他的私人执业带来了消极影响，尤其是他的妻子变得越来越沮丧。据普罗尼克讲，帕特南到底多大程度上意识到魏玛并不买他的账，说不清楚。帕特南的确怀疑过自己为此次演讲所付出的所有努力到底值不值，在他看来听众们及弗洛伊德“都没有哲学头脑”，他也的确写信给玛丽安说，在去的路上，他读了很多书，学了大量德语。魏玛国会之后，弗洛伊德忙于应付荣格和阿德勒，但仍然与帕特南进行书信交流，协商帕特南还未完成的自我分析。他们在信中谈到了帕特南的梦及童年期幻想。在这些书信往来中，弗洛伊德与他的书信被分析者[⊖]分享了他对宽容和共情性的理解，帮助帕特南克服了由“自我分析”带来的禁欲，特别是分析到乱伦愿望和幻想时。

弗洛伊德和帕特南想要修复两人关于哲学和宗教的分歧，还是有很多困难的，尤其是后来弗洛伊德在《图腾与禁忌》《幻想之未来》《米开朗琪罗的摩西》中开始点评后者的观点。帕特南比弗洛伊德更能意识到，分析师的性格缺陷会给患者带来的潜在负面影响，包括弗洛伊德自己的缺陷，这些在普罗尼克的书中多次提及。普罗尼克指出：弗洛伊德在信中说荣格是个假正经的“讨厌鬼”，格罗斯“完全是个疯子”“寄生虫”。弗洛伊德赶走了一位荷兰女患者，因为她越来越让他难以忍受。布里尔显然是有“阻抗”的。琼斯的婚姻“简直毫无意义”。阿德勒的行为“简直幼稚”。威尔海姆·斯特克尔“又奇怪又混乱”。

帕特南还知道，他曾经送一位患者范妮到荣格那里做治疗，荣格在与这位患者的接触中展现了非常严重的个人缺陷。他将她送去荣格那里，或许是因为荣格对魏玛演讲的反应让他觉得荣格比弗洛伊德在“灵性哲学大讨论”中离自己更近。治疗最后成了灾难。帕特南看到荣格“甚至开始用一些羞辱的方法贬低范妮”，她对此的应对方式是转而相信荣格的神秘象征世界。帕特南很清楚，分析师同样需要接受来自他人或自我的分析，荣格也同意这个观点。琼斯的解决之道是创造出持戒者，对弗洛伊德倾注完全的信任，把弗

⊖ 帕特南是弗洛伊德的被分析者，他们沟通的方式是通过书信往来，所以这里将帕特南称为弗洛伊德的书信被分析者。——译者注

洛伊德变成永远正确的权威。弗洛伊德会成为他们的训练分析师，帮助他们“净化掉所有可被净化的个人反应”。

帕特南当然没有从正规的分析训练中获益，也未接受过正规的分析训练。或许他非常适合进行正规的分析训练。根据他自己的自我分析而写成的一篇文章《对一例有着格丽塞尔达幻想的案例的评论》，普罗尼克认为这是帕特南对一个分析过程最成功的描述。这个案例的核心是患者（帕特南）对自己女儿莫莉的乱伦幻想。弗洛伊德、琼斯和费伦齐在读了这篇文章后，用“JJP 情结”作为代码描述乱伦愿望。

此书接着谈到了第一次世界大战期间，在 1914 ～ 1918 年，弗洛伊德和帕特南既站在战争的两方，也站在大西洋的两岸。大家都知道，弗洛伊德最初对德国与奥匈帝国一方的民族主义热情很快就消退了，变成了绝望。第一次世界大战似乎对帕特南的客观主义是一种挑战，反而印证了弗洛伊德的悲观主义。帕特南的哲学导师和红颜知己苏珊·布洛，看到记述战争造成的死伤和破坏的文章极为震惊。有人觉得，她 1918 年的去世也与此有关。在此期间，弗洛伊德正在撰写他的超心理学文章《十二论》（*Twelve Essays*），其中只有五篇幸存下来，而帕特南也正在写他的书《人类动机》（*Human Motives*）。《人类动机》并没有让精神分析在美国火起来，但这本书“成功地完成了帕特南一直以来想做却没做成的事：把弗洛伊德的想象力吸引到他最关切的问题上”。另外，帕特南的书从弗洛伊德那里学到了“少有的长时间沉思于深层次的、会暗示自己性格的道德动机”。弗洛伊德写道：“如果关于人类心灵的知识还是如此不完备，以至于我靠那点可怜的才华就足以成功做出如此重要的发现，那么现在就决定支持还是反对我们的那些假说可能还为时过早。”普罗尼克指出，帕特南得到了他希望得到的所有。“弗洛伊德只是承认了那种可能性：他的形而上学中或许蕴含某种真理，但并没有正统地接纳它们。”

我们有大量的证据证明，弗洛伊德对形而上学和神秘学感兴趣。有一次他曾经写到，如果他没有成为一个精神分析师的话，他可能会想去研究超自然心理学。有一本书中记述了弗洛伊德曾经参加过家里的降神会，他痴迷于命理学，也曾怀疑他梦见儿子马丁的死和马丁在前院受伤或许有某种关联。

最后，普罗尼克的书中没有充分探索的问题如下：精神分析和心理治疗中缺失了灵性的部分，这一点在美国以及全世界得到了多大程度的关注？未来心理干预真的要隶属哲学从业者——牧师会和使人愉悦的自助行业吗？我想探究这些问题可能需要另写一本书，乔治·普罗尼克或许接下来会写。对我来说，这本书非常有意思，非得一口气读完不可，但是对于那些并非对弗洛伊德感兴趣的人是不是这样，我就不敢肯定了。

对伯克《不为人知的弗洛伊德：他的哈西德之根》一书的评论[⊖]

约瑟夫·伯克（Joseph Berke）是一位精神分析取向的心理治疗师，做家庭治疗。他受训于纽约的哥伦比亚大学和爱因斯坦医学院，但自 1965 年起就居住在伦敦。他去伦敦与 R.D. 莱茵一起做研究，帮他建立了金斯利·霍尔社区——一个社区治疗机构，为情绪困扰者和情绪障碍者提供帮助。他曾经给玛丽·巴尔内斯做过治疗，并因此闻名于世。玛丽·巴尔内斯被诊断为精神分裂症，在治疗师的帮助下，通过治疗性“退行”，她获得了极大的好转，成为“著名的艺术家、作家和神秘主义者”(Barnes，Berke，2002,p. 14）。两人一起合著的《玛丽·巴尔内斯：穿越疯狂之旅的两人记述》（Barnes，Berke，2002）后来还被改编成舞台剧。还有其他的一些文学著述描写了从疯子到天才的转变。最近的一个例子是，艾琳·萨克斯写了《我穿越疯狂的旅程：一个精神分裂症患者的故事》(Saks，2007）。

伯克就严重情绪障碍的治疗写过大量文章。此书和《弗洛伊德与拉比》（Berke，2014）把他的这部分工作与其他兴趣点（弗洛伊德研究、犹太主义

⊖ 资料来源：2016 *The Hidden Freud: His Hassidic Roots*. By Joseph H. Berke. London: Karnac Books, 2015, xiv + 235 pp. , $42.95 paperback. *Journal of the American Psychoanalytic Association* 64(2):439-447.

和卡巴拉）联系了起来。他在这里尝试着说明精神分析和卡巴拉之间有着深刻的联系，在1996年，他就在《精神分析和卡巴拉》（Berke，1996）一文中首先提出了这种联系。在《权利的中心：精神分析与卡巴拉教的汇合》（Berke，Schneider，2008）中的弗洛伊德研究部分，详述了他的“发现”：弗洛伊德在20世纪初治疗过一个人，这个人后来成为犹太教仪式派的拉比（Rebbe），即拉什比（Rashab）。这一事实在仪式教派中已经流传了几十年。故事是这样的：拉什比及其追随者住在拉脱维亚的里加。他所在的小团体受到拉脱维亚政府的骚扰，拉脱维亚政府又受密那德派的煽动，密那德派是犹太教仪式教派的“犹太人之敌”。他抑郁了，其追随者建议他去维也纳旅行，找弗洛伊德做治疗。

他带领一些人到了那里。弗洛伊德建议他锻炼、休息、冥想，认为他离开了里加那个充满压力的环境就会好一些。弗洛伊德是对的：拉比好转了，回到了里加，那里的骚扰虽然没有停止但的确减少了。我的堂兄是一位仪式派教徒，他在布鲁克林公园大道770号举办了他的婚礼。在婚礼上，我讲了这件事，但仪式派信徒认为，弗洛伊德从拉比那里学到的东西要比拉比从他那里学到的多。（公园大道770号曾经是一个妇女健康中心、一家住院式医院，为妇女提供堕胎帮助，后来被仪式派买下，作为他们的全球总部。他们在世界各地的其他城市也打造了这样的建筑。）事实上，在弗洛伊德的著作中，并没有确凿的证据证明拉比曾接受过他的治疗。拉什比的确于1903年去维也纳旅行，曾接受过一位不知名的“教授先生”的治疗，这一点在拉什比的儿子第六世仪式派拉比的文章中有所记载。有人相信拉什比见过弗洛伊德，但在《关于犹太研究回顾的联想》（*Association of Jewish Studies Review*）中玛雅·卡兹指出这件事应该没有发生过。根据弗洛伊德的亲密弟子威尔海姆·斯特克尔于1908年发布的病例来看，她认为，病例中的患者是一位42岁的拉比，遭受着与职业压力有关的神经症的折磨，那些细节都符合拉比生活中的情形。因此，尽管第七世拉比在最近的1997年断言说那个教授就是弗洛伊德，但也要考虑斯特克尔的推理。斯特克尔描述了一个非常有张力的精神分析，充斥着不断出现的性骚扰，这个治疗与弗洛伊德可能建议的呼吸新鲜空气，多加锻炼非常不同。弗洛伊德到底有没有治疗过一个犹太教徒、一个哈西德教徒，并不能证明伯克的论点：在那个选择做一个同化了的德国犹太人的弗洛伊德背后，还有一个不为人知的弗洛伊德。已经同化了的弗洛伊德对宗教的描述是一种幻想或者强迫神经症，他否认自己懂希伯来语和意第绪语，他崇拜的英雄是非犹太的异教徒（例如汉尼拔），他指望从古典中创造神话，他把摩西写成一个埃及人，他耻于和新近才迁居维也纳的同教派兄弟为伍（Richard，2010）。“在弗洛伊德的人格面具中，的确有一个隐藏的或秘密的维度。”弗洛伊德纠结于他的“犹太血统，确切来说，他的哈西德族谱”。正如伯克所说，弗洛伊德有个“另一个拉比自我”（Berke，2014，p. xiii）。

据说，弗洛伊德有完整的 23 卷《巴比伦塔木德经》，由希伯来语和阿拉姆语写成。尽管不清楚这套全集是他的，还是他父亲的，大家都知道他父亲每天都会读一小段塔木德经文（不是两人一起研究《塔木德经》）。伯克断言，弗洛伊德拒绝宗教信仰与他深感母爱缺失有相当紧密的联系。弗洛伊德的弟弟朱利斯 2 岁时夭折，他的舅舅也是在这个年纪夭折，这些原因足以让母亲抑郁，在情感上没办法照顾弗洛伊德，尽管弗洛伊德是她最爱的“金西格”。另外，弗洛伊德很依恋他的捷克看护、天主教徒罗斯·维特克，但罗斯偷了他们家东西被送进监狱。发生这些事的时候，他的母亲还正怀着他妹妹安娜。

像这些细节性的内容，在我的文章《弗洛伊德的犹太身份认同》（Richards，2008）中有很多记述，还有一本是我所编辑的书《西格蒙德·弗洛伊德的犹太世界》（Richards，2010），也补充了很丰富的内容。伯克的书中比较新颖的地方在于，他宣称精神分析打开了探索神秘的卡巴拉大门。他相信犹太主义的神秘传统丰富了西方主流文化。卡巴拉思想包括“两性同体概念、解析梦的方法、善与恶的辩证关系，以及修复的重要性，最后一点大概是其中最重要的特征”（Berke，1996，p. xiv）。伯克认可之前一些作者，如贝肯、耶路沙尔米、伊曼纽尔·莱斯等就此主题所做的贡献，但是他意图在此书中做出自己原创性的贡献。

精神分析的目标和犹太神秘学的目的有重合之处，都是通过人自身的完善达到精神的进化。南森·塞恩伯格指出，不同之处在于卡巴拉的终极目的是转向上帝，而精神分析的目标是真正的、完好无损的自我。

“卡巴拉”一词来自希伯来语的“接纳”。传说是先知伊利亚把神秘主义传统传给了卡巴拉教的拉比。这一传统来源于 9 世纪的伊拉克，约瑟夫·本·阿巴和亚伦·本·塞缪尔统治着那里。塞缪尔与一个从意大利移居到莱茵河谷的家庭联姻，他的子孙后代在 12 世纪掀起了哈西德运动。从黑暗中走来的第一代卡巴拉主义者组成了一个小组，领导者是法国纳尔博纳地区的犹太拉比亚伯拉罕（1179 年去世）。卡巴拉教的第一个文本是《光明之书》(*Bahir*)，于 1176 年在普罗旺斯发布。

亚拉贡王朝繁荣于 1210 ～ 1260 年，其间，卡巴拉主义者的领袖是一位叫亚伯拉罕·亚布里亚的犹太人。尽管他也著述甚多，但是都被光辉之书《光明篇》(*Sefer Ha Zohar*，后来成为卡巴拉的奠基之书）的光芒掩盖了。关于《光明篇》的起源，有很多争议，但现在我们认为，早期是有很多版本的，也有很多人参与写作，但后来由一个西班牙学者——摩西·莱昂集结成卷。杰森·斯克尔摩认为，《光明篇》中没有记载更古老的内容，只记载了 13 世纪后 25 年的内容（Scholem，1949）。

卡巴拉仍然存在于犹太世界，尽管保守的传统派拉比反对它，认为它是巫术。据斯克尔摩讲，到了 14 世纪末，卡巴拉就走上了正轨。然后，15 世纪出现了宗教裁判所，那些拒绝改变信仰的犹太人被迫离开了西班牙，这次巨变却再次复兴了卡巴拉，这一教派不再神神秘秘，而是变得更流行、更被接受。

卡巴拉教确立了犹太教在巴勒斯坦地区的精神统治地位。上加利利的萨费德地区有两个主要的老师，一个是理论家摩西·本·雅各布·克多瓦洛，另一个是神秘学家以撒·卢里亚（Scholem，1949）。卡巴拉教最重要的概念是“Tsimtsum”，意思是“收回”或者“撤退”。该教认为造物始于一片虚空，永恒的“无”创造了亚当·卡德蒙，这个最初的人类。在造物的过程中，神圣光束变得混沌，在修复时代（“Tikkun”）再次恢复。据卢里亚记载，每个人都是救赎者。他还写到，在最初的虚空之后，媒介被创造出来（Dunn，2008）。人类的智慧是较高级的容器，人类的情感是较低级的容器。当智慧不能容纳情感时，这些容器就都破裂了。

纽约大学医学院、菲尔丁研究生院的桑福德·德罗布是一位卡巴拉哲学家，他相信卢里亚派的卡巴拉和弗洛伊德、德里达都有很多共同之处。他讲了一个关于弗洛伊德的故事，或许是真实发生的，或许是杜撰的。是有一次有人呈送给弗洛伊德一部译稿，原书是一本16世纪的著作，作者是卢里亚的弟子哈基米·比塔尔，译者是哈基米·布洛克。当时他正在找人写序，于是就找到了弗洛伊德，弗洛伊德同意先读一下译稿。读的过程中，他大赞“这真是一部金矿”，并奇怪之前自己为什么没有注意到这本著作。布洛克还说，当他独自在弗洛伊德的书房浏览时，还看见了法文版的《光明篇》，还有其他几本关于犹太神秘主义的德文书（Drob，2000a，2000b）。

伯克的中心议题是，尽管弗洛伊德可能是一位不信神的犹太人，就像他在笑话说“只有一个上帝，我们并不相信他”，但他有一个渗透在血液中的犹太灵魂——一个“意第绪灵魂……他一生中大部分时光都纠结于此，一边反抗一边拥抱，一边隐藏一边揭露，直到最后，他自己选定的日子，在1939年的犹太赎罪日离世”（Berke，2014，p. 77）。弗洛伊德和其他中欧分析师，都有哈西德血统，这一点是有据可查的。弗洛伊德最早的亲属们，要么来自加利西亚，要么出身于那里，他们的父辈或者祖辈住在那里，很多人都能在他们的族谱上找到哈西德派拉比。

伯克坚持认为，精神分析是一门根植于卡巴拉教的学科，那么证据是什么呢？他注意到，弗洛伊德的父母一辈子都是信犹太教的，而且弗洛伊德出身于一个哈西德教派的家庭，他以祖父什洛莫的名字命名，而什洛莫是一名哈西德派教徒。事实上，伯克认为精神分析是卡巴拉教的世俗分支，即世俗化的卡巴拉。他有哪些证据支持他的观点呢？精神分析和卡巴拉教都探索神秘的、隐蔽的内容。贝肯写到，弗洛伊德把犹太神秘主义世俗化（Bakan，1958）。比昂也有一次评论说，他把卡巴拉主义作为精神分析的框架（J.Symington，N.Symington，1996）。所以，伯克站队站得不错。对于弗洛伊德及其追随者，他写道："我想展现的是，他们的个人起源、心之所系，以及方法途径，都深深植根于犹太信仰和神秘传统中。"（Berke，2014，p. 38）

我把这个观点同精神分析根植于马克思主义、唯物主义传统的观点相比较着来看（Richards ，2008）。首先，梅兰妮·克莱因，这个与弗洛伊德同时代的人，她的父亲来自一个传统家庭，她的母亲是一位拉比的女儿。她喜欢犹太赎罪日。伯克曾经引用杰森·斯克尔摩的文章，其中谈及自由联想和"蜻蜓点水"（jumping and skipping）这种卡巴拉方法的类似之处（Scholem，1949）。"蜻蜓点水"是由13世纪的一位西班牙卡巴拉主义者亚伯拉罕·阿布拉法提出的。伯克坚称，精神分析区分了意识和潜意识，就像《摩西五卷》的已知部分和未知部分之间的区别。卡巴拉主义的奠基篇《光明篇》是对《摩西五卷》的评注，也是想要区分显意和隐意。

伯克进一步断言，克莱因学派的术语"修复"与卡巴拉主义中"重建"的概念类似，在《修缮世界》（*Tikkun Olam*）中：善行会增益或者修复世界 。在精神分析中，它指的是在从偏执分裂位移动到抑郁位的过程中，修复已经破碎的东西。伯克做的另一个对比是，在克莱因学派中，"放逐"是指和妈妈的分离，卡巴拉则认为它是和上帝的分离。

据伯克所说，萨宾娜·斯皮勒林的"阿尼玛"概念是直接模仿卡巴拉主义中的" shekinah"（上帝在人间的示现，或者象征上帝示现的神迹）。弗洛伊德的迷信和他的犹太神秘主义之间有联系，他把精神分析视为个人救赎。卡巴拉是普世的救赎（修补）：救赎一人，即救赎世界。伯克已找到文献证明，弗洛伊德曾经和萨夫兰拉比会谈过，他们曾谈到《创世纪》中的一段文字，还有相应的一段评论。他给我们提供了很多关于弗洛伊德的"秘密犹太组织”以及他的哈西德渊源的趣闻，或许也有他自己对卡巴拉的兴趣。他的阐释可能与弗洛伊德的父亲而不是弗洛伊德更相关，弗洛伊德的父亲在哈西德主义和启蒙主义之间有冲突。也有很多的趣闻是关于卡巴拉的历史，以及卡巴拉和精神分析的对比及两者的共同之处，这个话题最初是由大卫·贝肯在《西格蒙德·弗洛伊德与犹太神秘传统》中提出来的（Bakan，1958）。

我认为，哈西德主义和卡巴拉是同一种因素，影响了弗洛伊德精神分析的发展。其实还有很多因素：神经生物学的、神经学的、人类学、希腊神话学（俄狄浦斯）、文学（哈姆雷特、理查德三世）、催眠、精神病学、精神病理学。一本描写哈西德主义和卡巴拉的影响的书看起来孤掌难鸣。不要忘了，有些犹太人很愿意弗洛伊德是和他们一样的犹太人，深受哈西德主义和卡巴拉的影响。这也是桑德尔·吉尔曼在看伊曼纽尔·莱斯的书《弗洛伊德和摩西》遇到的问题（Rice，1990）。至于我，更愿意弗洛伊德是一个加利西亚人（Richards，2010）。

伯克列举了一系列卡巴拉和精神分析共有的概念。精神分析所关注的“矛盾”类似于卡巴拉教所关注的“对立”。神秘冥想的关注焦点是如何调停对立，比如好与坏、光明与黑暗、精神和物质、上与下等（Berke，1996，p. 120）。卡巴拉主义中对立的辩证思想，精神分析中也有：力比多与攻击性、男子气质与女子气质、幻想与现实、主动与被动、初级过程和次级过程、自我和本我、意识与潜意识、施虐与受虐。在物理学中，这表现为质子与电子，对人类而言，是生命与死亡。弗洛伊德的两极对立概念来自卡巴拉主义的残忍与同情、虔诚与亵渎吗？没有人知道弗洛伊德形成这些概念时，脑子里在想些什么，但伯克觉得，我们能从弗洛伊德所发展的精神分析和他曾经接触过的卡巴拉思想中找出类似点。

“本能的反转，爱变恨”，一直被弗洛伊德所重视，正如爱洛斯和塔纳托斯所代表的终极二元对立一样，被人认为是其超心理学的概念基石。当然，他对梦的研究是非常重要的。在梦中，否认可能是肯定。弗洛伊德在他的文章中用古老的、具有对立含义的单词表达了同样的意思。举几个拉丁语的例子，他发现“altus”既可以代表高，也可以是代表深；“sacer”可以指神圣的，也可以指亵渎神灵的。弗洛伊德与卡巴拉主义者一样，总是关注对立的愿望。卡巴拉存在动物性灵魂和神性灵魂之分。

或许在弗洛伊德眼里，拉什比（如果他真的治疗过他）只是一个头脑和心灵之间的连接中断的人。想法和情感不协调了，这需要在另一个更高的水平上进行重整。或许，这一点与移情的修通及现实原则的胜利所带来的重整类似。伯克引用贝肯的说法：弗洛伊德的性欲中心与卡巴拉主义中的精神形成了另一个平行对比组，卡巴拉思想的基本范式是两性结合或者两性交融（Bakan，1958）。

伯克说，我们必须要问，精神分析是否真的是世俗化的卡巴拉，并起源于犹太神秘传统？弗洛伊德受了哈西德主义的影响吗？哈西德主义对于弗洛伊德的家族，对于许多出身于加利西亚的同行来说，就像呼吸的空气一样自然。有证据表明，弗洛伊德藏书室中确有法语版的《光明篇》——卡巴拉的奠基书。他与弗里斯的通信和交流（Masson，1986）以及其他一些证据也足已说明，他熟悉《塔木德经》和哈西德思想。据伯克所言，弗洛伊德那些被压抑的东西卷土重来，是要重建一个哈西德“宫廷”，里面满是强壮有力、魅力超凡的拉比（类似于摩西），带领着现代人前往精神健康的期许之地，一本圣经（他的文集），一帮追随者（他的圈内人），以及一个正式的关于集会及礼拜（星期三社团及后来的维也纳精神分析协会）的框架。在这里我还想加上国际精神分析大会。持戒者就像哈西德派教众，当拉比起舞时，众人一起翩跹。

弗洛伊德说：“你们认为精神分析是犹太主义精神的直接产物，我不知道你们的想法对不对，但就算它是，我也不会觉得羞耻。”（Clark，1980）安娜·弗洛伊德在希伯来大学获得了世界上第一个精神分析终身教授头衔，在她的致辞演讲中，把“犹太科学”这一术语作为一个荣誉称号授予了精神分析。[弗洛伊德对命理学的兴趣，类似于卡巴拉主义者对希伯来字母代码（Gematria）的兴趣。]

伯克最后提到，弗洛伊德让马克斯·舒尔在1939年9月23日凌晨3点钟帮他结束生命，那一天是犹太赎罪日，也是安息日。弗洛伊德是否知道哈西德派和犹太教派的信仰，死于安息日是一个好兆头，预示着灵魂上天堂，而死于赎罪日甚至比这更好？在赎罪日和安息日的同一天死去简直尽善尽美，足以预期来世生于期许之地。

参考文献

BAKAN, D. (1958). *Sigmund Freud and the Jewish Mystical Tradition.* Princeton: Van Nostrand.

BARNES, M., & BERKE, J.H. (2002). *Mary Barnes: Two Accounts of a Journey through Madness.* New York: Other Press.

BERKE, J.H. (1996). Psychoanalysis and Kabbalah. *Psychoanalytic Review* 83:849-863.

——— (2014). *Freud and the Rebbe.* London: Karnac Books.

——— & SCHNEIDER, S. (2008). *Centers of Power: The Convergence of Psychoanalysis and Kabbalah.* Lanham, MD: Aronson.

CLARK, R.W. (1980). Freud: the Man and the Cause-a Biography. New York: Random House.

DROB, S.L. (2000a). Kabbalistic Metaphors: Jewish Mystical Themes in Ancient and Modern Thought. Northvale, NJ: Aronson.

——— (2000b). Symbols of the Kabbalah: Philosophical and Psychological Perspectives. Northvale, NJ: Aronson.

DUNN, J.D. (2008). *Window of the Soul: The Kabbalah of Rabbi Isaac Luria.* San Francisco: Weiser Books.Katz, M.B. (2010). An occupational neurosis: A psychoanalytic case of a rabbi. *Association of Jewish Studies Review* 34:1-31.

MASSON, J.M., ED. (1986). *The Complete Letters of Sigmund Freud to Wilhelm Fliess 1887–1904.* Cambridge: Harvard University Press.

RICE, E. (1990). *Freud and Moses: The Long Journey Home.* Albany: SUNY Press.

RICHARDS, A.D. (2008). Sigmund Freud's Jewish identity: Judaism and psychoanalysis—a continuing dialogue. Paper Presented at the Spertus Institute of Jewish Studies, October 5.

——— ED. (2010). The Jewish World of Sigmund Freud: Essays on

Cultural Roots and the Problem of Religious Identity. Jefferson, NC: McFarland.

SAKS, E.R. (2007). *The Center Cannot Hold: My Journey through Madness.* New York: Hyperion.

SCHOLEM, G. (1949). *Zohar: The Book of Splendor: Basic Readings from the Kabbalah.* New York: Knopf Doubleday, 2011.

SYMINGTON, J., & SYMINGTON, N. (1996). *The Clinical Thinking of Wilfred Bion*. New York: Routledge.

·第三部分·

对精神分析组织的看法

Psychoanalysis

Psychoanalysis

美国精神分析协会会员资格和认证的发展历史

古老的恶魔、新的争议[⊖]

“确实在所有领域，一个人可能会在无数年里重复同样的错误，并称之为经验。”

——C. P. 奥本多夫，《美国精神分析发展史》，p. 24:6

“美国第一个精神分析师”布里尔，被视为美国精神分析协会的创始人。在今天的美国精神分析协会中，布里尔的人格受到了什么样的影响依然清晰可见。从美国精神分析协会关于认证和会员资格的章程中，我们可以非常清晰地看到，社会地位和包容性是如何影响布里尔的人生观的。

历史学家葆拉·法斯把布里尔对会员资格和社会地位的职业态度与他的性格和个人历史联系在一起（Fass，1968）。布里尔是来自东欧（奥匈帝国加利西亚的肯祖卡）的一个贫穷男孩，他在 19 世纪 80 年代末移民到美国。他 14 岁时独自一人来到纽约，口袋里只有两美元，决心要在社会上奋斗出一席之地。20 世纪初，他在哥伦比亚大学学习医学，并在纽约中央伊斯利普州立医院接受了 4 年的精神科医生培训。为了增加对精神病学国际趋势的了解，他又争取到了去欧洲的机会，在这期间，布里尔被弗洛伊德的动力

⊖ 资料来源：Paul W. Mosher, MD and Arnold Richards, MD, (2005). *Psychoanalytic Review*, 92:865–894.

性精神医学所吸引。他想办法在瑞士极富精神分析气息的伯戈尔茨利（苏黎世的一所精神病院）又接受了精神分析训练，并去维也纳拜访了弗洛伊德本人，弗洛伊德选择布里尔把他的著作翻译成英语。

1908 年，布里尔回到美国，并在哥伦比亚大学的范德比尔特诊所工作，同时他在纽约开设了私人诊所，因此成为美国第一个精神分析师。此时布里尔已经加入和谐俱乐部。他所创立的纽约精神分析协会只招收获得医学学位的会员，这也体现了他对层级区分和社会地位的喜好。这个限制政策（即排除非医学专业的分析师）决定了美国精神分析协会前身的实践行为，对此弗洛伊德大概会感到懊恼。通过把精神分析变成精神病学领域的一个受人尊敬的医学分支，布里尔坚定地致力于为这一欧洲舶来品争取在美国的合法地位。

纽约精神分析协会起源于 1911 年 2 月 11 日布里尔在自己家里与医学同行的一次会面。到 1912 年，纽约精神分析协会已经有了 27 个会员，全部都是医生。在那个时期，大多数会议只有少数几个会员参加，那时的协会更像是一个亲密的学习小组，而不是一个组织机构。

在布里尔成立小组的同一年，一个只维持了很短时间的美国精神分析协会在巴尔的摩成立了。这个协会是由欧内斯特·琼斯促成的，他还带来了弗洛伊德的祝福，弗洛伊德曾经希望由布里尔来牵头成立美国精神分析协会，并让詹姆斯·杰克逊·帕特南做第一任主席。弗洛伊德想选帕特南担任协会的主席，这反映了弗洛伊德希望一个非犹太人来领导精神分析组织。布里尔被邀请带领着他的协会一起加入最初的“美国精神分析协会”，并担任协会秘书。布里尔确实成了巴尔的摩精神分析协会的一员，但他抵抗住了弗洛伊德和琼斯的巨大压力，既没有成为协会的管理者，也没有将他的纽约精神分析协会与这个新组织合并。

布里尔的纽约精神分析协会幸存下来并蓬勃发展，相反，巴尔的摩的美国精神分析协会，其创始者既有精神病学家又有精神分析师，却没有发展起来，最后解散了。最终，该协会里的一些杰出成员，如威廉·阿兰森·怀特提出了解散协会的建议，并将其合并到当时的美国精神病理学协会，即后来的美国精神病学协会。

虽然布里尔的纽约精神分析协会有强烈的医学取向，并且渴望被接纳为美国精神病学协会的合法分支，但是与此同时，它也抵制各种并入其他更大的精神科医生社团的可能，因为许多精神科医生都公开反对精神分析的理论概念。纽约精神分析协会既想隶属于美国精神病学领域，又不想被它消解掉，这样的利益冲突使得医学专业的分析师几十年来都不同意在美国精神病学协会中设立精神分析的委员会认证。

对精神分析训练的“认证”

20世纪20年代，在美国建立精神分析训练的标准化规则之前，那些希望成为精神分析师的人（不管他们是否有医学学位），只能到欧洲去接受训练。当他们带着精神分析训练的合格证书回到美国时，他们希望能加入纽约精神分析协会。换句话说，证书证明了他们已经完成训练，但这并不是对这些人执业能力的认可。尽管起初纽约精神分析协会接纳了这些人作为会员，但后来改变了立场，甚至更坚定地限制只有医生才能进行精神分析的实践。1934年，纽约精神分析协会与国际精神分析协会达成了一项协议，即“在欧洲接受过培训并获得认证的分析师，如果在其他方面没有达到协会的要求，那么协会可以拒绝这样的申请”（Oberndorf，1953，p. 196）。

布里尔医学取向的纽约精神分析协会在接下来的几十年里幸存了下来，到20世纪20年代末，一些类似的分析协会已经在华盛顿、巴尔的摩、芝加哥和波士顿成立了。1932年，这四个协会联合起来成立了一个新的美国精神分析协会，即今天美国精神分析协会的前身。每个协会都有或正在筹建自己的培训机构，这些培训机构并不是美国精神分析协会或任何其他外部组织的职能部门，每个培训机构都是由各自的协会来管理的。

在 1932 ～ 1946 年，美国精神分析协会是由两类成员（个人会员和团体会员）组成的联盟。某个团体会员中的个人会员自动成为整个协会的个人会员。协会并没有对个人会员资格进行集中控制。协会的有些议题是由个人会员投票决定的，但其他议题是由团体会员投票决定的：每个团体会员都有一票。职业培训委员会可以提出建议，但是必须得到所有团体会员的一致同意，才能修改关于培训和标准的规则。1946 年以前的章程非常明确地规定，职业培训委员会的职权仅限于提出建议。

美国精神分析协会在 20 世纪 30 年代处理了几个错综复杂的问题：吸纳逃亡的精神分析师的问题、一直悬而未决的非医学专业分析师的问题，以及是否在美国精神病学协会里成立精神分析认证和亚专业这个有争议的提议。纽约的分析师原本就非常担心愿意接受分析性治疗的患者不够，而欧洲分析师的涌入（其中一些分析师并非医学专业出身）进一步加重了这种担心。很可能当时欧洲非医学专业分析师的大量涌入，促使很多人希望将精神分析纳入“医学”领域。1938 年，协会颁布了一项新规定：只有在被认可的机构中完成精神病住院医师实习任务的医生才能成为会员（Hale，1995，p. 128）。这个规定从一个侧面反映了布里尔和其他一些人渴望让精神分析成为一门医学学科，也反映了为精神分析设立一项委员会认证的提议。在医学领域，获得委员会认证是新的专业医师和细分专业医师获得合法执业资格认证的传统途径，在某种程度上，它限制了没有认证的医师在其专业领域的竞争力。

作为精神病学分支的精神分析的认证制度

布里尔和他的同事认为，获得医学委员会认证将使精神分析成为一门合法的医学学科。在美国，精神分析的认证最初代表着将精神分析确定为一种医学专业的可能性。因此，纽约精神分析协会在 1941 年通过了一项决议，敦促美国精神分析协会这个全国性的组织在美国精神病学和神经病学委员会中倡导上述认证。然而，美国精神分析协会的领导层拒绝了这个提议，理由是精神分析师在精神科领域的人数实在太少了，不足以对认证委员会产生足够的影响。作为一种替代方案，1932 ～ 1946 年美国精神分析协会的领导层宣称，目前协会的会员认证就是精神分析领域的官方认证（Knight，1953）。因此，“医学委员会认证”是对专业人士研究生阶段的职业能力进行验证，而奈特和美国精神分析协会领导层的“认证”仅仅是对培训事实的肯定，因为那个时候完成培训是加入美国精神分析协会的唯一标准。

美国精神分析协会对待因逃离纳粹而涌入美国的欧洲分析师的态度，使得它和国际精神分析协会在非医学专业分析师这个问题上产生了严重的分歧——布里尔最头痛的问题。布里尔已经成功地把医学博士学位列为会员资格的一项要求，首先是在纽约精神分析协会实施，然后是在美国精神分析协会。这一立场并没有得到普遍的支持。一群分析师组成了新的旧金山精神分析协会，后来该协会在 1942 年加入了美国精神分析协会，但是当时的旧金山精神分析协会被告知，它不能为那些非常杰出的非医学专业分析师，如安娜·梅辰、埃里克·埃里克森、齐格弗里德·贝恩菲尔德等保留正式会员资格。旧金山精神分析协会非常不情愿地做出了让步，给这些非医学专业分析师附属会员的身份，因为如果给予他们会员资格的话，他们就会自动成为美国精神分析协会的会员。

就连纽约精神分析协会也只给狄奥多·芮克、弗洛姆、厄恩斯特·克里斯这些非医学专业的分析师二等会员资格。布里尔坚决反对让心理学家成为正式会员，他的排外政策在几十年的时间里一直在美国精神分析协会中占据主导地位。事实上，在 1954 年，美国精神分析协会、美国精神病学协会和美国医学协会发表了一项联合决议：所有的心理治疗都是医疗程序，所以只能由医生来实施。

除了历史上某些特殊的地区和时代，精神分析师一直都能敏锐地意识到，需要精神分析治疗的人群是有限的。关于非医学专业的人是否可以从事精神分析实践的争议，早在1912年的欧洲就开始了。根据施洛特的说法，荣格在1912年写信给弗洛伊德，提到了关于非医学专业精神分析师的问题，他说："我们自己才勉强有足够的患者。"（Schröter，2004，p. 161）施洛特在脚注中评论道："我们可以非常有把握地说，经济因素——正如荣格在上述通信中表述的那样，在关于非医学专业分析师的争议中发挥了关键作用。然而，由于经济因素很少被公开谈及，往往被所谓的原则掩盖，因此很难评估经济因素在这个问题上的影响。"（Schröter，2004，p. 161）

20世纪40年代初，精神分析业内的紧张局势有所加剧，那些主张坚持弗洛伊德正统理论的分析师与主张学术多元化、可以挑战弗洛伊德理论的分析师之间存在强烈的对抗情绪。1941年4月，在纽约精神分析协会的一次会议上，通过投票表决（但现场的大多数人都投了弃权票），卡伦·霍妮从培训分析师被降级为讲师。在投票结果公布后，霍妮、克拉拉·汤普森和纽约精神分析协会的另外三名年轻成员科尔曼、罗宾斯、艾佛隆当场离席，后来也退出了协会（Hale，1995，p. 143）。有人杜撰说，他们离开会议后，站在了西86街大楼的外面大声唱，然后去了位于百老汇大街上的客栈酒吧，在那里他们讨论要成立一个新的协会。1941年晚些时候，霍妮及其同伴成立了美国精神分析促进协会（American Association for the Advancement of Psychoanalysis，AAAP），这个协会的名字激怒了纽约精神分析协会。后来美国精神分析促进协会被分裂成几个不同的组织（部分是因为非医学专业分析师及精神分析是否附属医学这两个问题），其中包括怀特学院和纽约医学院。怀特学院的创立者是克拉拉·汤普森和弗洛姆，他们认为霍妮已经把他们边缘化了，因为没有给他们分派新的分析师候选人进行分析和督导。这个学院的名字很可能是由哈利·斯塔克·沙利文（Harry Stack Sullivan）选的，以纪念他的导师威廉·阿兰森·怀特。怀特也是1911年成立的美国精神分析协会的创始人之一。

纽约精神分析协会在1923年成立了一个教育委员会和一个培训学院。桑德尔·雷多是该协会的第一个培训主任。在1941年，由于他在教学中偏离了正统精神分析理论而被解除了主任的职位。1942年，雷多、大卫·莱维（曾担任过美国精神分析协会主席）、乔治·丹尼尔斯、亚伯拉罕·卡丁纳、卡尔·宾格离开了纽约精神分析协会，转而在纽约成立了一个新的精神分析协会——精神分析医学协会（Association for Psychoanalytic Medicine，APM），他们还与哥伦比亚大学医学院合作成立了一个新的培训机构。然而，由于美国精神分析协会规定，一个城市只能成立一个精神分析协会，所以美国精神分析协会不同意这个新的社团加入协会。拉多及其同事希望成立一个附属于大学的精神分析协会，于是他们在1942年申请得到美国精神分析协会的认可，并威胁说，如果新的协会不被认可的话，他们将退出美国精神分析协会。有人提议修改美国精神分析协会的这一规定——一个城市只能有一个机构，但这个提议被否决了，这项规定如今还有效。拉多除非有办法把精神分析医学协会纳入美国精神分析协会，否则他难以成立一个新的全国性协会。

如果没有怀特学院的话，这些分歧可能不会对美国精神分析协会产生任何影响。弗洛姆和克拉拉·汤普森所在的怀特学院，曾被指定为华盛顿精神病学学院的纽约分部，而该学院是巴尔的摩－华盛顿精神分析协会的一部分，所以它是美国精神分析协会的一个附属机构。在怀特学院接受训练的分析师候选人就有资格成为美国精神分析协会的会员。当巴尔的摩协会结束了与华盛顿学院的合作时，情况就改变了，最后，怀特学院的分析师尽管仍然是美国精神分析协会的会员，怀特学院却成为美国精神分析协会独立的子机构。美国精神分析协会成立了一个委员会来考虑分析师的会员资格申请。可以这样说，虽然美国精神分析协会对怀特学院的申请进行了审议，但当怀特学院的分析师意识到自己异于正统理论的人际关系理论视角不会被采纳时，他们就放弃了申请。形势风云变幻，在巴尔的摩协会和华盛顿学院分裂之后，华盛顿精神病学学院与华盛顿精神分析学院也分道扬镳了，因此华盛顿精神病学学院就失去了美国精神分析协会给予的认证（Gray，2004）。

1946年，在经过了多年的谈判之后，部分也是因为关于哥伦比亚学院的争议的不良结果，成立于1932年的美国精神分析协会解散了，一个新的美国精神分析协会——也就是我们今天的协会成立了。新协会成立后，坚持理论取向多元化的分析师和坚持“正统”、集中控制的分析师相互妥协，最终制订了新协会的制度。在新的协会里，地方协会和培训学院完全独立。一个地域范围只能有一个协会的规则被废除了。这些变化满足了人们多元化的需要，同时有人开始担心新的协会会加剧竞争，慢慢违背传统的培训标准——也就是接受培训的分析师和受控分析的个案，每周至少进行四次分析，以及四年的课程学习。

当美国精神分析协会在1946年重组时，拉多成立的新的哥伦比亚学院得到了美国精神分析协会的认可，并且拉多成立了附属于哥伦比亚学院的精神分析协会，但怀特学院没能成为其附属，也没有加入美国精神分析协会。我们已经非常详细地记录了这段早期发展的历史，我们认为对怀特学院和拉多的学院不同的决议结果对之后美国精神分析协会的性质和发展历史产生了重要的影响。

美国精神分析协会的会员资格“等于”医学委员会的认证

在新的美国精神分析协会里，在1946年的时候（这是现在的美国精神分析协会的成立时间），协会的新章程要求职业标准委员会以书面形式证明，每个申请个人会员的分析师都符合协会的伦理和职业标准。因此，这一认证程序成了会员资格审核的一项额外标准，由职业标准委员会的会员资格审查分委会执行，后来这项标准引起了越来越多的争议，其审核方式也越来越苛刻。1946年的章程并没有清晰地解释认证的标准究竟是什么。是完成培训这个事实，还是由申请人所属的培训学院外的另一机构对其培训结果进行评估，这个含糊不清的章程引发了一场长达50年的争论。直到1977年，要成为正式会员必须通过会员资格审查分委会的认证程序申请。直到1977年，

1946年后的会员资格认定过程才被正式称为“认证”(certifi cation)。

尽管在1977年之前没有明确使用“认证”这个说法，但从1946年开始，美国精神分析协会将会员资格定位为等同于医学证书，这项规则实现了有些人奋斗多年的目标，即让精神分析师作为精神病学分支从业者的身份获得委员会的认证。它进一步强化了对非医学专业分析师的排斥。这两种趋势(将非医学专业的人排除在精神分析训练和实践之外，并为医学专业的精神分析师进行类似医学专业的认证程序）只在美国并存。因此，人们理所当然地会问，美国精神分析发展历史中的哪些因素导致了这种独特的情况呢？

当然，这种现象无法用简单的原因来解释。我们已经提到布里尔坚持排他性政策。其他作者也评论过其中非常重要的心理动力学因素。沃勒斯坦认为，在这个职业中，身份的问题是一个重要的决定因素（Wallerstein，1998）。精神分析是弗洛伊德所认为的普通心理学的一个分支，抑或是布里尔所认为的医学和精神病学的一个分支？莱文探索了其他可能的动力学决定因素（Levine，2003）。

此外，布里尔支持成立认证委员会和拒绝没有医学博士学位的分析师，是因为他本人受到了当时社会的极大影响。在他生活的时代，美国医学和精神病学的结构正在发生巨大的变化。

“非医学专业分析师的问题”引发了国际精神分析协会和美国精神分析协会之间剧烈的争论，险些破坏了国际精神分析运动，最终只能以临时决议的形式休战。如果不了解20世纪二三十年代美国的社会环境——当时美国的立场变得强硬起来，那么很难对这个问题有全面的理解。在20世纪20年代（任何事情都可能发生的喧嚣年代)，美国精神分析师第一次官方正式规定，只有医生才能从事精神分析的实践。在艰难困苦的20世纪30年代后期(经济大萧条最困难的时期)，要求有委员会认证的提议首次出现。在那个时代的世界观里，必须严格限制治疗技艺的专业准入门槛。

1929年，美国精神病学协会的一个委员会授权提出了一套执业资格标准：执业者必须被严格视为精神科医生（American Psychiatric Association，

1929）。1933 年，在当时的四个认证委员会合并组成医学专业顾问委员会（Advisory Board of Medical Specialties）的时候，医学专业的特殊资格认证运动得到了快速的发展（Starr，1982，p. 357）。经济大萧条带来的激烈的竞争环境，使得人们进一步通过专业认证来限制执业人数（Starr，1982，p. 356）。

1910 年，布里尔开始执业的两年后发表《弗莱克斯纳报告》（*Flexner Report*），强烈要求必须以大学教育为基础来培养医生。在那之前，医学生是在私立医学院学习（其中一些是所谓的文凭制造厂），然后给执业医师当学徒。在 20 世纪二三十年代，随着《弗莱克斯纳报告》的实施，这些私立医学院都关门了。此外，《弗莱克斯纳报告》标志着对治疗行业更加严格的监管，它主要针对的是那些培养医生的机构。立法方案解决了个体执业者的管理问题。

1912 年，联邦政府委员会开始认证合格的医学院（Beck，2004）。直到 1926 年，纽约的立法机构才通过了《韦伯 – 罗密斯法案》（Webb-Lomis bill），该法案最终促进了《纽约医疗实践法案》的通过。这一法案规定只有州政府才能颁发医生执照。这条法规的目的是消除庸医，即那些要么是彻头彻尾的骗子，要么是接受了过时的或不充分的培训的从业者。该法案的主要目标是按摩师。据沃勒斯坦所说，欧洲人认为布里尔在幕后推动这项法规的成立，其意图是裁定非医学专业分析师是非法的，但我们在历史材料中没有找到支持这一想法的任何记录（Wallerstein，1998，p. 29）。

今天人们可能不太记得，在 20 世纪的早期，精神病的治疗无外乎住院这一种形式。美国精神病学协会成立于 1844 年，由 13 个精神病院的主管联手建立。非精神病性患者的治疗，如癔症，主要由神经病学家进行门诊治疗，其中一些专家使用基本的心理治疗方法，如劝说和物理疗法相结合。

在布里尔开始精神分析执业之后的一段时期，精神分析才开始在美国出现，至此，美国精神疾病治疗学才开始从单一的住院治疗转变到能够提供门诊治疗。从1922年到1932年，美国精神病学协会的会员人数增加了40%。1922年的时候，这一组织的成员数比例少到可以忽略不计，全部从事住院治疗，但到1932年，只有54%的会员符合这一情况（Russell，1932）。在20世纪20年代，大部分新加入的会员会使用精神分析或其他门诊治疗方法，这些门诊疗法也是基于精神分析思潮而发展出来的。由于精神分析师和其他精神科医生－心理治疗师大量涌入美国精神分析协会，给协会带来了一些变化，并对保守的医院主管们形成了一次文化冲击。

这些变化突显了一个事实，那就是当时并没有正式定义过“精神科医生”。虽然从1917年起，人们开始细分一些医学领域（“专科”）的执业资格认证，但在精神病学方面没有任何认证或其他专门的执业资格认证。1928年，阿道夫·迈耶在其美国精神病学协会主席的任职演讲中，建议设立精神病学的文凭认证机构。他说：“精神病学的发展有赖于精神科医生专业资格认证的最低标准。”

在之前的20年里，精神病学一直在抵制这种认证，部分原因是保守的精神科医生认为他们自己并不是专科医生，而是护理慢性精神疾病的住院患者方面的专家。然而到20世纪30年代，情况发生了巨大的变化。正如前面所提到的，改革派精神科医生已经达到了该协会会员人数的一半左右，其中大部分都是受到精神分析影响而进行门诊治疗的医生。1933年，詹姆斯·B.梅在其美国精神病学协会主席的任职演讲中，敦促在精神病学领域设立一个委员会认证机构。他谈到了神经学家和心理学家对精神病学领域的入侵，并将心理学家的入侵归咎于精神分析的出现。他写道：

对精神病学领域的下一次大规模“入侵”是由心理学家主导的。这主要是因为弗洛伊德和其他著名的精神分析学派代表人物所提出的丰富理论。这些作家的惊人成果最终引起了那些从未关注过精神病学的心理学家的注意。不久他们就开始发表文章、出版书籍，以及做出各种各样的贡献，这些关涉异常精神病学的内容，而且属于纯粹的精神病学，并不属于心理学范畴……

心理学家很快就“侵入”临床领域，制定规则，指导那些对心理异常者实际治疗方法感兴趣的人。（*Russell*，*1932*，*p.4*）

1933年，美国精神病学协会成立了一个特殊的分会，由布里尔做主席。布里尔认为自己是美国精神分析之父。1938年，他写道：

这个国家并不知道精神分析，直到*1908*年我把它引入美国。一些精神分析术语的英语单词是我所创造的，现在可以在所有标准的英语词典中查到。我所引进的那些弗洛伊德的理论概念，如宣泄、移情、压抑、置换、潜意识等都已被大众采纳，为我们理解正常与非正常行为的知识库中增添了新的意义和价值。（*Brill*，*1938*，*p.3*）

布里尔坚持把精神分析和美国精神病学协会紧密联系起来，并坚定不移地将精神分析的临床工作限制于医生的执业范围里。他写道：

美国精神病学协会是世界上最大的精神病学组织，它对待精神分析的态度一直都是公正的、友好的。虽然有些会员天生就很挑剔，但我总能在他们那里找到一些共鸣。自*1926*年以来，我一直努力在这个组织中成立精神分析的分会……理事会最终同意了。（*Brill*，*1938*，*p.3*）

他在非医学专业分析师这个问题上仍然毫不妥协：“我一直认为精神分析是一种治疗，属于医学职业，属于精神病学，我在这些年里学到的东西并没有改变我这个观点。”（Brill，1938，p. 29）后来，布里尔表示（请注意下面他对詹姆斯·B. 梅使用“入侵”这个概念的回应）：

这让我想到了非医学专业的从业者，也就是所谓的“外行分析师”，他们大约在*20*年前开始“入侵”心理治疗领域。尽管一些受过高等教育的非医学专业分析师非常有责任心，他们具备了非常丰富完整的精神分析理论知识，但我觉得现在的问题是，他们不应该被允许去践行精神分析或者其他任

何形式的心理治疗。（*Brill，1938，p.546*）

美国精神病学和神经病学委员会成立于1942年，在布里尔推动下，委员会成立后立即发起了一场运动，要在新的委员会中成立一个专门的精神分析附属委员会。1942年，布里尔的纽约精神分析协会通过了一项决议，推动美国精神分析协会也成立这样的委员会，但这一次，这项提议被美国精神分析协会的其他团体否决了，因为大家显然是担心失去对非精神分析师所组成的委员会的控制。相反，美国精神分析协会宣布，协会颁发的会员认证将成为官方的认证。在1946年美国精神分析协会重组后，职业标准委员会被赋予了审查个人会员资格申请的权力。很快，美国精神分析协会会员资格的认证制度就开始效仿医学专业的委员会认证程序。在1946年的重组之前，美国精神分析协会的会员资格会自动赋予所有协会附属机构的毕业生。1946年的重组带来了以下重大影响：

（1）是否能成为全国性协会的会员的决定权不再属于地方协会，而是集中统一管理。

（2）在集中统一管理的模式下，由职业标准委员会的培训分析师来决定谁可以成为全国性协会的会员，职业标准委员会只代表那些被认可的学院里的全体教员，它并不代表所有附属协会的全体会员！

克拉拉·汤普森是怀特学院的创始人之一，也是美国精神分析协会的会员，她坚持认为1946年的规章制度是为了排除来自华盛顿学院、怀特学院、巴尔的摩－华盛顿协会的申请者。她指出，在这个规章制度实施后，她的同事埃德·陶博说自己受到了刁难。另一些人则认为，设立新的会员申请程序的原因是，考虑到桑德尔·拉多所建立的新的哥伦比亚精神分析医学中心可能会只要求每周三次的训练分析和受控个案频率。美国精神分析协会担心，除非有一项明确的会员资格规定，要求每周四次的分析频率，否则拉多的哥伦比亚精神分析医学中心的毕业生将自动成为会员（不用说，拉多看到了这个不祥之兆，所以提高了分析频率。）

根据新的安排，职业标准委员会——作为1932～1946年只有建议权的职业培训委员会的接替机构，必须书面证明每个申请人的资格（是否符合职业伦理和职业标准）。然而，新的条例并没有明确规定“什么需要被认证”。认证的目的是简单地审查申请人在经过批准的学院的培训经历，就像在专业机构申请会员资格那样吗？或者，认证旨在对申请人的能力进行详细的、独立的评估，类似于医学专业委员会的考试？在这种含糊不清的情况下，认证的新形式最终演变成严格的监督和证书，在20世纪70年代被重新定义为“认证”。

在新的美国精神分析协会发展的早期，1946～1950年，协会的主要工作都集中在培训方面。当时规模还比较小的协会，发展速度却非常快，有一段时间，大多数人都没有清醒地意识到，在接下来的几十年里，代表着所有被认可的培训机构的职业标准委员会，越来越不能代表美国精神分析协会的全体会员了。1932年，美国精神分析协会只有32个会员，到1940年有192个会员，到1960年就变成了1000个。正在参加培训项目的分析师候选人是协会实际会员人数的两倍！

1946年重组后，在不到5年的时间里，协会对个人会员资格的控制已经成为一个矛盾的爆发点。很多申请被职业标准委员会——这个新成立的会员资格审查委员会搁置起来，于是在1951年，美国精神分析协会主席罗伯特·奈特在受人鼓动之下任命了一个调查委员会去审查会员审批程序。调查委员会的报告大体上支持职业标准委员会的程序，常务理事会也接受了这个报告的大部分结论。然而，常务理事会驳回了调查委员会的一个建议，即对被拒绝或延期的会员申请，必须进行强制性的审查程序。职业标准委员会完全控制了美国精神分析协会的会员审查程序。

我们还应该注意到，1951～1952年美国精神分析协会被纳入《纽约会员公司法》法例。美国精神分析协会的常务理事会由全国选举产生的干事、当选的地方协会代表和全国选举产生的顾问组成，常务理事会是协会的董事会，对协会的政策有最终的决策力。从理论上讲，这清晰地阐明了美国精神分析协会的权力界限，并特意将其置于州政府和公众的监督之下（这个方面直到20世纪90年代末才被人们所重视）。有一个错误的说法流传了40年，即美国精神分析协会模仿两院制的管理体系——“参议院”（职业标准委员会）代表着“被认可的”培训机构，“众议院”（常务理事会）代表着各地方社团。事实是，常务理事会是美国精神分析协会的董事会，而职业标准委员会并没有明确的法律地位。

在接下来的20年里，会员申请变得越来越艰难，越来越多的完成培训的毕业生选择不申请会员资格/认证。许多精神分析师已经是获得资格认证的精神科资深医生，他们认为整个会员申请程序是有损尊严的。因此，尽管大多数培训机构的毕业生加入了本地的附属协会，但他们似乎越来越不可能加入全国性的协会。我在这里并没有夸大其中的苦涩和敌意。许多这类分析师成了美国精神分析协会负面形象宣传大使，而这进一步加剧了原本就对协会排外政策不满的其他心理健康工作者心中的敌意。（为了尊重并满足专业工作者希望加入全国性协会的愿望，这些培训机构的大多数毕业生最终都有机会加入美国精神分析协会，成为二等会员。然而，他们仍然拒绝接受任何个人的审查，我们后面将会谈到这些问题。许多人加入美国精神分析协会时都带着之前被排斥的痛苦。）

美国精神分析协会和精神分析专业的发展，初期的速度非常快，后来就比较慢了，一小部分完成培训的毕业生被要求成为教师和培训分析师。一直令人费解的是，尽管美国精神分析协会的发展速度在放缓，培训的重要性也随之下降，但协会的主导权仍然属于那些被指定为培训分析师的会员。自美国精神分析协会重组为专业会员组织以来的半个世纪里，除了两任主席和两任财务主管外，其他所有的干事都是培训分析师。协会历任秘书长都是培训分析师！

在半个世纪以来，培训分析师完全主导了美国精神分析协会，这一严酷而无可辩驳的事实也让人质疑培训分析师系统对协会发展方向的影响。第一个培训分析师汉斯·赛克斯认为，培训分析师应该退出所有学院和协会的行政岗位（Bernfeld，1962）。我们往相反的方向已经走了多远？培训分析师之所以能够控制着美国精神分析协会的选举部门，是不是因为协会中具有投票权的个人会员内心存在着还未被分析、未解决的理想化观点呢？毕竟协会所有具有投票权的个人会员都与某个培训分析师有重要的分析关系。美国精神分析协会是否存在一个虚假的、组织性的自体，类似于由我们的培训系统培养出的个人假自体（Berman，2000）呢？

职业标准委员会的审批程序，以及委员会主席的告别演说给人留下的印象是，美国精神分析协会存在的主要意义是把关控制。所谓的把关控制是不是一直潜藏在“维持标准”这种行政管理的委婉说法中呢？未经授权的培训、非医学专业分析师、认证——每种官方说辞的结果都是职业标准委员会把一些人排除在外。这种排外的精神从一开始就弥漫在美国精神分析协会中。实际上，我们仍然可以从书里找到1946年的规章制度里关于会员资格的条例，这个条例的一开头就是在协会会员资格上不同寻常的、负面的、排他的描述：“任何人都没有资格成为正式会员，除非……”

1972年，面对尼克松时代的全民健康计划，许多分析师开始相信，精神分析师的认证委员会是获得第三方支付的关键。[⊖]协会成立了一个委员会来考虑是否可以在美国精神分析协会之外建立一个执行认证功能的委员会，但是地方协会的意见一如往昔，还是明确的反对。

因此，作为另一种替代方案，1977年美国精神分析协会的会员资格审批过程被命名为“认证”，会员资格审查委员会被重新命名为认证委员会，已加入的所有会员都被宣布为经过认证的会员，而“认证”成为会员资格的关键标准。1977年以后，一个潜在的正式会员需要先申请认证，一旦获得认证，就可以申请成为正式会员。

⊖ 这里的第三方指医疗保险公司，并不是所有的心理治疗费用都可以用医疗保险支付，是否支付取决于保险公司对此种心理疗法是否认可。——译者注

把“认证”作为会员资格的主要标准

1976 年，在一篇关于会员资格问题的文章中，安东·克里斯写道：“大约 800 名合格的精神分析师毕业于协会认可的培训机构，他们没有申请成为正式会员，这明显是因为申请的要求。这个人数超过了协会约 1400 个正式会员人数的一半。”（Kris，1976，p. 22）这意味着 20 世纪 50 ～ 70 年代，在 2200 名毕业生中，只有 1400 人（约 64%）申请了会员资格。

大量的毕业生对会员申请程序心生不满和敌意，结果就是他们都拒绝申请，这使得协会的领导层对协会的财务健康等状况感到担忧。尽管如此，那些管理会员资格申请程序的人仍然坚定地为其方法和原理进行辩护。他们认为“认证”对想要成为协会会员的人来说，是一个非常正当的要求，即要求大学毕业后必须参加进一步的深造学习。他们坚信，不经过任何进一步的重新审查就允许团体会员的毕业生加入协会，即不经过职业标准委员会的审核过程，最终会破坏委员会一直努力维持的标准。

另一些人认为，会员申请程序是职业标准委员会以正当合理的方式控制培训机构和培训项目的一条途径。事实上，克里斯得出的结论是，职业标准委员会正在利用其对毕业生职业命运的控制权来控制培训机构（Kris，1976）。虽然委员会为了控制质量对所有认可的培训机构都进行了实地考察，但它并没有用实际的机制来强制推动培训机构采纳建议，只有通过对毕业生进行考试、拒绝会员申请这两种方式来施加压力。斯坦因写道：

有人认为，职业标准委员会可以通过其培训机构委员会对各种教学机构的教育工作施加影响，从而提高教学质量。然而，这种影响是非常有限的，因为如果一个培训机构在培养分析师候选人方面失职的话，委员会唯一可用的有效制裁措施就是让整个培训机构暂停工作。委员会当然不愿采取如此极端的行动，这是可以理解的，因为这将影响培训机构的每位成员以及所有受训中的分析师候选人。这必然是最后的手段。实际上，委员会只有一种方法来对精神分析教育施加有效的影响，即要求申请正式会员资格的毕业生提供其精神分析实践能力水平的证明——也就是“认证”。（*Stein*，*1990*）

1974 年，一位不是美国精神分析协会会员的外部观察者写道：

在精神分析教育和认证中没有规章制度是不行的，但是越来越多的规章制度不禁让人思考：“为什么有这么多的担心？”例如，最近一期的《美国精神分析协会》杂志中包含了许多关于规则、各种特设的和事后的委员会的讨论，所以人们会想，这些人什么时候才会有时间去工作、休闲，或者欣赏治疗过程的美学呢？似乎越是复杂，越可以达到绝对的真理和完美。（*Lefer*，*1974*）

会员资格的问题一直是美国精神分析协会争论的焦点。那些负责协会财务健康的人，包括财务主管们都密切关注着会员不再增长，以及会员到一定年龄后无须交纳会费的问题。一些担心协会多元化和开放程度发展状况的人也开始支持修改会员案例。在 20 世纪 70 年代，美国精神分析协会勉强开始对会员资格条例进行一系列的修改（本质上是一种妥协），以解决这个问题。每次改变都充实了协会的金库，但一些持续存在的问题进一步加重了，如一大群没有认证但已完成训练的精神分析师，因严格的会员资格条例而处于次等地位。

协会第一次对章程的修订是为所有认可的培训机构的毕业生设立了一个付费的、无投票权的、有时间期限的准会员类别，此次修订内容在 1973 年生效。这项措施旨在吸引没有得认证的毕业生申请会员资格 / 认证。225 名新成员立即加入了美国精神分析协会（占到了所有被邀请者的 40%）。尽管协会为一些人延长了 3 年时间，很显然，大多数人还是无法申请成为正式会员，所以必须放弃这些人——但协会已经变得依赖他们的会费了。于是协会做出了一个决定，向这类会员询问他们是否愿意申请认证。那些表示愿意申请的人被保留了会员资格，即使他们准会员资格的时间期限已经过去了。

美国精神分析协会把“认证”作为会员投票权的标准

到 20 世纪 80 年代初，很少有准会员真正会申请“认证”，所以在 1983 年，一项协会章程修正案提出了另一种会员类别——扩展准会员（extended associate member），他们既没有投票权，也没有担任干事的权利。最后这项条例以压倒性的 661 票赞同、41 票反对的投票结果通过了。这个新的会员类别没有时间限制，只对那些处在三年准会员资格第三年的人开放。此外，那些尚未成为准会员的毕业生可以在 1984 年 12 月前申请，这样的机会只有这一次。协会向准会员及毕业生发出了申请扩展准会员的邀请，1200 名受邀者中有 120 人首次成功申请到这个永久会员资格（扩展准会员资格），他们几乎都是准会员，而在符合申请条件的非会员中，只有 10% 的人最终提出了申请。到 1987 年，协会共有 1576 名正式会员，但还有 568 名扩展准会员、174 名准会员——没有申请扩展准会员认证的准会员。除非 1984 年之后新毕业生的申请率有所提高，否则协会的财务危机难以消除。

因此，在 20 世纪 80 年代，没有投票权的新一类会员不需要“认证”，“认证”实际上成为在美国精神分析协会享有投票权、担任公职、成为委员会成员或职业标准委员会成员、成为培训分析师的先决条件。

1989 年，洛杉矶精神分析协会进行了一项调查，即关于美国精神分析协会的正式会员资格是否一定要经过“认证”。根据职业标准委员会的报告，这项调查结果显示，绝大部分人倾向于放弃这个要求（77.5% vs. 22.5%，有 50% 的参与率）。

因此，越来越多的人要求取消将会员资格与“认证”捆绑起来的做法，并提出应授予未经认证的毕业生某种永久的正式会员资格。当时，理查兹是《美国精神分析师》杂志的编辑，该杂志记录了美国精神分析协会的时事。1990 年，理查兹提出，《美国精神分析师》应出版一期特刊，专门讨论把“认证”和会员资格分开的可能性，随后这一问题被称为“解除关联”，双方的支持者都可以发表自己的意见。

尽管许多人认为从逻辑和实用性的角度出发，应该“解除关联”，但章程修正案并没有获得超过三分之二有投票权（即经认证的）会员的支持。很多人担心，如果没有经过认证的毕业生有投票权的话，美国精神分析协会培训项目的标准会面临被破坏的危险。由于有这种担心的人很多，修正案的投票结果没有达到三分之二的支持率。当然，（未经认证的）准会员不能投票。这一次，有人提出了一项折中方案，即授予未经认证毕业生永久的“正式会员资格”，但在“正式会员”中，根据会员是否经过认证来设立一种新的会员类型。未经认证的正式成员被授予有限的投票权（例如干事选举的投票权），但是没有协会章程修正案的投票权。最后，出于“保护”职业标准委员会而做出的妥协，一项名为“认证要求”的新规定被纳入协会章程。该项规定指出，只有经过认证的正式成员才能成为干事、执行委员、培训或督导分析师，只有经过认证的正式成员才能成为董事会或者委员会的成员。（回想起来，这项规定可能违背了州法律。它设立了具有不同投票权的正式会员类别，但没有根据法律所规定的必要手续来保护每类会员的权利。）

这一折中方案获得了超过三分之二的投票支持，协会章程在 1992 年进行了修订。“解除关联”后，准会员和扩展准会员的类型被取消，而所有这类会员都变成了二等正式会员。

虽然这一变化最终结束了关于“美国精神分析协会的正式成员是否需要医学专业的认证”这个争论，然而现在美国精神分析协会的内部管理中，“认证”具有了某种政治功能。

随着关于“是否允许非医学专业申请人进入美国精神分析协会各学院”的审查尘埃落定，美国精神分析协会解除了认证和会员资格间的关联，顺利化解了财政危机，并解决了其他重大问题的困扰，但是这些变化并没有解决协会内部的政治难题。也就是说，取消正式会员资格的认证要求，使得该协会朝着成为真正的专业会员组织的方向迈了一步，但是两级会员的类别，使得很多正式成员失去了担任管理职务的机会，而只有受到限制的投票权。

与此同时，美国的精神分析正在经历重大的变化，最终从外部影响了美国精神分析协会。第一个事件是精神分析没有拿到第三方支付，这大大减少了 20 世纪八九十年代潜在患者的数量。⊖第二个事件是完全独立于美国精神分析协会的一些培训机构推出了精神分析师培训项目，这些项目主要培训非医学专业的心理健康工作者，如心理学家和社会工作者。由于长期的排外策略，这些新的精神分析师对美国精神分析协会没有什么好感。第三个事件是美国精神分析协会的声望正在迅速下降。20 世纪六七十年代，很多精神分析师在医学院精神科担任要职，但现在担任这些职位的是有医学取向的精神科医生。20 世纪 90 年代初，国际精神分析协会直接授权给一些没有得到美国精神分析协会认可的培训机构，由此美国精神分析协会失去了在美国本土培训国际精神分析协会认可的精神分析师的垄断地位。（美国精神分析协会同意这类机构的一些毕业生经过职业标准委员会审核后，成为自身协会的会员。）在 2002 年，纽约州颁布了一项法案，设立了精神分析这个职业，并通过了相应的法定培训要求和执业执照。这个新职业是硕士水平的心理健康专业，类似于心理健康训练必备的社会工作。

2001 年，两级会员制被取消了，但这种取消并不彻底。一项章程修正案赋予未经认证的正式会员完全的投票权，包括对章程修正案进行投票、担任干事和执行委员的权利。20 世纪 90 年代初的“认证要求”仍然存在着，根据章程的规定，未经认证的正式会员不得被任命为培训或督导分析师，也不得作为职业标准委员会的委员，或者其他任何委员会的委员。这些限制仍然存在于今天的协会章程中，如果没有超过三分之二的会员对这些提案投赞成票，那么这些条例就不能改变。

作为“临床能力”指标的认证

20 世纪 90 年代末，“认证”的新功能开始出现。在此之前，“认证”主

⊖ 保险公司不买单，患者就要自己掏钱，所以很多人不愿意自己掏钱支付精神分析的治疗费用。他们会寻求保险公司愿意支付费用的其他心理治疗形式。——译者注

要是为了评估会员的培训状况。培训分析师是必须经过“认证”的，所以支持者开始宣称“认证”作为“全国性临床能力的指标”是必要的，这才可以确保只有经过能力验证的分析师才可以给新学员进行分析。这一提议似乎回到了安东·克里斯指出的，“认证”就是为了控制培训机构（Kris，1976）。职业标准委员会推动培训机构执行其政策和规章制度的途径就是审查，以及拒绝毕业生的会员申请，但它无法让培训机构暂停招生。职业标准委员会的“教育标准”清楚地表明，毕业生职业能力的发展和评估应该是各个学院的责任。“能力”一词在“教育标准”中出现了 17 次。显然，委员会的职责是对机构进行监督，以确保该机构对能力的评估结果是权威性的：

> 精神分析教育的主要目的是，促进精神分析能力的发展与核心精神分析身份的形成。
>
> 为了发展出能够独立开展精神分析治疗的能力，分析师候选人应具备对不同类型的患者进行精神分析的经验。
>
> 达到毕业标准意味着学院对候选人进行了充分仔细的评估，并认为其有能力胜任独立的精神分析工作。（职业标准委员会在“教育标准”中着重强调这点。）

然而，这份文件也包含了一些自相矛盾的内容：

> 独立进行精神分析的能力是一种标准，我们应该充满信心地期待候选人在毕业时都能达标，但对于这一标准，显然职业标准委员会的认证更有说服力。（出自职业标准委员会的“教育标准”）

今天的认证：美国精神分析协会的调整和最终的“解除关联”

要理解美国精神分析协会今天的位置，我们必须把时钟拨回到 1995

年。第 39 分会的 4 名会员提出诉讼：美国精神分析协会限制心理学家参加培训。这个诉讼的宣判结果，意味着在没有被美国精神分析协会所认可的培训机构受训的、国际精神分析协会的会员，例如那些在纽约弗洛伊德协会或精神分析培训与研究学院受训的人，现在有资格申请会员资格了。其中的两名新成员盖尔·里德和阿琳·克莱默·理查兹也申请了认证。里德的申请被接受了，但理查兹的申请被延期了。尽管理查兹被告知，如果她想撤回申请的话，委员会能够理解，但她决定坚持提出申请，并在第二次时通过了。她的经历让我更清楚地意识到，会员资格审查机制的利弊，于是我决定在 Openline 论坛——这个美国精神分析协会的网络论坛上发起一场讨论。支持者和反对者展开了一场激烈的、充满活力的讨论。虽然大家对审查的有效性、可靠性和相关性的观点各不相同，但有一个普遍的共识是，将“认证”作为决定是否可以对教育规章制度进行投票或竞选干事的依据，既不合理，也不适合美国精神分析协会。

美国精神分析协会召集了一个“教育和会员资格特别工作小组”（Task Force on Education and Membership，TFEM）。工作小组建议修改规章制度，让所有成员都享有同样的投票权和竞选权。我们当中的许多人都对这一结果感到惊喜，尽管我们确实都怀疑过这会不会是个陷阱。其结果是提出了另一个计划：提议建立“程序性准则”，即某种不需要得到三分之二的会员同意的“伪章程”。这一“程序性准则”将从规章制度的角度，确定职业标准委员会和常务理事会之间的独立关系。此外，工作小组的目的是这个“计划”实施后，只有在常务理事会和职业标准委员会双方都同意的情况下，它才能被废除。这种安排意味着将美国精神分析协会“两院制”的结构刻在了石头上，其实自 1946 年重组以来就是这个结构。保罗·莫舍在 Openline 上发布了一系列的“公民课程”（civics lessons），提醒我们注意，工作小组提议的结构不符合纽约州的非营利性社团法律，因为法律规定美国精神分析协会的董事会是协会政策的最终决策者，并且禁止董事会将该权力转让给任何其他机构。

我们有一群人一直在一个“解除关联”的不公开网络论坛上进行交流，我们筹集了一小笔钱，雇用了一名法律专家来确认莫舍的说法是否正确。那个律师告诉我们，我们的担忧是对的，并且认为“程序性准则”不符合纽约州的非营利性社团法律，至少需要把这个准则列入实际的规章制度（因此需要会员投票表决）。

美国精神分析协会的干事们显然不相信我们的律师是正确的，于是雇用了维多利亚·比约克兰德，她是纽约非营利性社团法律的权威，以及这方面权威教科书的作者。比约克兰德肯定了莫舍和我们律师的说法。职业标准委员会和实际董事会作为协会平等的管理机构，这样的“两院制”结构是不合法的。比约克兰德使用的术语令人震惊，她用“在法律上是无效的”来描述职业伦理委员会的现状，即委员会缺乏任何法律的基础来支持它在美国精神分析协会里行使任何职责。随后，在会员们的支持下，协会的干事们组建了一个“重组工作小组”来制定一套新的规章制度，以“解决”协会组织结构的非法状态，包括常务理事会和职业标准委员会之间的关系。

这些事件是我们所称的“第三次解除关联”的背景事件（取消“认证”作为培训和督导分析师的必要条件），这个必要条件只有美国精神分析协会这样要求，因为美国精神分析协会中的一些分析师认为“临床能力的国家测试”是非常必要的，可以确保分析师候选人得到最好的训练，并保持精神分析这门学科的整体完整性。

2003 年，一群会员提出了两个有关协会章程的修正案，旨在解决会员资格和美国精神分析协会“批准”的培训之间的关系。第一个修正案是明确职业标准委员会隶属于常务理事会，而后者负责监督委员会所有的决议。第二个修正案是在委员会的许可下，允许职业标准委员会在任命训练分析师时可以豁免认证要求。这两个修改案受到了职业标准委员会和常务理事会的共同反对，不过它们还是分别获得了 48% 和 42% 的投票支持——尽管远远低于通过一项修正案所要求的三分之二，但在美国精神分析协会领导层反对的情况下，这无疑表明了实质性的支持。

2004 年，105 名会员签署了一份会员请愿书，提请另一个修正案：把职业标准委员会所拥有的、要求培训分析师必须获得“认证”的权力移交给各个协会认可的培训机构（所谓的“地方选择权”）。该修正案于 2005 年 6 月由职业标准委员会和常务理事会审议，并于 2005 年夏天由会员投票表决。虽然没有通过，但超过 40% 的成员投了赞成票。

尽管现在“认证”在美国精神分析协会的大部分活动中没有什么作用，但实际上在任命培训分析师，以及职业标准委员会或任何委员会的委员时，都要求有“认证”。这意味着“认证”将继续通过现存的协会章程，成为美国精神分析协会两级会员结构的基础。

一个实际的问题也依然存在着，因为一些机构受到了认证要求的阻碍。这使他们无法接受一部分心理健康专业人士作为分析师候选人，因为这些人正接受着未经认证的分析师的分析，并且不愿意为了申请成为分析师候选人而更换分析师。如果“地方选择权”有效的话，就可以促进像纽约弗洛伊德学院（纽约弗洛伊德协会）这样的机构获得“认可”(approuoval)。

总而言之，我们追溯过去半个世纪在美国精神分析发展过程中，特别是在美国精神分析协会的发展过程中，认证、会员资格、排斥非医学专业的分析师这些问题与协会内部的政治力量之间错综复杂的关系。多年来，美国精神分析协会“认证”所采取的改变方式，或者说是合理化改变的方式，似乎表明精神分析的认证，除了它在原则上的内在价值外，主要是服务于一套不断变化的歧视性和排他性的目标。这种排外的态度深深植根于美国精神分析的发展历史中，开始于布里尔坚定的信念：只有经过医学训练的精神分析师才能在美国治疗患者。

参考文献

American Psychiatric Association. (1929). Proceedings of societies: Report of the Committee on Medical Services. *American Journal of*

Psychiatry 86:417–422.

Beck, A. H. (2004). The Flexner report and the standardization of American medical education. *Journal of the American Medical Association* 291:21–39.

Berman, E. (2000). The utopian fantasy of a New Person and the danger of a false analytic self. *Psychoanalytic Psychology* 17:38–60.

Bernfeld, S. (1962). On psychoanalytic training. *Psychoanalytic Quarterly* 31:453–482.

Brill, A.A. (1938). *The Basic Writings of Sigmund Freud*. New York: Modern Library.

Bernfeld, S. (1942). A psychoanalyst scans his past. *Journal of Nervous and Mental Disease* 95(5): 537–549.

Fass, P. (1968). *A.A. Brill: Pioneer and Prophet*. New York: unpublished master's dissertation, Columbia University.

Hale, N.G. (1995). *The rise and crisis of psychoanalysis in the United States: Freud and the Americans*, 1917–1985. Oxford: Oxford University Press.

Kris, A.O. (1976). The problem of membership in the American Psychoanalytic Association. *Journal of the Philadelphia Association for Psychoanalysis* 3 (1&2):22–36.

Levine, F. (2003). The forbidden quest and the slippery slope: Roots of authoritarianism in psychoanalysis. *Journal of the American Psychoanalytic Association* 51(suppl.): 203–245.

Obendorf, C. (1953). *A History of Psychoanalysis in America*. New York: Grune & Stratton.

Russell, W.L. (1932). Presidential address: The place of the American Psychiatric Association in modern psychiatric organization and progress. *American Journal of Psychiatry* 12:118.

Schröter, M. (2004). The early history of lay analysis, especially in Vienna, Berlin, and London: Aspects of an unfolding controversy (1906–24). *International Journal of Psycho-Analysis* 85: 159–178.

Starr, P. (1982). *The social transformation of American medicine*. New York: Basic Books.

Stein, M. (1990). TAP. Special Supplement.

Wallerstein, R. (1998). *Lay Analysis: Life Inside the Controversy*. Hillsdale, NJ: Analytic Press.

危机中的精神分析
意识形态的危险[⊖]

精神分析正经历着一场危机，它的声望、经济效益，甚至受众群体的数量都在锐减。越来越少的分析师候选人、患者，受限的保险范围，更少地囊括在精神科范围内，它甚至逐步丧失了在传统学术领域中的声望。现有的精神分析师正在变老，与此同时，能够替代我们的年轻人却越来越少。曾经着迷精神分析的公众，现在却给精神分析扣上了“非科学”“骗子”“独裁主义”“守旧”“自大”“性别歧视”和“过时”的帽子。这篇文章将会探讨导致这场危机的、精神分析本身的原因，以及改革的可能性。尽管弗洛伊德声称，精神分析是建立在临床观察基础上的实证主义科学，并且为了适应新的事实他不断修正自身理论，但是“精神分析是否属于科学的范畴”这个问题依旧备受争议。实际上，分析师培训系统对精神分析理论的传承，使它变成一种长久化的“意识形态”，而非弗洛伊德所强调的科学，其中的一些组织和机构甚至逐渐形成了“寡头统治”。缺失探索性的精神分析一文不值；反之，只有在开放的环境中它才会繁荣。在“探索”“检验”和“挑战”被压制的情况下，精神分析理论终将变成一种意识形态。然而对于大多数分析师来说，精神分析不应是“意识形态”或者“神学”，而应是对于人类和人

⊖ 资料来源：Richards, A.D., (June 2015). *Psychoanalytic Review*, 102(3).

性之努力的智力刺激以及情感奖励。如此，惯例因创造性的挑战被注入生机，创新则在传统的规训中进行。在这种情况下，失败是弥足珍贵的。我们是时候回溯过去，一起重返那充满好奇心、创造力和自由的、更广阔的智慧国度。

精神分析在21世纪早期步履蹒跚，挣扎着走向与日俱增、充满疑虑，甚至有时抱有敌意的世界，比如：向立法者、保险公司、民营医院、资助学校重新介绍自己，却效果甚微。技治主义者认为，精神分析不能被称为科学。人文主义担忧它的边界过于明确。精明计较的人则认为治疗费用太昂贵。总在发生“地盘之争”和内部分裂的精神分析，有时候听起来更像是一种宗教信仰——如果创始人听到这种定义，一定会带着恐惧感加以否定。

为何这些对精神分析的定义如此重要？因为我们的领域正经历着危机。它的声望正随着其经济供给力和受众群体数量的下降而急剧下降。它已经失去了曾经在传统学术领域和临床医学方面的崇高地位。即便在精神病学中，它作为主要治疗手段的地位也在逐渐衰退。精神分析师正在变老，与此同时，却不确定有谁能够替代他们。前往精神分析学院接受精神分析训练的学生减少了，从精神分析师处寻求精神分析治疗的患者也减少了。曾经着迷于精神分析的公众，现在却给精神分析扣上了“非科学”“骗子”“独裁主义”“守旧”“自大”“性别歧视”和“过时”的帽子。我们深知它的价值所在，想要让它恢复生机，为它重新赢得尊重，但要做到这一点，我们必须以他人和我们自己都能理解的方式来解释精神分析。我们似乎做不到这一点。为什么？到底是什么让我们无力制止精神分析的衰退呢？

科学

请允许我先把这些没有结论的事情放到一边，先对那些“因医学和资本的力量而宣称精神分析不属于科学，所以无须加以重视的观点进行回应。几十年来，人们对于“精神分析是否属于一门科学”的观点各持己见，争论不休。反对者声称：

- 精神分析的研究主题（如潜意识）无法从解剖学、物理学或者化学中得到验证，例如大脑或者神经内分泌系统。
- 若抛开对开创者自身性格的认识，精神分析的理论发展将变得难以理解、不可复制——大多数弗洛伊德的发现都仅适用于他的自我分析（Roustang, 1976）。我们无法像华生和克里克的双螺旋结构学说一样，在世界上找到其他与弗洛伊德自我分析完美重合的案例。
- 科学需要经过公开验证与检验。然而，精神分析无法达到“精密”科学，甚至“非精密”或者“非量化”科学的研究方法指标。

支持者则提出，因为精神分析对私隐的深度探讨，以及个体差异的不可复制性，即使在人文科学领域中，精神分析也是独一无二的。因此，精神分析只能从自身的角度来解读。他们指出，精神分析是一种与众不同的科学，它会因为衡量标准的不同而成功或失败。我认为，这个争论无法在近期得到答案，但我还是想在这里进行些许探讨，具体原因会在稍后进行说明。

比如，最具有操作性的方式是保持精神分析的基本态度，而不是纠缠在方法的细枝末节上。弗洛伊德从务实的角度提出，精神分析是一门实证科学。他明白，当预先的“假设”与实证不符时，科学便会及时修正它（原先的假设）。弗洛伊德意识到，人类对事物的理解永远不会达到终点（永远不会完整），于是他以身作则，时刻准备着去修正他的理论。布伦纳亦是如此，他在发展了“结构模型”后，又亲手推翻了它。基于对当代理论中关于自恋现象的诠释和临床处理方式的不满，科胡特创建了自体心理学。我认为，科学在于为了更好地解释观察数据，而反复不断提出新的假设。至于假设的正确与否并不重要。对精神分析而言，真正重要的就是这种探索过程，正如我将阐述的——压制住这种探索过程，对我们来说毫无益处。

精神分析也具有科学引以为傲的预测能力。作为精神分析的主要假设，心理决定论用于解释过去和预测未来。(这让我联想起患者向非常善于“用过去讲述未来”的塞尔玛·弗赖贝格倾诉）因此，许多人声称，精神分析的依据“非常容易任人摆布，以至于任何事实都难以将其驳斥”（Slochower，1964，p.165）。事实上，斯洛奇霍维尔在《精神分析作为艺术和科学》中提出了非常有趣的论点，即弗洛伊德在质疑其他理论时，也认可“任人摆布”是其严重的缺陷之一（Slochower，1964）。

弗洛伊德在《幻想之未来》中提到，因为宗教教义是无从证明、无从驳斥的，所以人们无法评判宗教的“现实价值”（Freud，1926，p. 52）。在我们尊敬弗洛伊德的科学敏感性与渴望时，必须意识到它们（其他科学）并不一定适用于他的“科学”。毋庸置疑，精神分析在某些方面与其他科学不一样，甚至包括所谓的人文科学[1]。它的主题是无形的潜意识，它的衡量工具是人和人之间的互动关系。每对“分析师－被分析者”之间的关系都是独一无二的，这让总结“观察与被观察者”互动关系的共性变成一件极为困难的事。因此，(精神分析）不可重复，甚至在极其有限的情况下才能被验证，比如通过录音的精神分析会谈，这点与其他科学截然不同。此外，精神分析不是静态的，而是处在不同变量交互作用的复杂过程中。在这样多种因素的影响下，先验知觉（先验概念）[2]触不可及。精神分析的客观性总是受到主观性的影响，知者影响着已知概念。情感与理性同等重要。精密科学是中性的，但精神分析不是。

我们可以巧妙地处理这场辩论：承认精神分析不是铁板一块，且以此自省。精神分析曾经是关于发展的、精神病理学的、心理如何运作的理论，也是关于治疗过程和治愈的理论。每种理论都是基于不同假设、不同程度的效度、不同层次的抽象概念所提出的不同主张（Waelder，1962）。埃德尔森指

---

[1] 人文科学是指以与人类相关的体验、活动、社会构建、文物为研究对象的科学。

[2] “先验知觉”是柏拉图知识理论的概念。柏拉图认为，人的知识和观念只是对天赋的回忆，或者对理念世界的认识。

出，精神分析是一门科学——这门科学首先假设某种本质或者过程的存在，并对这些本质或者过程进行推测，与此同时，它提供完善的方法论使这些推测具有科学上的可信性（Edelson，1988，p. 594）。把精神分析当作一门科学，我们就必须对那些形成推测的本质或过程下定义——这是一种非常狭义的说法。埃德尔森显然遗漏了意识状态下的心理活动与环境刺激或行动之间的因果关系。分析是为了填补此类因果关系之间的空白，从而使被分析者一直无法理解的心理活动变得可以被理解（Edelson，1988）。从这个层面上来讲，精神分析的方法论能够解决这些问题，所以它可以被看成一门科学。然而，科学数据需要通过公开验证（普适性），精神分析作为一种来自个人的、不可复制的成果无法满足这个标准。是病史记录、督导记录，还是儿童心理学中关于婴儿前言语期发展的档案记录可以满足这个标准？可重复性与可复制性检验，是精神分析另一个无法满足的标准。现在越来越多的人主张，精神分析可以通过实证性检验，这类问题目前成为神经科学家研究的热点。相关争端却悬而未决。我们中的大多数人都可以引用自己的个案分析——它似乎能够填补患者的体验与症状之间的因果关系。我也可以这么做，但这并不等同于“证据”。

1964 年，哈里·斯洛奇霍维尔尝试使用一种充满智慧的微妙方式来定义精神分析。他承认弗洛伊德的科学思维——弗洛伊德作为一名科学家受训，他无止境地追求“真理”，为了应对新数据的挑战而修正自己的理论，以及他对预测能力的格外关注。斯洛奇霍维尔最终得出结论，精神分析和其他科学不同，它是“处理质性完全不同的主题”的一门应用科学，因此不能用其他科学领域的标准作为参考。为了支持自己的观点，他援引了亚里士多德的警句：“一个有教养之人的标志在于，他能在许可范围内追寻每类事物的精确含义。”（Slochower，1964，p. 168）

即使解决了这场由来已久的争论中的某些微妙问题，但无论如何，这都无法调和我们与其他科学领域之间的矛盾。华盛顿大学圣路易斯分校人类学的荣誉退休教授默里·L. 瓦克斯曾经拜访过圣路易斯精神分析学院，他谨慎地质疑了一系列有关精神分析"科学性"的重要"批判"与"辩护"后，认为目前的危机"无法通过获得生物医学界的认可和表彰而得到解决"——（盲目追求表彰与权威）是对科学的迷信与盲从。他总结道："本质上来说，精神分析是一门规范的学科，具有严苛的伦理和极强的美学性。直面现实，方能自救。"（Wax，1995，p. 542）

在精神分析的百年历程里，有哲学家质疑精神分析的科学性，并试图提出补救措施。通常，他们聚焦在弗洛伊德身上，接受他将精神分析作为生物医学的构想。从理论上不断争论如何更严格地处理临床数据，他们……未能具体而实际地处理临床上的不足与弗洛伊德及其追随者的失误，与此同时也忽略了时代变迁所带来的巨大变化。因此，他们并未察觉这些补救措施是基于疏忽的逻辑和对生产性科学的错误印象而得出的。同样，他们也没有察觉到精神分析成功（或失败）的本质。这些忽视使他们的注意力从当下急需改革的问题转移到了其他方面（Wax，1995，p. 525）。我将在稍后的部分，对这些改革措施继续进行讨论。

艺术

倘若"缺乏科学依据"不是问题，那什么才是问题呢？精神分析不必也不该仅根据它自称的科学性进行评价。科学性并不是精神分析唯一存在的理由，用科学性作为唯一的根据也无法令人信服。事实上，关于精神分析的科学性向来争论颇多，而艺术性的争论较少。精神分析总是在某种程度上被当成一门艺术——尤其是一种艺术形式。"在实践中，精神分析不仅仅是一门科学，更主要的是一门艺术，"斯洛奇霍维尔写道，"应用精神分析，不能也不应该成为一门纯科学，它更像是一种艺术……它的方法中具有决定性的一步是想象。它的功能更像是连接科学和艺术之间的桥梁。"（Slochower，1964，pp. 172-174）

将实践视为一种艺术，这与传统观念上的医学艺术有着相通之处。例如，精神分析师和医生在治疗患者时，参考的依据和其他言语难以表达的东西大致相同。精神分析师和医生在制定治疗方案时，都需要从对理论和收集资料的直觉与经验出发。斯洛奇霍维尔以莱奥纳多·达·芬奇为例指出，科学与艺术之间彻底的划分是现代的产物。

显然，精神分析的创始人（弗洛伊德）曾明确表示，精神分析首先是一种方法、一种治疗手段，之后才是一种科学。弗洛伊德最初是用“精神分析”这个术语来指代他的治疗方法，直到后来，他才用这个名字来称呼对潜意识心理历程的研究。随后，鲍尔比将精神分析心理学的科学性与精神分析实践的艺术性区别开来（Bowlby，1979）。罗伊沃德指出，科学和艺术之间的关系，并非弗洛伊德及同时代人所以为的那样相互抗衡（Loewald，1975）。他认为科学与艺术的紧密相连，是人类脑部不同区域活动的结果。精神分析技术是一门把精神分析理论和方法应用在某一特定临床案例上的艺术。精神分析的科学性旨在研究心智是如何工作的，而精神分析的艺术——精神分析治疗手段旨在提升患者的心理健康。

罗伊沃德认为，移情和移情性神经症可以被视为一场戏剧——它们是精神分析过程中的独特产物，以及由原始行动所唤起的行动序列，因此精神分析技术可以被视为一门艺术。他写道：“移情性神经症是在精神分析过程中患者与分析师之间的共同的戏剧表演，它是一种针对当前精神分析活动过程的、由记忆编制而成的想象。”（Loewald，1975，p. 279）据罗伊沃德所说，移情是幻想、虚构、错觉和表演的结合。这场戏剧表演由分析师执导，由分析师和分析者共同编写。患者赋予分析师各种合作者的身份。作为一种意识形态，而精神分析体现出弗洛伊德以及早期合作者希望兴起精神分析运动的想法。罗伊沃德解释到，他们有着极强的目的和愿景，试图影响并改变整个时代对于“理性与本能、幻想与客观现实”之间关系的看法和态度（Loewald，1975，p. 291）。

然而相较于幻想，这里提到的更多是移情和移情性神经症，以及关于历史与叙事、精神现实与真实现实、叙述事实和历史事实之间的关系。由此，我们用“个人史到主述再到幻想”这条线索，来理解过往经历在现实生活和治疗情境里所起到的作用。同时，客观与主观的二元关系为我们提供了不同的视角。正如童年经历，既有真实的，也有被加工的。对于儿童来说，这些体验包括了幻想、游戏，以及真实的生活经历。在治疗体验里，所谓的“好（的分析）时光”就代表了分析师的艺术（本领）吗？我们要像评价一个“好”患者、一本“好”书、一首“好”诗、一部“好”交响乐一样，评价“好（的分析）时光”吗？（Loewald，1975）

精神分析作为一门艺术要好过作为一门科学。艺术界仍保留着对本质判断的权利，欣赏百花齐放而非一家独大，关于这点我将在稍后详细进行讨论。同时，艺术家也生活在囊括其他艺术家、艺术评论家、整个艺术史的世界中，在这个世界里，权威来自能力（对美学和美学概念判断的能力）。然而，在医院特别是精神分析的世界里，权威往往来自职权——排斥异己、惩罚的上层权力。斯特伦格提议，被视为艺术而非科学的精神分析，更易保留其多元化的洞察力（Strenger，1997）。

意识形态

然而如上所述，精神分析在这两个重要文化领域（科学与艺术）中占有一席之地，那么为何公众依旧心存疑虑？为何美国精神分析协会的地位不仅在公众心中每况愈下，在内行（分析师）心中亦是如此？答案应在它的主张与意识形态中。

精神分析的工作复杂艰辛而乏人心智，精神分析的学习亦是如此。就像所有临床科学一样，为了能够更精准地理解、更高效和更迅速地工作，精神分析不断地修正与精练它的理论和技术，让时间长、强度大的精神分析历程变得少些困难、少些含糊、少些焦虑。这些对于精神分析的学习者、教育者和践行者而言极具吸引力。在传统与创新、旧有智慧与新的启示之间，精神分析中总是存在着一种张力，时而充满创造力，时而缺乏创造力。在经历了多年的学科积累和沉淀后，它足以为任何技术的实践提供强有力的基础。因此，传承需慎之又慎。不能为了一时之需，而冲淡它原本的模样。正如我们所见，当科学失去了灵活创新的翅膀，就不再是科学；当艺术失去独特创新的能力，就不再是艺术。

我曾说过创始人的阴影一直笼罩在组织上（Richards，1999）。那时是指布里尔等和美国精神分析协会中非医学背景分析师之间长期的斗争。不过，弗洛伊德的阴影降临在先。路德维克·弗莱克，即我们所知的科学知识社会学创始人明确表示，一切的科学事实均受到来自社会的、文化的、历史的、心理学的和个人的多方面影响，精神分析也不外乎如此（Richards，2008）。

出于更加私人而非科学的原因，弗洛伊德坚信，为了保护精神分析，需要排斥或驱逐“异己”，并与之保持距离（Roustang，1976）。鲁斯唐在《极度控制：从弗洛伊德到拉康的门徒》中指出，荣格、陶思科以及格罗德戴克受打压的命运，安娜·弗洛伊德、厄恩斯特·琼斯也追随着他们先辈的步伐，对阿德勒、芮克进行了类似的压制。费伦齐、威廉·赖希随后也被驱逐——这些人的名字可以被罗列在“受压迫”的表格上。诸如此类数不胜数，其中甚至包括两大精神分析机构（怀特学院和美国精神分析学院）、自1946年重新整顿的美国精神分析协会，以及数年后卡伦·霍妮和其他“新弗洛伊德主义”文化学家。我提及这段历史，是为了证明这种驱逐和压迫的手段由来已久，且代代相传。到底是什么给予了它力量？创始人难辞其咎。

弗洛伊德组建了一个小组，以保证在没有他的领导的情况下，质量控制工作仍能继续下去。这正是他领导国际精神分析协会的指导宗旨与目的，并且于1910年成立时亲自选拔一名主席，以防后继无人。弗洛伊德指明，国际精神分析协会的领导拥有绝对的权力，可以随时说：“这些无稽之谈和精神分析一点关系也没有，这不是精神分析。”（Roustang，1976，p. 12）

在《极度控制：从弗洛伊德到拉康的门徒》一书中，鲁斯唐详细阐述了弗洛伊德专制主义的特点与后果，将弗洛伊德的个性以及他所培养的思想风格结合在一起，从更广泛的角度来分析作为一门科学的精神分析（Roustang，1976）。罗伯特·霍尔特做了类似的事情，在阿多诺与同事所提出的“专制性人格”的框架下，他重新审视弗洛伊德（Holt，2015）。这些抽象化的概念，在弗洛伊德建立的小组行为中清晰可寻。

在 1918 年 3 ～ 4 月纽伦堡会议后，马卡里主张对精神分析进行有组织的发展，并提出重要的一点：“尽管弗洛伊德试图建立一种符合科学并探讨内在世界的心理学，但纽伦堡会议后的弗洛伊德派变成了政治驱动的利益集团……唯有无条件地接收他们的规则（对于精神分析中证据的规则）和无法充分论证的结论，才有可能加入这个组织。”（Makari，2008，p. 296）力比多理论已经成为忠诚的试金石。“弗洛伊德派将弗洛伊德集大成的理论基础改造成一种单调乏味、封闭的思想体系，它似乎注定要成为一个紧密团结的派别，因为他们追随着领袖信念与未知实体——这种实体不是上帝，而是另一种本体，它是潜意识之性欲。”（Makari，2008，pp. 296-297）

换言之，在早期人们就产生了关于将精神分析视为一门科学（鉴于力比多理论在科学和艺术领域都有过应用，我们不妨同样设想一下，将精神分析视为一门艺术）和将精神分析视为一种意识形态或宗教之间的冲突。事实上，新的体系（纽伦堡会议后的弗洛伊德派）看起来就像是弗洛伊德在《群体心理学与自我的分析》中的两个高度组织化的群体，即教会和军队（Freud，1921）。分裂主义在精神分析中的表现，正如许多宗教的典型特征一样（Kirsner，2009）。弗洛伊德派仿佛是“教徒对教主的盲目服从”（Roustang，1976，pp. 14-15）。

尽管力比多理论和俄狄浦斯情结逐渐变成了领域内的“金科玉律”，甚至成了区别门徒与外人的通关“暗语”，弗洛伊德仍直面质疑。他推行新思想，用结构理论修正他的超心理学，并且撰写出重要著作《超越快乐原则》（Freud，1920）。精神分析非但没有被弗洛伊德受到的那些批评所摧毁，反而因为这些挑战而恢复生机。

同样，无论来自体制内的谴责为荣格、阿德勒、兰克等“异端”带来了多少损失，新的境遇仍旧没有抑制他们的自主创新能力。他们缺乏“分析师的圆滑”，这可能引起了弗洛伊德的反感，但在那些艰难的日子里他们及其同伴仍能够自由地在思想的海洋里徜徉。他们从未屈服于组织的压力，不泄气，并始终保持清醒。这种意识形态与“寡头政治”的交织，恰恰是我们所面临的危险。

两个阵营原有的拥护者在美国迅速建立了自己的组织。原则各有不同，方法论却大体一致——为保障共同利益而团结起来，驱逐闯入者。经过一番早期交锋后（这些交锋大多数都是围绕着非医学的分析展开），弗洛伊德用来“排除异己”的手段在1946年重组中被制度化。美国精神分析协会设立了职业标准委员会，它具有中央教育委员会和守护者的职能，并且为着这个双重使命而竭力奋斗到现在。近70年后，怀特学院的申请被批准，而美国精神分析学院的申请仍悬而未决。

从那之后，职业标准委员会一直控制着美国精神分析协会的培训与证书认证，以此来排除“持不同意见”的个人和机构。在慢慢塑造“正统”的过程中，精神分析不再是一种富有创造性的、所有的命题都可以被开放审查的研究事业，而是变成了一种意识形态，其内容持续地受到职业标准委员会的盘查。

在我看来，这一立场并没有真正地为美国精神分析协会服务。组织这般专制的态度，是对任何教育方式的一种诅咒。把精神分析当作教条来传播，这是对其引以为傲的本质的背叛，是故步自封、夜郎自大。更有甚之，我们不断地在美国精神分析历史上看到这种众所周知的教派主义与分裂主义。

职业标准委员会的排外策略与“分析正确性”策略的后果，从美国精神分析协会自身影响力逐渐减弱的情况上可见一斑。它现有的成员正在变老。2015年，交纳会费的成员要少于不再交纳会费的成员。在美国精神分析协会为了维持申请者的数量而苦苦挣扎时，非隶属于美国精神分析协会的其他机构却在蓬勃发展。

更糟糕的是，美国精神分析协会新一代的分析师候选人正在接受死板且不灵活的训练，而这样只会减少他们的创造力，向他们灌输僵化的思想。我想要在这里重申鲁斯唐的主张，即弗洛伊德在与荣格、兰克、费伦齐的分歧中，创造了很多佳作，如《图腾与禁忌》《论精神分析运动史》《抑制、症状与焦虑》《可终止与不可终止的分析》。他自身的发展也证实了：基本上，意识形态的多样化（从某种程度来说）既有创造性也有破坏性。

1911 年，社会学家罗伯特·迈克尔斯认为，民主组织演变成少数领导多数，即“寡头政治的铁律”（Michels，1911）。“寡头政治”的目的是维护特权，而非组织进步。从职业标准委员会越来越多不负责且自私的行为中，我们可以窥见迈克尔斯口中的铁律。基于这个认知，我们也可以开始看到问题的答案：“弗洛伊德人格中不具有吸引力、无效的那部分，是如何长期存在，并损害了他最伟大的创造的。”有人认为，当代精神分析与旧时国际精神分析协会的相通之处已经大幅减少，特别是失去了像弗洛伊德一样强有力的领导者后。事实上，我认为国际精神分析协会已经摸索前行过一段长路。它现下采用了三种精神分析训练模式，即艾丁根、法式、乌克兰督导模式，且它们均在一定程度上灵活地对待“培训分析师”的选拔要求。“寡头政治”的“盛景”，在一个更宽容、更包容的环境下难以为继。然而，美国精神分析协会及其教育部门仍然维持着近似早期的清洗与排外手段。在我看来，1946 年，美国精神分析协会重组背后的动机，就是出于保障作为试金石的“每周四次精神分析治疗频率”这一意识形态不被质疑，于是它排斥那些意识到治疗频率需要从实际情况出发，而非将它作为信条的成员们。

时至今日，职业标准委员会的主席就像是一个阴谋集团里的领导者。正如奥金克洛斯和迈克尔斯所说，许多学院中培训分析师一职被赋予了在学识、科学、临床、督导、教学和行政等所有方面的掌控与权力（Auchincloss，Michels，2003，p. 396）。职业标准委员会选定的培训分析师/讲师控制着精神分析的教育方针、认证委员会采取的标准、培训分析师的资格要求，以及独立机构的批准许可。据奥金克洛斯和迈克尔斯所说，这种力量“体现在国际精神分析协会整个组织里…… 所有通往权力和声望的道路，都成为唯一且‘单一的职业道路’”（Kernberg，2001，p. 12）。职业标准委员会的“寡头政治”，以内部任命来得到永存（Auchincloss，Michels，2003，p. 396）。

职业标准委员会内部的独裁力量由来已久，时至今日，它已无法否认形成“寡头政治”的意图。委员会代表着美国精神分析协会的全体会员。2013年，会员们对委员会提出的替代方案（对当前制度）相当不满。然而，一群职业标准委员会的讲师基于1946年的章程——这项章程赋予了他们绝对的教育自主权，他们对这些不满与质疑提出了诉讼。从此，职业标准委员会内部的“寡头政治”将它从原本赋予它权力的组织中分隔了出来，即使大多数美国精神分析协会会员和他们选举的代表反对该方案（替代性方案），却无法令职业标准委员会有丝毫动容。对它来说，权力延续远远大于组织的需要——哪怕从理论上，权力服务于组织。

对美国最古老的精神分析机构（美国精神分析协会）的民主制度来说，这种态度显然不是一种好兆头。与此同时，这种态度对美国精神分析协会本身来说也不是一种好兆头——它的核心归根结底是“寡头政治”。美国精神分析协会的部分机构已然丧失对潜在申请者的吸引力，据职业标准委员会估计，在未来10年内，三分之一的机构将会倒闭。

当人们愚忠于某种科学主张时，科学就变成了一种意识形态。成为意识形态的好处和魅力是——在一个狭隘的、活跃的组织中，拥有它的成员资格（这件事情）足够令人兴奋和满足；缺点是，意识形态局限于狭隘的观点，并鼓励服从，打击异议。

在临床实践中，精神分析理论正是体现了这一点（至少在某种程度上）。这正是为何它明确表示宗教和政治意识是治疗的禁忌。将精神分析作为意识形态，这种观念的传达同样危险，却很少有人意识到这一点，因为它会损害分析师和分析者的自由探索。弗莱克、曼海姆以及其他知识社会学学者指出，已经存在的知识体系受到多种因素的影响。然而，我们并不能妄用这些因素。反之，我们需要更严谨地去了解它们，以便尽可能地降低它们具有扭曲能力的潜在影响。

那么，精神分析作为一种用来理解（科学、艺术、哲学、知识）的手段和作为一种意识形态之间的界限是什么？在探索、检验和挑战被压制的情况下，精神分析理论将变成一种意识形态。显然，当一个分析师以牺牲共同探索为代价，将预先决定的假设灌输给患者时，精神分析便在这个过程中逐渐转变为一种意识形态。然而，如果这些预先决定的假设是在精神分析师训练过程中强行灌输给这些分析师的，他们还能怎么办？更有甚之，“野蛮”精神分析在某种程度上近似一种“教化”。哪怕弗洛伊德也对这两种情境提出过警示。然而，我的经验是，有些精神分析师对自己的精神分析真理深信不疑，不论是传统的还是“野蛮”的，并且他们强行要求患者在这一点上达成一致。

例如，梅丽塔·斯伯林似乎对“身心疾病是由某种特定的内心冲突而引起的”这一观点深信不疑，她根据自己的信念而不是根据分析者的自由联想来诠释它。当分析师对传达自己的想法和冲突而不是探索分析者的想法和冲突更感兴趣时，精神分析就不再是一种研究方法。

以斯伯林为鉴，即便世界上最正统的训练也无力阻止这种事情的发生。相反，压制批判性思维、迫使遵从正统，这种压力反而会助长“野蛮”精神分析的增长，以至于偏离正轨。如果我们想要成为谨慎、负责任、易共鸣的分析师，我们就必须对自己和他人的想法抱持怀疑的态度，并且在强加给我们的意识形态前（这些意识形态是他们为了永存而强加于他人的）坚守自我。

总而言之，精神分析仍然前景可期。对我们许多人来说，精神分析不应是“意识形态”或者“神学”，而是对于人类和人性之努力的智力刺激和情感奖励。如此，惯例因创造性的挑战而被注入生机，创新则在传统的规训中进行。在这种情况下，失败是弥足珍贵的。1985 年，我曾参与《60 分钟》[⊖]有关精神分析的联合制片。查尔斯·布伦纳被问道："精神分析带来了什么？"他回答："可能是关于生命和死亡的思考。"

因此，我们需要把精神分析从衰落中拯救出来，并重新把它当作减轻人类痛苦的重要工具，这点极其重要。至于精神分析到底是不是科学、艺术、哲学、世界观，真的那么重要吗？在我看来尽管这些问题很有趣，但是并没有那么重要。真正重要的是，科学（或者艺术、哲学、世界观）与意识形态之间极其微妙的界限。越来越清楚的是，我们自身和整个领域正在面临严重的危险。意识形态是不具有包容性的，与此同时，这些不包容性正在扼杀着我们，我们需要冒着风险再次开放，无论是对别人、还是对我们自己。然而，在我们探究清楚理论和意识形态的界限究竟在哪里之前，无法避免站在错误的一边的风险。

精神分析经历了一场又一场意识形态之争，哪怕结局不够漂亮，还是熬了过来。如今，我们不能再重蹈覆辙。如果我们继续躲避外界的审视，将会永远得不到外界的信任。意识形态与"寡头政治"密不可分，与此同时，"寡头政治"在美国精神分析领域的影响力也在不断增强。职业标准委员会竟然会因为机构管理的问题向法院提出诉讼。这也难怪精神分析被越来越多的潜在患者、同事和学生视为一个令人不快、不太对劲的"异端"。

受到弗洛伊德思想中"激进的独立"的启发，假如我们想要夺回思考者和治疗师的角色，就必须要修正这种固有思维。然而，我们不能像理论家那么做，因为意识形态从来都不是独立的，它是"寡头政治"执政者的产物。科学、艺术和哲学就好比是宽敞的"房子"，各式各样的想法在他们宽广的"屋檐"下找到了栖身之处。然而，意识形态是排他的，它划定了可接受的思维范围，以集权的手段来限制思想。这就是为什么，相比较民主过程来说，精神分析更容易受到"寡头政治"的统治。"寡头政治"和意识形态就像是"永存"这一执念诞下的双胞胎。它们不仅无益于民主，亦有害于精神

⊖ 它是指美国的一档新闻类电视节目。——译者注

分析。我们是时候回溯过往，一起重返那充满好奇心、创造力和自由的、更广阔的智慧国度。

参考文献

AUCHINCLOSS, E. L., & MICHELS, R. (2003). A reassessment of psychoanalytic education: Controversies and changes. *International. Journal of Psycho-Analysis, 84*:387–403.

BOWLBY, J. (1979). Psychoanalysis as art and science. *International Review Psychoanalysis* 6:3–14.

EDELSON, M. (1988). *Psychoanalysis: A theory in crisis.* Chicago: University of Chicago Press.

FREUD, S. (1920). Beyond the pleasure principle. In J. Strachey, ed. and trans. *Standard Edition* 18:1–64.

——— (1921). Group psychology and the analysis of the ego. *Standard Edition* 18:65–144.

——— (1926). The future of an illusion. *Standard Edition* 21:1–56.

HOLT, R. R. (2015). On Freud's authoritarianism. *Psychoanalytic Review 102*(3):315–346. Human science. (n.d.). In *Wikipedia*. Retrieved September 20, 2014, from http://en.wikipedia.org/wiki/human science Immac ulat e perception. (n.d.). In *Wikipedia*. Retrieved September 20, 2014, from http://en.wikipedia.org/wiki/Psychology

KIRSNER (2009). *Unfree associations: Inside psychoanalytic institutes.* Lanham, Md.: Aronson.

LOEWALD, H. W. (1975). Psychoanalysis as an art and the fantasy character of the psychoanalytic situation. *Journal of the American Psychoanalytic Association* 23:277–299.

MAKARI, G. (2008). *Revolution in Minds: The Creation of Psychoanalysis.* New York: HarperCollins.

MICHELS, R. (1911). *Political Parties: A Sociological Study of the Oligarchical Tendencies of Modern Democracy*, transl. E. Paul & C. Paul. New York: The Free Press, 1915.

ROUSTANG, F. (1976). *Dire Mastery: Discipleship from Freud to Lacan,* transl. N. Lukacher, Washington, D.C.: American Psychiatric Press, 1982.

SLOCHOWER, S. (1964). Applied psychoanalysis: As a science and as an

art. *American Imago* 21:165–174.
STRENGER, C. (1997). Psychoanalysis as art and discipline of the self: A late modern perspective. *Psychoanalysis and Contemporary Thought* 20:69–110.
WAELDER, R. (1962). Psychoanalysis, scientific method, and philosophy. *Journal of the American Psychoanalytic Association* 10:617–637.
WAX, M. L. (1995). Method as madness: Science, hermeneutics, and art in psychoanalysis. *Journal of the American Academy of Psychoanalysis* 23:525–543.

美国精神分析协会的政治

精神分析协会的制度与民主的关系着实矛盾。它源于一名不愿放弃权利而独裁的天才的构想。这位天才声称，欢迎任何人加入他的队伍——只要遵守他的规定。美国精神分析与民主之间的关系相对不那么矛盾——至少在美国主流的精神分析组织里，民主偶尔会被直接忽视。回顾过去、展望未来，我将会在这篇文章中探讨，美国精神分析协会内部为民主与包容而斗争的意义所在。

《破碎的和平》(*A shattered Peace*) 由大卫·安德尔曼 (David Andelman) 所著，主要描述欧洲内战。第一次世界大战后，列强瓜分了欧洲、中东等地区。为了维护自己的霸权，他们划分了代价昂贵、几乎不可能执行的人工边界。安德尔曼讲述了这种操控带来的深远持久的影响，和它所造成的极其严重的消极后果。他认为，1919 年《凡尔赛条约》很大程度上造成了第二次世界大战的爆发以及许多战后冲突，尤其是在中欧、东欧和中东一带，而这些影响从 20 世纪后半期一直持续到 21 世纪。我希望能通过这篇文章证明，1946 年美国精神分析协会重组时的职业标准委员会，就是“美国精神分析的《凡尔赛条约》”。正如那个注定失败的条约，虽然职业标准委员会的初衷是安抚派系、维持和平，然而他们的所作所为违背常理、逆行民主，最终造成无法承受的后果。这个排外性的组织能够获得巨大的成功，源于美国精神分析协会的长期庇护，这些庇护本意是为了保障协会的利益，如今却已经危机到它自身的稳定。是时候一起回顾精神分析的“版图”，重新制定我们的“条约”了。

这是我们现在的处境。总体上，美国精神分析协会的成员年龄平均 60 岁出头，培训分析师在 70 岁左右。越来越多的成员步入无薪退休的年龄，能够替代他们的新成员却为数不多，一场财务危机迫在眉睫。申请人注册入会的数量持续下滑一部分是因为我们不受欢迎的等级制度，另一部分则是因为资格认证程序被视为武断且不公正。即便假设我们可以吸引到更多的申请人，也可能没有足够数量的患者。几年前，美国精神分析协会聘请了一名市场顾问进行调研，虽然行业发展成果显著却无法令人雀跃。他发现，虽然精神分析理论本身广受推崇，但大众觉得，提供精神分析的美国精神分析协会分析师冷漠、死板，拘泥于僵化、过时的分析模式。(尽管调查显示，目前美国精神分析协会成员进行的个案治疗中，近乎一半的人治疗频率为每周三次；根据弗洛伊德的说法，这种设置应该只在特定情况下才被允许出现。) 虽然我们试图在理论或者实践中提供基于传统精神分析的其他治疗模式——比如，低频率治疗、家庭治疗等，然而大众（却对这些努力）视而不见。迪克·西蒙斯在 JAPA 中指出，美国精神分析协会第 39 分会的败诉是源于它的傲慢，而不是真正违反了“美国反垄断法”。

直至今日，我们仍在为了同样的事而斗争。举个例子，之前，美国精神分析协会的董事会以 29 票对 13 票的结果通过了一项决议，即职业标准委员会需要客观化“培训分析师任命”要求。然而，即使委员会的投票权受到法律的保障，其结果不容置疑，职业标准委员会的相关领导仍单方面地否决了该项决议。有传闻说，他们在这一点上寸步不让，并且通过电子邮件群发了这句老话：“美国精神分析协会认证是对精神分析能力的一种考核，而精神分析的专业地位也取决于此”。我将在这里讨论并举出美国精神分析协会傲慢自大的倾向——他们拒绝承认，精神分析的世界不仅是一个组织，更是一个“认证至上”的组织。职业标准委员会对“认证”和考核的追求是出于捍卫旧霸权而非专业水准，这些正是来自“1946美国精神分析领域的《凡尔赛条约》”的危险残留物。

这里并不是否认我们让美国精神分析协会变得更民主、更具有参与性这件事不值得骄傲。需注意的是，有些障碍仍待消除。在我看来，自1946年重组后，美国精神分析协会所遇到的棘手问题在于，职业标准委员会所制定的政策本应受到董事会的监督，但是它违反了相关的法律条款，在有关教育政策的决议上，不断地把自己当成一个拥有绝对权力的自治体。这种局面无法被轻易地扭转，因为职业标准委员会选择了一名致力于保护培训分析师选拔系统的领导者，且它的结构本质上具有自我延续性与非民主性。

美国精神分析为了区分本土发展的精神分析与外部发展的精神分析，在1938年明确了第一条界限，将不是医生的候选人排除在精神分析的训练与实践外。在早期出版的文章中，我和保罗·莫舍曾对这段发展史展开过讨论。当精神分析师无法作为精神病学的一个分支进行专业认证时，美国精神分析协会采取了另外一种排外的手段，授予或扣留会员资格。这个新机制早有苗头，从第二次世界大战后的美国精神分析协会重组中便可窥见一斑。在1946年的重组中，职业标准委员会被赋予个人申请者的审查管辖权和录取权。授予权利后不久，他们就开始效仿专业医学协会和专业外科协会认证的过程。对于那些拒绝以及无法跨越最后这条鸿沟的人，即便经历了多年医学和精神分析训练，也无法被授予“职业”资格。

是什么赋予了职业标准委员会如此长久地控制“认证”的力量？直到最后，它甚至有权力决定谁成为美国精神分析协会的成员、谁可以在协会选举中投票、谁可以成为一名培训分析师、谁可以成为讲师，甚至谁有权竞选职业标准委员会的主席。这些特权的本意是维护美国精神分析协会自身的利益与公众心中精神分析的专业地位。然而，美国精神分析协会的地位在公众、医生、医院、支付薪酬的保险公司、学术界，甚至是其他精神分析师眼中正逐渐衰退。我们是时候反思，职业标准委员会究竟在什么情境下能发挥它的影响力？在多大程度上，它维护自己的霸权这一行为阻碍了它捍卫精神分析专业地位的愿望？它在多大程度上给我们造了一个极度复杂的关系网，我们要么挣扎着摆脱，要么努力维持（以自身付出巨大代价）这个关系网？回溯1946年，建立这一关系网的目的究竟是什么？

我近期与哥伦比亚中心的主任埃里克·马库斯谈过，显然，我们在一件事情上达成了共识，那就是精神分析的专业认证在更多程度上与政治有关，而不是所谓的标准衡量——这是众人期盼已久的共识。是时候问清楚这些政治到底是什么了？

正如我之前所说，在我看来，职业标准委员会的建立是美国精神分析协会的凡尔赛条约，同样，也是美国精神分析的凡尔赛条约。1946年前，精神分析训练委员会（Committee on Psychoanalysis Training）负责美国精神分析领域内涉及教育问题的咨询。所以，从本质上来说，它属于咨询机构。在培训问题上，未经所有美国精神分析协会认可机构的一致同意，它也无权发布具有约束力的法令。职业标准委员会于1946年取而代之，未经各机构的一致首肯，它可以自行采取行动。只要几个主要的机构首肯，它有权公布任何的培训标准。同时，它还被授予制定美国会员资格审核标准的权利。

不祥之兆早已呈现。职业标准委员会更感兴趣的是缩小精神分析的边界，而不是扩展它。1946年美国精神分析协会进行重组，威廉·门宁格任协会主席。他招募了一批医生，在第二次世界大战中负责精神科。因此，他在推动美国精神分析发展方面的成就可谓前无古人。战争结束后，数以百计的医生申请了全国各地的精神科住院医师，并且分别在纽约、波士顿、芝加哥、巴尔的摩、费城和洛杉矶等美国精神分析协会认可的机构接受了分析师培训。托皮卡在结束第二次世界大战后的第一堂分析师培训课上，出现了100多名医生。门宁格出于丰富精神分析的目的，强烈呼吁美国精神分析协会承认非美国精神分析协会培训的学者和精神治疗师，然而，他的呼吁遭到了“忠诚派”的否决，其中包括很多“移民”分析师。他们认为，筛选、限制美国精神分析协会成员是为了保障精神分析血统的“纯洁”。因此，即使是美国精神分析协会训练出的毕业生，也不会都顺利毕业，在申请成员资格之前，必须呈报他们临床工作的案例，并同时通过职业标准委员会的检验(认证)。

对职业标准委员会过于强调“教育标准”的态度，赫伯·帕德斯指出：几十年内，职业标准委员会对精神分析教育监管的结果是，700 多名受美国精神分析协会训练的毕业生并没有都成为美国精神分析协会的会员；在这些没有成为会员的毕业生里，一些人成了著名的精神分析学家，并且在专业领域取得了重要的学术地位。然而，正如我和马库斯一致同意的那样，除此之外，还有其他的事情发生。在我看来，其中一个就是“非医学背景的精神分析”成为时下热点。曾几何时，精神分析训练和会员资格都向非医护人员开放，然而 1946 年后，这件事几乎不可能。事实上，美国精神分析协会明确拒绝接纳在战争前后来到美国的、不是医生的国际精神分析协会成员。人们尝试废除这条规定，特别是在美国西海岸区域那些拥有极高社会地位的非医学背景精神分析学家。然而，这些努力除了在托皮卡外一无所获。在托皮卡，卡尔·门宁格为他的心理学家、精神分析学家骨干争取到特殊的权利，其中一些人比如罗伊·谢弗、赫伯·施莱辛格等在接下的几十年内成为精神分析医学协会的成员。

被纽约精神分析协会拒绝、排斥，不仅是所持学位的问题，而是一种意识形态的问题。这种意识形态排斥的过程始于卡伦·霍妮与其他几位分析师，他们在 1941 年的时候愤然退出纽约精神分析协会的会议——原因是，霍妮的会员资格因为她的新弗洛伊德意识形态遭拒。有个故事，也许是杜撰的，讲道：霍妮和她的支持者一起离开大厅，一路高歌走向当地的酒馆。他们为团结一心举杯庆祝，随后建立了美国精神分析学院。

重组后的美国精神分析协会和职业标准委员会却丝毫没有吸取教训——他们没有意识到，用组织的力量强制执行人工边界是要付出巨大代价的。对非医学背景精神分析师的排挤，对纽约精神分析的发展轨迹产生了致命的影响，同时也预示着美国精神分析协会的苦果，尤其是在 1940 年，纽约精神分析协会中未吸收的一名非医学背景精神分析师，他的名字是狄奥多·芮克。

1926年，弗洛伊德为芮克在维也纳提出的关于“非医学人员执业”诉讼进行了辩护，弗洛伊德明确支持了“非医学背景精神分析”。然而自从弗洛伊德在欧洲提出了他的主张以后，布里尔为代表的美国分析师就一直在为该领域的医学化进行斗争，除了将精神分析作为精神病学的一个分支之外，他们在很大程度上取得了成功。倘若，芮克受到纽约精神病协会的热烈欢迎，那么也许就不会有美国国家精神分析心理协会（National Psychological Association for Psychoanalysis，NPAP）的创立。倘若，他和其他非医学背景申请者都得到纽约精神病协会的接纳和系统的训练，那么极有可能分别成为美国精神分析协会的中流砥柱。事实是，他们没有被接纳，也没有成为美国精神分析协会的中流砥柱，而是被排除在协会之外。于是，他们在1948年自立门户。美国国家精神分析心理协会的建立标志着美国精神分析的“巴尔干化”[⊖]正式拉开序幕。

众所周知，类似的分裂致使其他协会的形成，其中大部分驻扎于纽约非美国精神分析协会的领域。在凡尔赛，列强通过瓜分战败国奥匈帝国的领土，从而创造了巴尔干半岛。在纽约，精神分析的“巴尔干化”大抵相同，这一切均起源于美国精神分析协会和纽约精神分析学院的排外态度与行为，而这种势头似乎不减反增。霍妮在关于非医学背景精神分析的问题上和弗洛姆分道扬镳，随后弗洛姆联合他人创立了怀特学院。这正符合安德尔曼的愿景。

虽然美国精神分析协会排外般地、苛刻地要求医学背景，但是自1946年后，它似乎对一定程度上的意识形态多元化保持着开放的态度。因为怀特学院与巴尔的摩－华盛顿学院的复杂关系，怀特学院的沙利文既是一名人际关系精神分析师，又是美国精神分析协会的会员（Mosher，Richards，2005）。对美国精神分析协会多元化的期望，也因此展开。美国精神分析协会中的怀特学院分析师，试图在协会中为怀特学院谋取具有独立性的从属地位。随后美国精神分析协会专门设立了一个委员会来评估他们的申请，审议

⊖ 指一个国家被分裂为若干独立的地区。——译者注

一拖再拖。直到许多年后，作为职业标准委员会成员的莫顿·吉尔对怀特学院的成员表示，这种事情永远不会实现。于是，怀特学院的分析师只得撤回当初的申请。吉尔明确指出，问题是源于他们的意识形态，而不是另一个颇具争论的老话题——精神分析的频率。这个决定对美国精神分析协会造成了灾难性的后果。这个决定阻碍了多元意识形态的融入。与此同时，和职业标准委员会的“正统观念”分道扬镳的分析师们，轻则被称之为“异议人士”，重则被批为“异端”。

美国精神分析协会的局面变得越来越异常。首先，它属于自我管制。在1920年和1930年，它计划与国际精神分析协会国际训练局分离，并且在1938年正式宣布独立，再也不必听从国际精神分析协会有关如何选择申请人的指挥。其次，在1946年后，作为一个医生组织的美国精神分析协会进一步让美国的精神分析医学化。美国精神分析协会为了维持“真实”而“纯粹”的精神分析血统，强制执行排外的意识形态。即便其他机构不隶属美国精神分析协会，它仍认为自己有义务、有责任保障正统精神分析的“血统”，并且担任正统精神分析的“传承旗手”。

确实，回顾“美国精神分析协会凡尔赛条约”后的20年，代表着美国精神分析的黄金时代。那时，有着大量的分析师候选人和大量的患者，甚至其中大部分人支付着非常高昂的治疗费用。20世纪40～50年，分析师候选人的数量要远远多于会员数量。那是美国精神分析协会精神分析师的黄金年代。然而20年的增长之后，是40年的衰退。部分外部因素导致了它的衰退——比如，精神药物学和管理式医疗的崛起，精神分析训练失去了费用方面的减免，以及学术领域对精神分析的观点转变。与此同时，部分内在因素也导致了美国精神分析协会的衰落。这些“蛀虫”早已存在，你可以从我所讲述的精神分析历史中看到，这棵大树是如何逐步被腐蚀的。

我踩着“黄金时代”的尾巴开始了我的精神分析训练。1964年，我收到了纽约精神分析学院的精神分析师训练通知书，一共54名申请人，其中14名入选，13名男性和1名女性，13名是医生，其中1名是研究制的学生。

现如今，很难再有超过 10 名的申请者。向职业标准委员会递交了案例报告后，我于 1969 年正式毕业，随后在 1972 年成为美国精神分析协会的会员之一。这让我变成了真正的分析师，不像其他三分之一的毕业生，他们要么是因为拒绝参与职业标准委员会的认证程序，要么是因为申请被驳回，而无法注册成为美国精神分析协会的会员。1976 年，美国精神分析协会拥有 1400 名活跃会员，但还有 800 名毕业生未得到认证。正如保罗·莫舍所说，他们处于“受冷落”的境地，显然这对他们来说是个问题，而事实上，这对美国精神分析协会自身来说也是个问题。

对于一些美国精神分析协会的会员来说这是原则问题，他们反对处理与“认证”相关的问题，反对“认证”本身的概念；对其他人来说，这更多的是现实问题。他们预见了财务方面的危机，协会需要维持“自身活力”和“偿付能力”。原有的成员正逐渐变老，协会却依然对年轻的成员高高竖起“不欢迎的门槛”。另一件事实是，非美国精神分析协会的机构数量正在激增，尽管职业标准委员会认为，只有美国精神分析协会的会员才是精神分析选定之人，但这一领域的“外人”越来越多。最初的“解决方案”是，允许未经认证的毕业生交纳会费，但不具有投票权，且无法担任公职，只要这些毕业生同意在 2 年的期限内写出他们的案例报告，便可以在此期间保住会员资格。随后，这个时间期限被延长到 3 年，因为这些毕业生的个案分析和报告常无法达到要求。直到最后，时间期限被彻底撤销，而那些没有经过认证的毕业生可以永远维持他们无投票权的付费会员身份。这种现状对美国精神分析协会来说仍是一个问题，因为它依然在失去那些不想继续交纳会费的二等公员。这个问题在每年两次的全国性会议上都会被提出和讨论。培训分析师（美国精神分析协会中的当权者）负责管理职业标准委员会，并同时掌控着选举大权。他们严守“协会毕业生必须经过职业标准委员会的审查才能成为协会成员”的这项原则（该原则确立于 1946 年的重组时期）。职业标准委员会的审查委员每五年便会对各大机构进行现场审查，但这对鼓吹自己为“正统标准”护卫队的他们来说远远不够。职业标准委员会对“充满同情心的毕业”这一现象尤为在意，根据它的说法，这是其机构让不合格的分析师候选人毕业了。职业标准委员会坚持自己有责任和义务通过确保培训分析师的能力来保护大众，只有合格的培训分析师才有权对分析师候选人进行分析。他们怀揣着公众只能从美国精神分析协会的认证成员那里寻求分析的希冀。大体上来说，因为职业标准委员会不相信自己的培训分析师能够培养出合格的分析师，所以美国精神分析协会培养出来的分析师越来越少。

许多人认为这套主张缺乏说服力。那么职业标准委员会的潜在目的是什么呢？我认为主要的问题在于，即便经历了重组，职业标准委员会仍然无法在各个不同的机构中强制性地执行自己的意愿。驱逐一所受认可的机构，需要得到美国精神分析协会的全体成员同意，以及职业标准委员会和执行委员会中三分之二的人的同意——这显然是无法实现的。职业标准委员会对不服从机构的唯一影响就是它有权拒绝该机构会员的认证申请。马丁·斯坦和斯坦利·古德曼都分别担任过职业标准委员会的主席，并且在《美国精神分析师》特刊中承认了这一点。我当时是《美国精神分析师》的编辑，分别邀请了 20 名赞同和 20 名反对认证的会员为他们不同的立场辩论。

让我们先将成员 / 认证的争论搁置一边，1982 年，第 39 分会中的 4 名成员因为限制“非医师培训资格”的协议对美国精神分析协会、哥伦比亚中心和纽约精神病协会分别提起诉讼。诉讼以有利于第 39 分会的判决结束，也就是说，美国精神分析协会败诉。非医师获得受训许可，并且 3 所非美国精神分析协会机构得到了国际精神分析协会的接纳。这一判决废除了原先铭刻于 1946 年协会重组中的极其重要的限制规定——医师才能拥有接受训练的权利。这场漫长而艰苦的争斗，以及这项决议丑陋的本质，就像第二次世界大战期间于 1919 年签署的《凡尔赛和约》一样，正是“精神分析领域的凡尔赛条约”的苦果。

在诉讼裁决后，《美国精神分析师》内部进行了讨论，并且在 1990 年成立了专题工作小组负责处理有关成为“拥有正式投票权的会员资格”（正式会员）的认证要求问题。随后，专题工作小组提议修改细则，允许所有美国精神分析协会认可机构的毕业生成为拥有投票权的成员，但是没有资格竞选公职，也无法在职业标准委员会任职及被任命为培训分析师。第二次的妥协，获得了会员第二次表决中三分之二的选票（通过决议）。民主化之路仍在漫漫征途中——从没有代表权的征税[⊖]到完全投票权，断断续续花了45年。然而，对参与性、民主性的限制仍然存在。

值得注意的是，尽管前两次对会员资格的妥协称得上是走向民主，但这点仍受到自上而下的价值导向的影响——旨在满足美国精神分析、美国精神分析协会和职业标准委员会的强权需要，换句话说，他们依靠人工边界，基于对医学学位的限制、学说的纯正诉求，以及服从毫无透明度的审查程序，来达到维护霸权的"永存"目的。完全地解放和真正的民主过程需要得到被统治者与统治者的关注，而到目前为止，职业标准委员会已经（通过各种行动）明确表示了拒绝。美国精神分析中的"草根们"希望建立真正的民主体制的呼声，怎么能够如此长久地被压制、被驱逐呢？他们应该如何让别人听到自己的呼声呢？电子邮件群发这项新技术，是精神分析组织变革中的一股强大力量，它促使职业标准委员会和护卫队们终于从旧梦中清醒并认清现实，看到这个50年内发展起来的新世界。

1995年，鲍勃·格拉泽尔–莱维创办了第一个美国精神分析协会电子邮件公告板。1996年，保罗·莫舍创建了一个会员名单和Openline论坛，变化随之应运而生。尽管刚开始它发展得比较缓慢，有时候看起来极其缓慢，但我认为，它发展的速度要比没有民主的网络媒体快很多，网络媒体提供了会员间交流的平台。美国精神分析协会和职业标准委员会统治的会员终于能够组织并团结起来了。

约在20年前，电子邮件开始普及，美国精神分析仍在处理有关第39分会诉讼的余波。作为解决方法之一，国际精神分析协会的成员可以成为美国精神分析协会的会员。我的妻子阿琳·克莱默·理查兹也是作为国际精神分

⊖ "无代表不征税"来自美国《独立宣言》，即独立战争期间殖民者用来捍卫自己的权利，声称没有代表权，就不得征税。——译者注

析协会成员加入进美国精神分析协会的。在这里，我将用个人经历来说明，民主进程如何在新的电子邮件技术的帮助下取得进展，以及它所促成的政治新格局对陷入险境的美国精神分析是多么重要。我和阿琳都在努力说服国际精神分析协会成员加入美国精神分析协会。这件事不容易，因为国际精神分析协会成员常不被当作“真正”的分析师，他们常受到来自美国精神分析协会同事的鄙夷和排斥。随着时间的推移，他们慢慢地融入这个圈子。与此同时，很多获得美国精神分析协会认证的会员对协会的治理异常颇有微词——媒介（如网络）不受时空限制地议论着这些事。

前所未有的是，认证过程公开化了。成功的申请者通常会松一口气，然后继续他们的工作。相反，失败的申请者愤怒、沮丧、困惑、羞愧，不愿意分享太多自身的经验。我曾经建议阿琳申请资格认证，她尝试了，却遭到拒绝。

委员会告诉她，如果她想要放弃申请，他们会给予理解。不过，阿琳有着锲而不舍的意志力，我把她称作美国精神分析协会的“罗莎·帕克斯”[⊖]。终于，她的第二次申请通过了，并且将自己的经历分享在为2000年法国精神分析三级会议所撰写的一篇文章里。阿琳在第一次申请被拒前，她已经获得国际精神分析协会的“培训分析师”认证；同时，接受阿琳分析的精神分析师们也已获得“培训分析师”认证。我对她第一次申请被拒这件事情有所质疑，包括对作为精神分析能力的认证过程的信效度产生了怀疑。于是，我在Openline论坛上发表了有关“认证”的帖子。我在第一个帖子的开头引用了迈克尔斯在美国精神分析协会全体会议上说的话——认证委员会和科学活动委员会的目标是冲突的。迈克尔斯说：

> 假如有人想要通过发展操作性条件反射范式来阻碍病例记录，那么我们的认证程序确实难以改进。最具有讽刺意味的是，认证委员会可能是科学活动委员会最大的敌人。（*Michels*，*2000*）

⊖ 美国黑人民权行动主义者。——译者注

随后各方展开了一场激烈的讨论，既有赞成的声音，也有反对的声音。美国精神分析协会的会员们原本对这个事情所无处释放的声音，突然在那个时候得以宣泄，虽然它尚未被职业标准委员会的当权者听见，但他们的同事已经听到了。这种进步和发展并不受美国精神分析协会中既得利益团体的欢迎。我在纽约精神病协会的同事说，他永远不会原谅我所做的一切。“我做了什么？”我问他。他说：“你让那些不属于教育者的会员参与进了有关教育问题的讨论。”的确，我是这么做的。美国精神分析协会建立了教育和会员资格特别工作小组。他们建议对一项规章制度进行修正——未经认证的会员可以竞选公职，并对修改内部章程的决议具有投票权。这项规章制度以三分之二的多数票通过，并且成为美国精神分析协会的规定。这是朝着正确方向迈进的一大步。现在唯一剩下的限制条件是，未经认证的会员无法被提名成为培训分析师。在过去的6年内，最后的问题——培训分析师任命已经成为美国精神分析协会、职业标准委员会、论坛成员和Openline论坛的主要话题。一项名为《机构选择权》的修正案被提出，其中，它禁止职业标准委员会要求各机构只任命认证成员作为培训分析师。尽管各大独立机构可以根据内部成员投票结果做出决定，但这项提案最终只获得57%的赞同票，略低于规定要求的三分之二以上的占比。不过局势仍在改变，从1946年就开始强制执行人工边界的职业标准委员会正在慢慢走向民主。在2012年美国精神分析协会的主席选举上，以“进步”为竞选纲领的马克·斯摩尔（Mark Smalle）在同前任职业标准委员会主席埃里克·纽崔尔（Eric Neutzel）的角逐中获得了60%的选票。在最近一次选举上，选举过程都是基于《机构选择权》这项修正案进行的。此外，尤为重要的是，美国精神分析协会终于正式承认自身不是一个“两院制”的组织。精神分析机构一直无法解决有关职业标准委员会的地位之争，从而需要通过法律的手段来解决。尽管职业标准委员会如何激烈地辩驳——如今这些做法和1946年重组的意图相悖，但现在很清楚的是，它和美国精神分析协会当选行政理事会的地位并不是平起平坐的。根据纽约州法律，职业标准委员会只是一个“企业委员会”，而董事会拥有最终决定权。职业标准委员会无权将意愿强加在协会选举的会员身上。这个过程花费了很长的时间，并且依赖于对新技术进行创造性利用。从 1946 年排外政策被纳入协会规章，美国精神分析协会采取自我保护手段后，尽管职业标准委员会矢口否认，但美国精神分析协会已然为“精神分析作为一种职业”付出了巨大的代价。现如今，它正在逐渐走向完全民主、具有参与性的组织。与此同时，新纳入的协会会员们在未来几年内所做出的决定，将决定美国精神分析协会的命运，是走向焕然一新（重新成为一个充满活力、具有前瞻性的专业组织），还是走向逐渐消亡（被年轻精神分析师们发展起来的更灵活的新组织取而代之，随后这些新的组织成为这个行业的主导者）。

参考文献

MICHELS, R. (2000). The Case History. *Journal of the American Psychoanalytic Association* 48:355–375.

MOSHER, P.W. & RICHARDS, A.D. (2005). The History of Membership and Certification in APsaA: Old Demons New Debates. *The Psychoanalytic Review.* 92:865–894. SIMONS, R.C. (2003). The Lawsuit Revisited. *Journal of the American Psychoanalytic Association* 51S:247–271.

精神分析和精神分析师的身份

精神分析从最初开始，就一直对其作为一门学科的身份进行着内部的争论。一方面，众所周知，弗洛伊德在很多场合清晰地表达了他的观点，精神分析属于自然科学，因为“智力和心灵，同任何非人类事物一样，是科学研究的对象”(Freud，1933/1964b，p. 159)。另一方面，弗洛伊德在其他地方，通过指出精神分析同历史或人文科学之间的紧密联系证明了这似乎是一种明确的论断（Freud，1923b，1955c，p. 252）。他曾写道：“在医学中，精神分析与心理科学有着最广泛的联系，且在宗教、文化历史的研究、神学、文学中，在一定程度上，它如同在精神病学中一样发挥着同等的重要性。在没能弄清这些时，对精神分析的任何评估都是不完整的。”

与精神分析的多学科身份争论有关的是，那些将成为从业者的人员接受的培训及认证的问题。弗洛伊德对这一主题发表的最著名的评论，出现在《非医学背景精神分析的问题》中，他强调“分析师是不是医生，这对患者来说不重要”，而“无比重要的是，分析师应该拥有让患者信任自己的个人特质”（Freud，1926b，1959，p. 244）。此外，就理想的精神分析大学课程来说，他强调应该教授许多医学系也教授的内容，会有生物学概论和精神病症状学（Freud，1926b，1959，p. 246）。同样重要的是，精神分析学生还应该被教授“那些远离医学以及医生在临床实践中遇不到的学科：文明史、神学、宗教心理学、文学。除非他对这些学科相当精通，”弗洛伊德坚持，“否则分析师无法理解他手中大量的临床材料”（Freud，1926b，1959p. 246）。

弗洛伊德的这些文章对某些反思提供了一个起点，包括精神分析师的身份以及分析师过往地位的未来走向问题、在定义精神分析师身份中历史所起的作用，以及对作为一种社会建构精神分析自身的历史的反思。这将令我们一方面考虑科学在精神分析中的地位，另一方面声称我们的学科本质上是解释学。实证主义和相对主义之间的张力将会始终为我们所关注。我们的目的是阐明精神分析知识的类型学，将精神分析作为一种治疗形式、一种智力运动或一种理论系统。沿着这个方向，我们将详细说明路德维克・弗莱克关于思想集体的观点，以及教化对精神分析身份建立这一主题的贡献（Erikson，1956）。

解释学和结构主义语言学

文学评论家弗兰克・克莫德注意到，“弗洛伊德自己认为，一个新的解释时代到来的最重要的预示是在旧有制度下形成的，在那个时候，给予大多数事物历史性解释似乎是正确的，但对这些不要求符合客观历史真相的解释保持怀疑似乎也是正确的”（Kermode，1985，pp. 3-4）。为了阐明19世纪最重要的历史性解释，克莫德引用了历史学和植物学作为科学学科的崛起，“极大地延伸了这一行星及其居住者的过去”（Kermode，1985，p. 4），而且对圣经的历史性批判的兴起不再被思想领导者视为永恒真相的宝库，而被视为“各种各样文献的集合，既有史前的变化，也有随着漫长岁月的修订与合并”（Kermode，1985，p. 5）。虽然精神分析源于一个具有越来越多地看清人类及其本质的划时代意义的新时代，并将科学性客观范式下的历史研究纳入其中，但克莫德提醒我们，即使在弗洛伊德的一生当中，这一实证主义的程度也一直被质疑。

实证主义面临的巨大挑战之一源于索绪尔的结构主义语言学。他是一位出生于日内瓦的瑞士语言学家。他对语言的研究并非历时性地，不是依据其历史（例如，重新建构的、决定论的），而是依据共时系统的法则。这一观念的转变，涉及呈现在语言历史单一时期的隐性结构，而非历史的改变。克莫德指出，共时性和历时性之间的区别来自索绪尔的《普通语言学课程》（Saussure，1915），直到拉康的出现才找到了一条通往精神分析的路。弗洛伊德最初确信，他能够通过精神分析的方法弄清楚有什么事情发生了。对拉康而言，无意识像语言一样被建构，而不是被过去的、创伤的或其他的事件所建构。后拉康学派可能更缺少历史主义和实证主义。

实证主义面临的其他巨大挑战来自德国历史学家和社会学家威廉·狄尔泰的解释学理论。狄尔泰强调任何对过去的理解都是被观察者现在的观点所渲染的，因此都无法逃离主观视野。利柯把精神分析描绘成解释学，一种类似于文学评论的解释学科，但后者还掌握了解释学的客观主义辩证法（Ricoeur，1965，1970）。弗里德曼指出，这种方法假定意识现象反映了一种可理解的潜在模式（Friedman，1976，2000a，2000b）。由于利柯的早期成果，出现了一批对他的拥护者，这些拥护者提倡精神分析也应该舍弃其对科学地位的要求并且承认它是解释性的——一门解释性的学科，该学科赋予意义，并在任何可察觉的因果关系范围以外创造生命叙事。这些人包括：赖克罗夫特（Rycroft，1966）、哈伯玛斯（Habermas，1968）、利柯（Ricoeur，1970，1977）、沙博特（Chabot，1978）、斯蒂尔（Steele，1979）。利柯强调精神分析向解释性学科的转变，将分析目标从通过再建构来获得洞察转向对个体故事的全面理解。有趣的是，弗里德曼在这个小组中没有见到利柯。他表明："利柯是一位杰出的解释学家，他坚持解释学应当重视'硬'科学，否则它只是在自言自语。利柯对弗洛伊德的著名理论加以解释……认为这是唯一能联合力量与意义的系统。实际上，利柯与精神分析理论家质疑同一问题，他从未忽略使我们成为人的残酷的事实、强加的现实、潜在的灵性和产生意义的感觉。"

吉尔进一步深化这一理解，将解释学定义为“一种对人类意义的解释”（Gill，1994，p. 3），它包括一般的心理现实（与物质现实区分），以及个人意义的情感领域。解释学符合“结构主义”（又叫“透视主义”或“相对主义”）广泛概念之下的“次级水平的抽象”，表明“所有人类的知觉和想法都是一种建构（个体感知），而不是对外在现实的直观反映”（Gill，1994，p. 1）。吉尔在这一领域的工作，很大程度上依靠谢弗探求精神分析本质的解释学方法：

在此所呈现的内容组成了一个解释学版本的精神分析，因为……精神分析是一门解释性的学科而非自然科学。它涉及语言及语言的等价物。解释是对行为进行重新描述或复述，朝着精神分析感兴趣的方向……事实是由精神分析师叙述出来的，它们的作用在于让特定的精神分析问题引导“叙事项目”，这些问题支持了分析师以自身预设的策略偏好进行叙事，无论这些策略是否系统化。（*Schafer，1983，pp. 255–256*）

由这一点，吉尔支持精神分析是一种“解释性的科学”（Gill，1994，p. 4）。“事实（无论实质的还是经验的）[⊖]被浸润在理论中”（Gill，1994，p. 1），但仍然受到现实局限性的影响，甚至当现实无法定义时。事实只在背景中富有意义。存在物质环境，也存在“心理现实环境”（Gill，1994，p. 5）。吉尔更喜欢说：“事实就是分析师和分析对象所达成一致的事实。”（Gill，1994，p. 10）虽然所有的科学都是建构的，但自然科学中的解释不同于人文科学里的解释。在精神分析中，结构主义帮助分析师消除在得出事实时的确定性，而解释学提供增强的清晰度和理解。

戈登伯格用类似的方式来解决这一问题（Goldberg，2004）。他从如何解释中（例如，解释学）区分出了什么样的体验得以呈现（及现象学），同时强调对同一现象（例如特权）的多种不同观点。因为我们的观察即为解释，

⊖ 括号内为补充内容。

因此科学的方法和解释学的学科不是相对立的。像吉尔（Gill，1994）和哈特曼（Hartmann，1927）一样，戈登伯格指出，人类体验的解释同超出经验或意识体验的解释之间的差别是至关重要的。

对戈登伯格来说，精神分析是一门“理解心理学”（科胡特），有着运作于理解循环的特殊技巧。该技巧所遵循的顺序为：理解、误解、解释，以及进一步理解，从而得以形成对抗移情与反移情的背景，这技术促进了我们自己的理解，接着引导患者感到被理解。

解释学和结构主义语言学都对当代精神分析思想产生了卓越的贡献，同时不仅从历史的角度，还从精神分析的科学视角，都让我们看待事情的方式复杂化。当前我们只用考虑理论家们所采纳的各种各样的认识论立场。这些立场中每个都被视为落在一定范围内。一方面，我们提倡用解释学来替代科学。斯特恩（Stern，1997）、谢弗（Schafer，1976，1983）、利柯（Ricoeur，1977）代表了这一立场。在这一范围的中端，有一群人声称，需要一种解释性的科学，要将结构主义从解释学中区分开来。这些人包括霍尔特（Holt，1989）、吉尔（Gill，1994）、戈登伯格（Goldberg，2004）。另外还有一部分人促进了一种广义的、相对的科学定义。我们会想到布伦纳（Brenner，1980，2006）、M. 伊戈尔（Eagle，1998）、兰格尔（Rangell，2004，2007），以及 M. 伊戈尔、沃利茨基和韦克菲尔德（Eagle，Wolitzky，& Wakefield，2001）。我们将在随后讨论这些人的观点。这一范围的另一端是那些拥护严格经验主义的人（Edelson，1988，1989；Fonagy，1982；Solms，1986）。我们所面临的挑战是，克莫德口中的“客观历史真相”的理想，以及最终是否可能在我们的后现代时期保留弗洛伊德残存的更为传统的认识论，或者新的语言学和解释学范式是否能获得胜利。

科学知识社会学

正如约翰·多恩在《17 世纪哥白尼式革命》中写道：“新哲学质疑一切”

（Donne，1610，p. 276），同样的怀疑出现在激进怀疑论中，这种怀疑论再次如此执拗地出现在我们自己的时代。哈佛大学历史学家史蒂文·沙宾[⊖]在其书《社会历史真相》中对历史和科学的传统观点的批判体现了这种怀疑主义（Shapin，1994）。沙宾认为，对事实性知识作为真相的普遍接受出现在17世纪英格兰的文化实践环境中，当时受到值得信赖的绅士的观点所左右，并深深地影响了新兴的经验科学意识形态。更为普遍的是，通过暗示真相有其社会历史，沙宾将其从柏拉图式领域脱离开来，并将它定义为受到文化、社会历史因素和个人心理影响的实际人类架构。

王文基在《Bildung，或精神分析师的养成》中，将这个概念扩展到维也纳和精神分析领域（Wang，2003）。在这篇文章中，他试图阐释精神分析真相的社会历史。王文基引证了理查德·斯特巴的《一位维也纳精神分析师的回忆录》（Sterba，1982）说明，维也纳精神分析协会的早期成员对教化抱有一种共同的理想，要求至少有能力说两种除了德语以外的现用语言，要了解希腊语和拉丁语，并且熟悉西方文化历史及其文学艺术杰作。斯特巴承认他对受过教育的人的描述“只是一种理想”，但是他补充道：“大部分的协会成员都在某种程度上受到了这种教化。他们中一些人，像贝恩菲尔德、哈特曼、克里斯、韦尔德甚至受到了很不寻常程度的教化。西格蒙德·弗洛伊德超越了我们所有的人，他的教化水平最高。”（Wang，2003，p. 91）爱德华·希奇曼（Hitschmann，1956）在弗洛伊德60岁生日时为了向他表达敬意，赞美他接近于“一位高尚的伟大自由灵魂的楷模、一位正直独立的人、没有偏见的研究者、真正完全的学者、无所不知而无所不宽恕的人”（Wang，2003，p. 91）。弗洛伊德在很多场合都澄清了他的观点，他所受到的教育不仅是实践分析的先决条件，也是作为一个患者的先决条件。早在1898年，他在《神经症的病因与性欲》中指出，“一定程度的成熟和理解力”是接受分析所

⊖ 沙宾的工作是科学哲学的一部分，被称为科学知识社会学——其中包括的追随者有20世纪20年代的曼海姆、20世纪30年代的弗莱克，以及库恩、巴尼斯、布鲁尔、哈金、加里森、凯蒂那–克诺尔、拉托尔等。

必需的，因此这种治疗方法“不适合年轻人，或者迟钝、教导水平低的成年人”(Freud, 1898/1962, p. 282)。他在《可终止与不可终止的分析》中断言，分析师“必须拥有某种优势，以便在某些场景中他能为患者扮演一位楷模，在其他场景中扮演一位老师”(Freud，1937/1964a，p. 248)。

王文基认为，中欧教化理念在弗洛伊德理论形成期处于优势地位，且令那些没有经济或社会优越背景的人大大受益，因为给了他们一张出生和财富没有赋予他们的进入道德精英门槛的通行证。教化为这一主要住在哈布斯堡帝国的犹太人组成的欧洲团体，提供了医学学位能为布里尔和他在美国的团体所能提供的一切。

王文基将他的以教养作为分析理念的观念，同历史学家和科学哲学家路德维克·弗莱克提出的“思想风格”“思想集体”“思想群体”的观念联系起来。在弗莱克的定义中，思想集体是“互相交换想法或保持知识互动的群体”，它“为任何思想领域的历史发展提供特殊的‘载体’，以及为知识库和文化水平提供‘载体’”(Wang，2003，p. 94)。此外，弗莱克(Fleck，1935)继续补充到，在既定的一个思想集体内起操控作用的个人思想“是有结构的，并且一定受到时时存在的社会环境的影响，并且他无法以其他方式思考”(Wang，2003，p. 94)。因为不同群体掌握的思维方式通常是不相容的，“一个外来集合的原则要是真受到注意，会被认为是武断的，他们可能的合理性”会被立即抛弃。显然，在精神分析的历史中会看到，这些外来的思想集体（如果它们幸存下来）往往成长起来，并带着源自更大思想集体的被“拒绝”或排斥的理论观点。

思想集体的角色

作为一种社会制度，思想集体的概念适用于精神分析的历史，尤其对于理查兹(Richards，1999)所谓的“排外政策”，这仍然是其最大特色之一。源于阿德勒和荣格的大分裂的排外政策导致了持戒者秘密委员会（Grosskurth，1991）的建立，并延伸至纽约以及之后的巴尔的摩—华盛顿、费城、洛杉矶精神分析协会内部的分裂（Rangell，2004）。在20世纪40年代的纽约，分裂导致雷多的哥伦比亚学院和霍妮的美国精神分析学院的创立。随着涟漪推向更远，作为对弗洛姆被美国精神分析学院吊销培训分析师身份的回应，弗洛姆等人创立了怀特学院。从20世纪50年代早期开始，怀特学院就像美国精神分析学院一样，在美国精神分析协会框架之外保持着“外来集体”的角色。

排外政策适用于对非医学分析师以及男同性恋、女同性恋分析师的排斥，精神分析组织内直到现在还存在排他行为。精神分析的社会历史如此深刻地了解其自身的理论（并且还在继续），因此我们建议精神分析的社会政治历史必修课程应该成为精神分析培训中心教育课程的一部分。

科学思想集体以及专业身份的需求

虽然精神分析作为一种社会和政治体制的历史很重要，但这也仅仅是制定精神分析知识类型的第一步。总的来说，科学，尤其是精神分析不能被简化为社会学或实用主义的争论。弗洛伊德将精神分析作为一种心智理论同科学世界观相结合是否正确，即便他自己也常常无法在实际中实践这些理念？

在《精神分析运动史》中，弗洛伊德描述了1910年国际精神分析协会的创立，以及他命荣格作为协会领头人的倒霉决定（Freud，1914b/1957c）。正如弗洛伊德所解释的那样，他感受到日益增长的年龄的“压迫”，那时他已年满54岁，但是他也“感到必须要有人领头”（Freud，1914b/1957cp. 43）。他希望，通过树立权威，许多渴望成为精神分析师的人便能避免落入“误区”。弗洛伊德随后后悔选择了荣格，事后说到，他没有意识到自己“推崇了一个既没有能力忍受另一个权威人士，也没能力掌握自身的人”。

弗洛伊德对荣格“没有能力忍受另一个权威人士”的控诉、与荣格对弗洛伊德臭名昭著的控诉是相互的，1912 年 12 月他们的关系破裂，弗洛伊德（在他们 1909 年去美国的途中）拒绝分析他的一个梦，因为弗洛伊德对荣格说：“你无法听命于精神分析，除非失去你的权威。”（McGuire，1974，p. 526）因此，虽然荣格私下斥责弗洛伊德重视权威高于真理，但弗洛伊德在他公开讲述他们的破裂时指出，荣格没能力“忍受另一个权威”是他致命的性格缺陷，这让他没资格替代弗洛伊德担任国际精神分析协会的“头儿”。

和人际权力斗争差不多，这一事件描述了思想集体所施加的压力。从一开始，精神分析的体制结构就建立在强加和屈服于权威的原则上。马克斯・格拉夫对 1904 年星期三晚学习小组的描述就是个例子，描绘了一个本质上更具有宗教性的氛围（门徒及这个氛围中的所有），并不是一个自由探讨的氛围。

该聚会遵循一定的仪式。首先，一名成员会介绍一篇论文，然后，提供黑咖啡和蛋糕。桌上有雪茄和香烟，且消耗量很大。在一刻钟的社交寒暄之后，讨论开始了。最后的决定性话语通常由弗洛伊德自己来说。在这间房里有一股宗教性的基础氛围。弗洛伊德本人就是创造此前流行的看似肤浅的心理研究方法的新预言者。弗洛伊德的门徒从中受到鼓舞，并对他深信不疑。尽管这个圈内学生人格之间的反差很大，但在弗洛伊德式研究的早期，他们所有人都是出于对弗洛伊德的尊敬以及受他的启发而聚集在一起。（*Graf, 1942, pp. 470–471*）

非医学背景分析师事件则是这一问题的另一个例子。弗洛伊德在 1926 年（Freud，1926/1959c）提出的有关非医学背景分析师著名的、宏大的观点大获全胜。早在 1913 年，在他的《对菲斯特的精神分析方法的介绍》（Freud，1913c/1958），他就提倡教育工作者和牧师咨询师应发挥非医学背景分析师的作用，以便将这种方法用于预防目的。

这里弗洛伊德在寻求其他的实际应用，以及对精神分析发挥更大的作用。他自己对非临床或实用取向的精神分析的愿景迅速增长（Freud，1913b，1912-1913/1955，1910d/1957，1910e/1957，1914b/1957，1911a/1958，1913d/1958，1913e/1958，1911b/1958，1911c/1958，1913f/1958，1908/1959，1907/1959）。然而如果面对心理疾病的治疗，他又重新回到医生的角色。

在一个近乎心理异常的案例下，分析取向的教育工作者则必须熟知最必要的精神病学知识，而且在有关病症的诊断和预后出现不确定时应找医生进行会诊。相当多的案例，只有在教育工作者和医生相互合作时才有可能成功（*Freud，1913c/1958，p. 331*）。

弗洛伊德在《精神分析运动史》中讲述兰克是如何成为他的追随者中的一员时，他表示“我们劝说他去到健身房和大学，并致力于精神分析的非医学方面”（Freud，1914b/1957，p. 25）。自 1914 年起，那些非临床医生的分析师只存在于后来被称之为“应用精神分析”内。由于复杂的社会和经济原因，这一情形在第一次世界大战之后发生了改变，12 年后弗洛伊德追上了时代的步伐。事实上如今每个人都同意他之后的观点，但那个时期他在维也纳和美国的对手们如布里尔等有理由认为，他们正在支持精神分析的正统学说，而反对弗洛伊德自身的异端学说。弗洛伊德已然改变了他的观点，但布里尔和他大部分美国医生分析师同事却没有[⊖]。

对权威的敬畏制度化的结果，不仅会令人感到“排外政策”把非医学分析师划分到精神分析之外，而且将精神分析孤立于广大的科学界。这种权威源自弗洛伊德的人格以及他身为医生的身份，这身份让他能在咨询室中同患者站在一起。虽然在很多方面都令人感到钦佩，早期维也纳分析师所共有的教化理念随着时间变成了更呆板的“思想集体”，这些思想集体允许分析师

⊖ 如果想要了解某些社会政治力量在这时对美国群体的影响，可以参见相关关献（Pichards，1999a）。

们相互交流思想，却不会同那些不愿遵从弗洛伊德学说的人进行交流。根据弗莱克的说法，随着时间的推移，思想集体总是倾向于变得有更为坚定的信仰，外来集体都是不合适的。在研究社会知识学时，莫顿通过讨论社会群体之间发展的冲突得到了相似的观点（Merton，1945）。

为了说明争论的这一方面，我们会借用沙宾工作中的例子（Shapin，Schaffer，1985），该例子也曾被某位精神分析的领头评论家有效地扩展。在一篇再次评论弗洛伊德个案的文章中，萨洛韦引用 17 世纪波义耳和霍布斯之间对空气泵的争论，波义耳将其视为对他的实验哲学的证明。正如萨洛韦所指出的，就像两百多年后的弗洛伊德，波义耳采用三种不同的“技术”为自己新奇的想法赢得追随者。这些技术是实质性的（参数和插图的一种结合，能够让其他人复制他对空气泵完整性的要求）、文学的（修辞性地尝试说服），最后也是社会的（就像创建开放实验室一样，其他人可以亲自观看他的实验及设备）。正如萨洛韦的主张，波义耳的社会技术，这个伦敦皇家协会体制下的产物，不在皇家协会的法国人也能独自验证波义耳的实验结果，在这一方面相当不同于弗洛伊德。萨洛韦指出，“科学的本质不仅仅在于复制某人的理论然后实践它，而在于在某人自身相近社会群体之外复制它”（Sulloway，1992，p. 171）。

萨洛韦不仅仅是位评论家，还是个彻底的精神分析反对者，分析师会在他的作品中发现很多争议——例如，他抛弃作为一种治疗、研究方法的自由联想。尽管如此，我们试图从思想集体之外群体的批判中学习，他们不厌其烦地给我们带来挑战，尤其是萨洛韦起诉精神分析科学缺陷的主旨，得到了许多有思想的拥护者的回应。例如，神经生物学家坎德尔发现，尽管精神分析师多年合理地声称“患者和分析师之间心理治疗性的相遇为科学的探索提供了最好的背景”，以及此刻（在它们被引入一个世纪后）通过自由联想和解释的方法所产生的对心灵的理解做出了重要的贡献。“几乎没有关于仅仅通过仔细聆听个体患者就能习得的新理论。”（Kandel，1999，p. 506）尽管精神分析“历史上来说本着科学的宗旨，”他继续道，“但它在方法上很少是科学的，多年来无法用可测的试验验证它的假设”。坎德尔早在1950年引用爱德华·博林的评判：“带着对已完成之物的欣赏，我们可以说，精神分析是前科学的。它缺乏试验，没有发展出控制技术。”（Kandel，1999，p. 506）坎德尔认为，精神分析未能实现“验证它之前所创造的令人兴奋的想法的方法”，应该对其“影响力衰退着进入21世纪”承担责任（Kandel，1999，p. 505）。

还有其他人持有以下观点：精神分析的未来取决于它是否能够在一个牢固的科学基础上建立理论。大卫·拉帕波特指出，也只有这样才能打破固有的将精神分析作为第一个也是最后一个临床理论的循环：寻求建立一个更为一般性的理论（Rapaport,1959b）。霍华德·谢文引用了这一观点并表明“这个理论应该是可用方法测试的，而不是用理论已有的初始证据来证明它自己”（Shevrin，2003，p. 1006）。鲁宾斯坦（Rubinstein，1975）指出在它们自身的假设框架内，所有纯临床理论（弗洛伊德、荣格及其他人）总能找到对其解释说法的支持，所以每个这样的理论本质上仅仅是“一种解释规则制度、一种解释学制度……就像所有其他制度一样，就其所有实用目的而言，它完全是传统的，从而既不能证伪也不能证实”。（Shevrin，2003，p. 1015）

在精神分析中，兰格尔（Rangell，2004，2007）提出的“什么是精神分析”这个问题，以及随之而来的“谁在进行实践”，实际上是一个这样的问题：“精神分析适用于何处，在科学的大家庭中，还是社会规范中？”如果它是一门科学，是否是一门自然科学？[⊖]早前我们将精神分析倡导者的理论视为解释学。弗洛伊德将这一领域设想为整个人类科学。心智的发展和形成，离不开它的物理和社会环境，人们也从这些角度研究心智。一个科学的世界观对于弗洛伊德的精神分析来说至关重要。兰格尔（Rangell，2007）和布伦纳（Brenner，2006）是拥护精神分析是自然科学的两位代表。他们观点各异，但都认同心灵是大脑的衍生物，并且在大脑死亡后就不复存在。

⊖ 例如，哈特曼认为，精神分析不属于物理科学，而属于社会科学，社会科学有它自己的方法学、标准和验证手段（Hartmann，1964）。

然而，心灵不只是大脑。通过解决科学的问题，布伦纳指出：“‘科学’这一概念只是被定义为一种看待世界的方式，更重要的是，一种试图理解世界的方式”（Brenner，2006，p. 4）。以科学信仰为引导，就是以事实为引导。事实不代表一种“不变的真理”（Brenner，2006，p. 4），而是反映了观察现象的最佳理解。同样，在科学中“事实统治权威”（Brenner，2006，p. 5）。然而，我们对事实的理解和事实本身仍然是相对的，并且会被更好的理解或新发现的事实所取代。反之，这也改变了对现象或理论的解释。于是，科学观点要求理论是对这些事实的最佳解释。在精神分析中“主题是思想和感受，这些感受是有含义的，且按照因果理念，其含义相互相关”（Brenner，2006，p. 95）。

今天，对于那些致力于将精神分析作为一门自然科学来评估的人们，多元主义者提出了一个问题。兰格尔和布伦纳都以不同的方式指出了这一困境。兰格尔提倡一种单一“总体复合的精神分析理论”（Rangell，1988，1997，2000b，2004，2007a），这个理论是“统一的、累积的、力求简约完整的”（Rangell，2004，p. 8），其中“总体”是指包括不能被精简的元素，“复合”是指混合了所有有效的发现，“精神分析的”是指符合精神分析的标准（Rangell，2004，p. 51）。兰格尔（Rangell，2007）有一长串可行的有用理论清单。至于一个人如何决定什么是可接受的，什么是不可接受的，兰格尔建议集体共识应该决定普遍所持有的理论体系，同时每位从业者可以决定他个人的选择权。

另外，布伦纳指出在精神分析理论中，科学观没有真正的多元化空间。他指出，分析的理论或分析的证据会被更令人信服的证据所质疑和取代。“任何理论的结论，根据现有的知识体系，要么视为有效而接受，要么被拒绝”（Brenner，2006，p. iv）。布伦纳发现统一理论并没有必要。根据科学法则，当获得最令人信服的结果时，它们被留下并整合进理论里，剩下的被全部或部分地抛弃。

还有些人将精神分析视为是基于健康神经学原理的，并寻求精神分析同神经科学的整合，从而获得与更广泛科学的更大联结（Solms，Nersessian，1999；Solms，Saling，1986）。精神分析能否整合到神经生物学里，以及能否成为更“确切”的科学，目前暂无定论。我们保留这样的观点，不仅精神分析不是一门确切科学，而且科学本身也不“确切”。我们可能会发展出一种有关做梦的神经科学，而非梦境。通过神经科学我们将能更好地理解其机制，而非其意义。

寻找职业的同一性

正如戈登伯格（Goldberg，2004）指出，今天精神分析面对的分歧（解释学还是科学），一方面是意识体验或共情及相应的对潜意识的忽视；另一方面是根据其衍生物对其他心理现象进行解释，这些衍生物源于某个或某些非心理以及神经生理的原因。两种形式对精神分析性体验中的理解和误解都起到了至关重要的作用。戈登伯格补充道，这一更广阔的视野告诉我们，临床处理是一条双通道，这种循环性的本质可能在两个方向都会在某种程度上受到曲解，例如移情现象。这种“双重解释”提醒我们，每个参与者都带着个人的历史、信念和理论来理解他人。

我们能同时通过社会科学和自然科学的视角来看待精神分析吗？也许答案就在于以下事实，精神分析同时要求这两种眼光，因为它既是智能活动也是一套理论系统。就像坎德尔倡导的，我们需要“给分析取向的临床医师全新的课程”（Kandel，1999，p. 520），这将有助于下一代从业者搭建精神分析和神经科学之间的桥梁。

不是每个人都认为，神经生物学的研究能为精神分析师之间的矛盾观点提供最为可行的仲裁，理查兹（Richards，1980）拥护这一点。现在事情不同了。今天在我们这一领域中基本的分歧在于，一部分人认为精神分析的未来取决于它和其他学科，尤其是自然科学领域的整合，另一部分人力求让精神分析保留为一个只需要对自身负责的领域，以及还有一部分人认为未来的趋势是同社会科学、人文科学以及语言学的整合。我们不妨考虑一下21世纪教化理念的多学科成分，来扩展19世纪的版本。这些不同方法的支持者超越了理论流派以及地理区域。法国人比美国人更支持精神分析应该独树一帜。格林（Green，1999）就是一个法国态度的好代表。在美国，斯蒂芬·米切尔（Steven Mitchell）支持争论的一方，而他的同事莫里斯·伊戈尔（Eagle，1984）支持另外一方。许多当代弗洛伊德主义者赞成，精神分析只有通过将自身再次致力于成为普通心理学的理想，才能在21世纪存活并昌盛。

这些相互矛盾的领域/学科的信奉，使我们对精神分析身份共同基础的寻求变得复杂。沃勒斯坦认为，在相互对抗的精神分析流派中达成一致的基础在于临床实践（Wallerstein，1988，1990），然而谢文主张，分析师如何进行临床工作取决于"需要独立确认的预设"（Shevrin，2003，p. 1017）。因此，根据谢文的观点，沃勒斯坦的努力"在鲁宾斯坦的苛评之下无法达到"，即所有这种解释框架"都仅仅是依据基本上是任意约定的规则来进行简单的文字游戏"。我们现在的任务是，让理论符合检验，这些检验能让其各部分凭借它们自身的优势胜出或衰落。兰格尔指出这些信奉是有问题的，从另一个角度看，因为它们在某种程度上代表"对某人思想产物的普遍认同（'我就是我所想的'），以及（就像同一性的所有元素一样）[⊖]之后需要像一个人保护自我一样保护它们"（Rangell，2007，p. 94）。对某人身份的投入导致伯格曼所说的"引发争论的凶猛情绪"（Bergmann，2004，p. 263）。

在首先被认为是社会政治体制，之后被当成潜在的和有问题的科学理论的情况下，作为一种治疗模型的精神分析，终究如何保留我们专业身份的核心和灵魂？在此我们不认同坎德尔的观点，他反对精神分析"解释学"观点，支持"科学"观点，为前者贴上"阻止精神分析继续理智发展"的标签

⊖ 括号内为补充内容。

（Kandel，1999，p. 507）。虽然它有必要通过神经科学所支持的命题将精神分析调解为一门超心理学理论，但精神分析仍然是一种临床实践。作为一种临床实践，它是一种解释学事业，一种文本解释。文本是患者语言的细微差别，常常一语多义，意味着一件以上的事，并且包含不清晰不明显的事情（Ricoeur，1977）。但是精神分析作为一种解释学事业，比起作为一种发展理论、一种抑制与症状形成的理论，以及一种关于心理如何运作（包括防御功能的运作）的理论来说，与精神分析作为一种治疗方式更为相关。

格罗斯曼指出，海因茨·哈特曼常常批评自己对精神分析科学观的热衷，实际上是反对"科学和解释现象学的分裂"，以及他的观点"因此包含在一种独特的形式中"（Grossman，2002，p. 277）。哈特曼的计划是让心理学成为大众的、科学的心理学，并且不让步给任何其他学科领域，包括文学评论或其他人类学研究。

吉尔（Gill，1994）赞同哈特曼有关科学地对待解释学现象的"解释学科学"的主张。然而，在此似乎被忽略的是学会区分能用科学精确回答的问题和不能回答的问题。西摩·凯蒂（Seymore Ketty）有一句与此相关的警句：我们能够获得做梦的神经科学，而非梦的神经科学。当然，咨询室内分析互动的复杂性无法被精确分类或测量，即使通过音频或影像记录来扩展口头文本。更糟糕的情况是，奥里其、斯托罗楼和阿特伍德指出：

> 自从相对论和量子论的出现，科学就被视为一门解释学科，在这一学科中，无法避免观察者和被观察物之间的相互影响。科学界中的隐喻随处可见，例如在探索和构建测试模型的过程中。相反，解释学或对解释的研究，致力于对话团体中的功能，就像"科学性"团体致力于探索和理解。当然，每个学科都有它自己的主题，但是科学哲学家们通常（像格兰巴姆这样的经验主义者是例外）不再坚持自然科学（自然或硬科学）同人文科学之间严格的分隔线。因此，精神分析不需要决定它属于哪个阵营。（*Orange，Stolorow，Atwood，1998，pp. 568–569*）

因此，临床证据在何处能变为科学证据？我们认为，精神分析和临床信息的收集可以通过解释学实践，落在从探索到对这些发现的不断重复和验证，再到内部和外部来源的可验证假设的最终建构的一种连续谱之上。对从业者而言，这并非是一种数据收集的简单或非常严谨的方法。相反，通常是来自会谈中的材料，有时发生在对几小时临床工作的反思之后，其他时候只有当听到同事讲到或读到某些材料后才会变得清晰，这些材料促进了一种等待刺激的整合。

我们不应继续采用已经不可信的概念。然而，当我们面对具有复杂性的个人（患者）来找我们治疗时，我们分析师作为另外一个复杂的人，即使是最严密的理论设定也只能走到这种程度了。分析的机敏就是一个精神分析医生所需技巧的例子，这些技巧能在实践中被打磨，但并不是确切方法论的一部分。共情则是另一个例子。一般来说，一切与解释任务相关的事，使得精神分析治疗更具备解释学性，而非更严格的科学性。虽然不像文学评论家那样只用面对文本，我们有责任治疗真实的人，做一名机敏医生的素质，非常类似于那些成为有天赋的评论家的素质，事实上也类似于受到弗洛伊德以及他早年学术圈赞赏的受过教育的人的理念。正如约翰·鲍尔比所说的，“我们学科中有两种非常相异的部分——精神分析疗法的艺术性和精神分析心理学的科学性。”他继续指出，当务之急“一方面，必须强调每部分与众不同的价值；另一方面要强调在什么地方把它们区分开来——在每部分得以判断的对照标准，以及每部分所需要的截然不同的精神面貌方面”（Bowlby，1979，p. 39）。

一个整合的观点

与鲍尔比（Bowlby，1979）不同，我们提出一种三重类型学，将精神分析视为一种集体智力和政治运动，它需要用社会科学的工具来研究。面临的挑战是要发展出一种精神分析研究的社会学，作为科学研究的社会学（和心理学）更广泛领域的一部分。因此，要成为一名全面的精神分析思想家或实践者，必须能够在这三个知识领域轻松转换——人类学、社会科学、自然科学。每个领域有其自身的真理标准，即便是自然科学的真理也具有社会历史。更加智慧的部分是有判断力知道什么时候使用什么标准，能够在这些范畴的学科知识被混淆时，避免必然的结果混乱。

在精神分析中定义人文科学的地位而不同时阐明自然科学的地位是不可能的。我们需要能够容忍足够的模糊性，以促进精神分析的视野拥有真正跨学科的世界观，这将引领威尔森（Wilson，1998）所谓的启蒙运动计划，即寻找不同知识分支之间的“一致性”，这些知识最终被归在科学和人文科学范畴之下。

我们必须接受情势的多元化状态。正是从这一状态，思想集体的不同群体通过各种各样的试验性方式与另一个群体结盟，才取得了许多的发现。有时候这些发现或者贡献来自我们思想集体的勇气及安全性；有时候是由思想集体间辩论的压力所塑造的。兰格尔（Rangell，2007）和布伦纳（Brenner，2006）所出版的书籍可能会让某些人相信，多元主义应该被单一复合理论所替代，但是还有许多人仍然未被说服。我们相信，他们的科学构想对精神分析来说，还只是一个我们应该继续培育和促进的理想。然而，我们还是会有彼此不同的拥护群体，它们都有自己的组织、期刊集会。这些群体还会继续做出很大的贡献。我们以什么方式评估这些贡献，将会对未来的精神分析课程带来巨大的影响。在我们看来，这一部分是理论的组成。它从未被完成，满载希望地一直成长——在一种复合性感觉中成长，但只有在事实得到最完美的解释之后。我们所面临的挑战是接受我们精神分析景观当下情形的事实，以及发展出方式和平台，以便我们所有人能彼此交流。多产的交流和演讲，以及任何加快整合的机会，需要每位提倡者都能尽可能清晰有力地向最广大的受众呈现他的态度。

1958 年，威廉·朗格以美国历史协会主席的身份发表了著名的演说，

"号召他的同事在历史研究方面采用精神分析的理念"（Gay，1985，p. 14；Langer，1958）。精神分析会员的下一个任务，是在精神分析理论和实践的三个相互关联的领域（作为一种治疗形式、一种研究方法、一种人类思想理论）中，尽可能严格地采用人类学、社会科学以及自然科学的洞察力和方法（Freud，1923b，1955）。这是对那些追求这一计划的受过教育的精神分析人群的恳求。这样的付出将能让我们对精神分析学科的身份有一个更好的认识，即它是什么，它一直是什么，又将如何演变。

参考文献

Bergmann, M. (2004). Understanding dissidence and controversy in the history of psychoanalysis. New York: Other Press.

Bowlby, J. (1979). Psychoanalysis as art and science. In A secure base: Clinical applications of attachment theory (pp.39-57). London: Tavistock.

Brenner, C. (1980). Metapsychology and psychoanalytic theory. Psychoanal. Q., 49, 189-214.

Brenner, C. (2006). Psychoanalysis or mind and meaning. New York: The Psychoanalytic Quarterly.

Chabot, C. B. (1978). Psychoanalysis as explication. Journal of the Philadelphia Association of Psychoanalysis, 4, 197-211.

Donne, J. (1610). The anniversaries. In A. J. Smith (Ed.), The complete English poems. Harmonds-worth, England: Penguin Books.

Eagle, M. (1984). Recent developments in psychoanalysis: A critical evaluation. Cambridge, MA: Harvard University Press.

Eagle, M. (1998). The scientific status of analysis. Psychoanalysis and Psychotherapy, 15, 281-310.

Eagle, M. N., Wolitzky, D. L., & Wakefield, J. C. (2001). The analyst's knowledge and authority: A critique of the "new view" in psychoanalysis. J. Amer. Psychoanal. Assn., 49, 457-488.

Edelson, M. (1988). Psychoanalysis: A theory in crisis. Chicago: University of Chicago Press.

Edelson, M. (1989). Introduction the nature of psychoanalytic theory: Implications for psychoanalytic research. Psychoanal. Inq., 9, 169-192.

Erikson, E. H. (1956). The problem of ego identity. J. Amer. Psychoanal. Assn., 4, 56-121.

Fleck, L. (1970). Genesis and development of a scientific fact (T. J. Trenn & R. K. Merton, Eds., F. Bradley & T. J. Trenn, Trans.). Chicago: University of Chicago Press. (Original work published 1935)

Fleck, L. (1985). Some specific features of the medical way of thinking. In R. S. Cohen & T. Schnelle (Eds.), Cognition and fact (pp.39-46). Dordrecht: Reidel.

Fonagy, p.(1982). The integration of psychoanalysis and experimental science: A review. Int. Rev. Psycho-Anal., 9, 125-145.

Freud, S. (1913b). The claims of psycho-analysis to scientific interest, Part II, Sections E, F and G. In J. Strachey (Ed. and Trans.), The standard edition of the complete psychological works of Sigmund Freud (Vol. 13, pp.184-188). London: Hogarth Press. (Original work published 1913)

Freud, S. (1955b). Totem and taboo. In J. Strachey (Ed. and Trans.), The standard edition of the complete psychological works of Sigmund Freud (Vol. 13, pp.vii-162). London: Hogarth Press. (Original work published 1955c)

Freud, S. (1923b). Two encyclopedia articles. In J. Strachey (Ed. and Trans.), The standard edition of the complete psychological works of Sigmund Freud (Vol. 18, pp.233-260). London: Hogarth Press. (Original work published 1923)

Freud, S. (1957a). The antithetical meaning of primal words. In J. Strachey (Ed. and Trans.), The standard edition of the complete psychological works of Sigmund Freud (Vol. 11, pp.153-162). London: Hogarth Press. (Original work published 1910)

Freud, S. (1910e). Letter to Dr. Friedrich S. Krauss on anthropophyteia. In J. Strachey (Ed. and Trans.), The standard edition of the complete psychological works of Sigmund Freud (Vol. 11, pp.233-235). London: Hogarth Press. (Original work published 1957b)

Freud, S. (1914b). On the history of the psychoanalytic movement. In J. Strachey (Ed. and Trans.), The standard edition of the complete psychological works of Sigmund Freud (Vol. 14, pp.1-66). London: Hogarth Press. (Original work published 1957c)

Freud, S. (1958a). Great is Diana of the Ephesians. In J. Strachey (Ed. and Trans.), The standard edition of the complete psychological works of Sigmund Freud (Vol. 12, pp.342-344). London: Hogarth Press. (Original work published 1911a)

Freud, S. (1958b). Introduction to Pfister's The Psychoanalytic Method. In J. Strachey (Ed. and Trans.), The standard edition of the complete psychological works of Sigmund Freud (Vol. 12, pp.327-

332). London: Hogarth Press. (Original work published 1913c)

Freud, S. (1958c). The occurrence in dreams of material from fairy tales. In J. Strachey (Ed. and Trans.), The standard edition of the complete psychological works of Sigmund Freud (Vol. 12, pp.279-288). London: Hogarth Press. (Original work published 1913)

Freud, S. (1958d). Preface to Bourke's Scatalogic Rites of All Nations. In J. Strachey (Ed. and Trans.), The standard edition of the complete psychological works of Sigmund Freud (Vol. 12, pp.333-338). London: Hogarth Press. (Original work published 1913)

Freud, S. (1958e). Psycho-analytic notes on an autobiographical account of a case of paranoia (dementia paranoides) (1911) postscript (1912). In J. Strachey (Ed. and Trans.), The standard edition of the complete psychological works of Sigmund Freud (Vol. 12, pp.1-82). London: Hogarth Press. (Original work published 1911)

Freud, S. (1958f). The significance of a sequence of vowels. In J. Strachey (Ed. and Trans.), The standard edition of the complete psychological works of Sigmund Freud (Vol. 12, p.341). London: Hogarth Press. (Original work published 1911)

Freud, S. (1958g). The theme of the three caskets. In J. Strachey (Ed. and Trans.), The standard edition of the complete psychological works of Sigmund Freud (Vol. 12, pp.289-302). London: Hogarth Press. (Original work published 1913)

Freud, S. (1959a). "Civilized" sexual morality and modern nervous illness. In J. Strachey (Ed. and Trans.), The standard edition of the complete psychological works of Sigmund Freud (Vol. 9, pp.177-204). London: Hogarth Press. (Original work published 1908)

Freud, S. (1959b). Obsessive acts and religious practices. In J. Strachey (Ed. and Trans.), The standard edition of the complete psychological works of Sigmund Freud (Vol. 3, pp.115-128). London: Hogarth Press. (Original work published 1907)

Freud, S. (1959c). The question of lay analysis. In J. Strachey (Ed. and Trans.), The standard edition of the complete psychological works of Sigmund Freud (Vol. 20, pp.177-258). London: Hogarth Press. (Original work published 1926)

Freud, S. (1962). Sexuality and the aetiology of the neuroses. In J. Strachey (Ed. and Trans.), The standard edition of the complete psychological works of Sigmund Freud (Vol. 3, pp.261-285). London: Hogarth Press. (Original work published 1898a)

Freud, S. (1964a). Analysis terminable and interminable. In J. Strachey (Ed. and Trans.), The standard edition of the complete psychological works of Sigmund Freud (Vol. 23, pp.209-254). London: Hogarth Press. (Original work published 1937)

Freud, S. (1964b). New introductory lectures on psychoanalysis. In J. Strachey (Ed. and Trans.), The standard edition of the complete psychological works of Sigmund Freud (Vol. 22, pp.1-182). London: Hogarth Press. (Original work published 1933)

Friedman, L. (1976). Problems of an action theory of the mind. Int. Rev. Psycho-Anal., 3, 129-138.

Friedman, L. (2000a). Modern hermeneutics and psychoanalysis. Psychoanal. Q., 69, 225-264.

Friedman, L. (2000b). The mapmaker's dilemma: Introduction to panels. J. Amer. Psychoanal. Assn., 48, 531-538.

Gay, p.(1985). Freud for historians. New York: Oxford University Press.

Gill, M. M. (1994). Psychoanalysis and transition: A personal view. Hillsdale, NJ: The Analytic Press.

Goldberg, A. (2004). Misunderstanding Freud. New York: Other Press.

Graf, M. (1942). Reminiscences of Professor Sigmund Freud. Psychoanal. Q., 11, 465-476.

Green, A. (1999). Consilience and rigour commentary by Andre? Green. Neuro-Psychoanalysis, 1, 40-44.

Grosskurth, p.(1991). The secret ring: Freud's inner circle and the politics of psychoanalysis. New York: Addison Wesley.

Grossman, W. I. (2002). Hartmann and the integration of different ways of thinking. Journal of Clinical Psychoanalysis, 11, 271-293.

Habermas, J. (1968). Knowledge and human interest. New York: Beacon Press.

Hartmann, H. (1927). Understanding and explanation. In Essays on ego psychology (pp.364-403). New York: International Universities Press.

Hartman, H. (1964). Essays on ego psychology: Selected problems in psychoanalytic theory. New York: International Universities Press.

Hitschmann, E. (1956). Freud correspondence. Psychoanal. Q., 25, 357-362.

Holt, R. R. (1989). Freud reappraised: A fresh look at psychoanalytic theory. New York: Guilford Press.

Kandel, E. R. (1999). Biology and the future of psychoanalysis: A new intellectual framework for psychiatry revisited. Am. J. Psychiatry, 156, 505-524.

Kermode, F. (1985). Freud and interpretation. Int. J. Psycho-Anal., 49, 3-12.

Langer, W. L. (1958). The next assignment. American Historical Review, 63, 283-304.

Merton, R. K. Paradigm for the sociology of knowledge. In Norman W. Storer (Ed.), Robert K. Merton: The sociology of science; Theoretical and empirical investigations. Chicago and London: International Universities Press.

Mcguire, W. (Ed.). (1974). The Freud/Jung letters: The correspondence between Sigmund Freud and C. G. Jung (R. Manheim & R. F. C. Hull, Trans.). Princeton, NJ: Princeton University Press.

Orange, D. M., Stolorow, R. D., & Atwood, G. E. (1998). Hermeneutics, intersubjectivity theory, and psychoanalysis. J. Amer. Psychoanal. Assn., 46, 568-571.

Rangell, L. (1982b). Transference to theory: The relationship of psychoanalytic education to the analyst's relationship to psychoanalysis. Annu. Psychoanal., 10, 29-56.

Rangell, L. (1988). The future of psychoanalysis: The scientific crossroads. Psychoanal. Q., 57, 313-340.

Rangell, L. (1997). Into the second psychoanalytic century: One psychoanalysis or many? The unitary theory of Leo Rangell, MD. Journal of Clinical Psychoanalysis, 6, 451-612.

Rangell, L. (2000b). Psychoanalysis at the millennium: A unitary theory. Psychoanal. Psychol., 17, 451-466.

Rangell, L. (2004). My life in theory. New York: Other Press.

Rangell, L. (2007a). The road to unity in psychoanalytic theory. New York: Jason Aronson.

Rapaport, D. (1959b). The structure of psychoanalytic theory: A systematizing attempt. In S. Koch (Ed.), Psychology: A study of a science. Study I: Conceptual systematic, Vol. 3: Formulations of the person and the social context (pp.55-183). New York: McGraw-Hill.

Richards, A. D. (1991). Psychoanalysis burgeoning and beleaguered. In The 1992 Encyclopedia Britannica annual of health and medicine. Chicago: Encyclopedia Britannica.

Richards, A. D. (1999a). A. A. Brill and the politics of exclusion. J. Amer. Psychoanal. Assn., 47, 9-28.

Ricoeur, p.(1965). Freud and philosophy (D. Savage, Trans.). New Haven and London: Yale University Press.

Ricoeur, p.(1970). Freud and philosophy: An essay in interpretation. New Haven, CT: Yale University Press.

Ricoeur, p.(1977). The question of proof in Freud's psychoanalytic writings. J. Amer. Psychoanal. Assn., 25, 835-871.

Rubinstein, B. B. (1975). On the clinical psychoanalytic theory and

its role in the inference and confirmation of particular clinical hypotheses. In. In R. R. Holt (Ed.), Psychoanalysis and the philosophy of science: Collected papers (pp.273-324). New York: International Universities Press.
Rycroft, C. (1966). Psychoanalysis observed. London: Constable.
Saussure, F. D. (1915). Course in general linguistics (W. Baskin, Trans.). London: Collins.
Schafer, R. (1976). A new language for psychoanalysis. New Haven: Yale University Press.
Schafer, R. (1983). The analytic attitude. New York: Basic Books.
Shapin, S. (1994). A social history of truth: Civility and science in seventeenth-century England. Chicago: University of Chicago Press.
Shapin, S., & Schaffer, S. (1985). Leviathan and the air-pump. Princeton, NJ: Princeton University Press.
Shevrin, H. (2003). The consequences of abandoning a comprehensive psychoanalytic theory: Revisiting Rapaport's systematizing attempt. J. Amer. Psychoanal. Assn., 51, 1005-1012.
Solms, M., & Nersessian, E. (1999). Freud's theory of affect: Questions for neuroscience. Neuro-Psychoanalysis, 1, 5-14
Solms, M., & Saling, M. (1986). On psychoanalysis and neuroscience: Freud's attitude to the localizationist tradition. Int. J. Psycho-Anal., 67, 397-416.
Steele, R. S. (1979). Psychoanalysis and hermeneutics. Int. Rev. Psycho-Anal., 6, 389-411.
Sterba, R. (1982). Reminiscences of a Vienna psychoanalyst. Detroit: Wayne State University Press
Stern, D. B. (1997). Unformulated experience: From dissociation to imagination in psychoanalysis. Hillsdale, NJ: Analytic Press.
Sulloway, F. J. (1992). Reassessing Freud's case histories: The social construction of psychoanalysis. In T. Gelfand & J. Kerr (Eds.), Freud and the history of psychoanalysis (pp.153-192). Hillsdale, NJ: Analytic Press.
Wang, W. (2003). Bildung or the formation of the psychoanalyst. Psychoanalysis and History, 5, 91-118.
Wallerstein, R. S. (1988). One psychoanalysis or many? Int. J. Psycho-Anal., 69, 5-21.
Wallerstein, R. S. (1990). Psychoanalysis: The common ground. Int. J. Psycho-Anal., 71, 3-30.
Wilson, E. O. (1998). Consilience: The unity of knowledge. New York: Knopf.

· 第四部分 ·

对多元主义的看法：范式与政治

Psychoanalysis

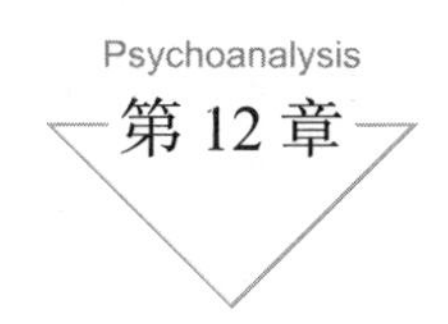

精神分析的未来

精神分析理论的过去、现在和未来[⊖]

现在，当我们进入我们学科的一百周年时，是时候考虑理论在精神分析的过去、现在和未来中扮演的角色了。近一百年前，在 1889 年的春天或夏天，弗洛伊德开始对他的患者安娜·冯·莱本采用谈话治疗，并开始倾听她在躺椅上所说的内容（Swales，1986，p. 36）。随后的 10 年，见证了精神分析的诞生（Stewart，1967）。另一个里程碑式的事件也提示我对理论的重新考虑，从历史的角度讲恰当其时：那就是我们刚刚纪念了弗洛伊德逝世 50 周年，弗洛伊德的去世将精神分析的历史整齐地分为前半个世纪与后半个世纪。在前半个世纪，它的创始人亲自主宰了该领域，随后的半个世纪，弗洛伊德的追随者推动了精神分析的成长和发展。

作为讨论我们专业理论的现在和未来的序幕，我会先谈论过去。精神分析的诞生离不开理论模型，尤其是心理理论，它们是构成弗洛伊德发现的基础。实际上，精神分析的方法是弗洛伊德带到治疗情景中的心理理论在操作层面上的对应物。从一开始，弗洛伊德的心理理论就既包含了他的观察数据，又包含着他关于治疗行为的理论。

作为精神分析理论的理论基础，《科学心理学计划》（Freud，1895）的

⊖ 参考文献：Richards, Arnold D. (1990). *Psychoanalytic Quarterly,* 59:347–369.

地位已经得到了充分证明。或许，弗洛伊德早期专著的重要地位鲜为人知，《论失语症》(Freud，1891）是精神分析构想的理论模板（Grossman，1989；Rizzuto, 1989）。这两篇文章一起，共同形成了心理理论，并出现在《梦的解析》第 7 章。沿着这个模型，弗洛伊德继续提出了症状形成的理论、发展的理论、发病机制的理论，以及治疗行为的理论。

理论对于弗洛伊德来说至关重要。实际上，它在很多方面都很重要。一种看法认为，用理论缓解治疗师的焦虑，对弗洛伊德和对当前的从业者来说是差不多的（Friedman，1988）。更恰当地说，20 世纪 90 年代，标志着另一个百年纪念：弗洛伊德和弗里斯小组（大概是第一个精神分析学习小组）的百年纪念。在弗洛伊德与弗里斯的通信中，以及只让弗里斯过目的“草稿”中，最令人瞩目之处就是这些交流大部分都聚焦于理论。

精神分析运动中早期分歧不断的历史，进一步证明了理论的首要地位。当阿尔弗雷德·阿德勒质疑的不是婴儿性欲现象，而是用来理解这些现象的理论模型（俄狄浦斯情结）时，弗洛伊德就把他排除在了精神分析的范围之外。对于维也纳精神分析协会中，认为阿德勒的概念“男性抗议”（the masculine protest）可以在弗洛伊德的理论中找到一席之地的那些成员，弗洛伊德回复道，他们没能“看到阿德勒观点和弗洛伊德学说之间的矛盾”不是问题的关键，因为“必须指出，其中牵涉的两人的确发现了这个矛盾：阿德勒和弗洛伊德”(Nunberg，Federn，1974，p. 173）。类似地，荣格与弗洛伊德决裂，这与他否认弗洛伊德的观察资料无关，而与他想要用一种次要的和衍生的理论构想，来取代弗洛伊德的力比多理论有关。我们也可以回想起荣格的观点，通常在对抗当代非性欲冲突时，婴儿性欲的表现才出现在分析过程里（Jung,1916）。不到 10 年后，当奥托·兰克提出了出生创伤的理论，与弗洛伊德关于焦虑的理论发生冲突，他与弗洛伊德的关系破裂（Rank，1924）。

直到 20 世纪 70 年代，对于弗洛伊德提出的“理论决定了精神分析”，分析师们仍认为这个说法是正确的。理论（弗洛伊德的理论）是对全世界精神分析师都有用的东西。因此，想要创新精神分析理论超越弗洛伊德的理论，需要费很大的劲儿。不像原子物理学或生物技术在不断向前发展，精神分析理论只能以很小的增量向前迈进，它更倾向于改进和阐述而不是替代。

这并不是说精神分析在弗洛伊德去世后的几十年停滞不前。我想请大家注意的是这些年理论进步的本质。心理功能的精神分析理论出现了重大的变化，但仍然与弗洛伊德留下来的理论保持着一致。其结果就是，无论是在治疗理论还是基本的精神分析技术方面，都没有什么修改。

事实上，值得我们注意的是，精神分析技术长期以来拒绝改变。哈特曼作为著名的自我心理学家是毫无争议的，他在心理功能的理论方面提出了实质性的重要改变，但没有提出相应的技术方面的改变，尽管他的某些同事在技术方面的建议有明显的变化。马勒也提出了非常重要的新构想，但她坚持认为自己的发现不涉及对待成人患者时技术上的改变。肯伯格也是如此，他对自己在精神分析取向心理治疗方面提出的技术改变持保留态度，而主张精神分析的标准技术才是适当的。艾斯勒在其1953年发表的被广泛引用的文章中，讨论了使用“参数”作为技术上的修改，但他谨慎地坚持这些参数需要在治疗过程中被分析（Eissler，1953）。

这里的教训可能是：分析师更能容忍精神分析作为一种心理理论被修改，而不是作为一种治疗理论。那些对治疗理论或基本技术做出重大修订的分析师，他们要么被排除在主流精神分析之外（费伦茨、亚历山大），要么被排除在精神分析之外（阿德勒、荣格）。

在过去的20年里，理论更加重要了——但其重要的方式预示着精神分析作为一门统一的学科前景堪忧。越来越多的分析师不再把自己的学科定义为一种基于心智如何运作的一般理论的研究方法。他们把它定义为支持或反对其他理论的一个特定的理论。在我们生活的时代，作为精神分析师，越来越意味着要支持某一特定的精神分析理论并拒绝其他理论。自我心理学、客体关系理论、克莱因学派精神分析、拉康学派精神分析、人际间精神分析、关系学派精神分析以及自我心理学——当我们进入20世纪90年代时，这些是彼此竞争的、分析师可以效忠的理论。

在美国，过去 10 年精神分析理论论战的焦点是关于自体的状态。实际上，自体这个概念的提出，贯穿了精神分析的历史，它的提出是试图解决认识论的问题：什么是主观的，什么是客观的；什么是人的，什么是机体的。最近，他常被用来在精神分析的解释学方法和自然科学方法之间，即人类体验的动机维度和因果维度之间做调停。就这些相互关联的趋势而言，精神分析领域现在处于分化的时刻。

那些保留传统理论的分析师，认为传统理论足以解释临床现象，包括那些涉及“人”或者“自体”的现象。他们所提出的自体表象、自尊、自体表征等概念，部分源自弗洛伊德学派的词汇，并由雅各布森、哈特曼和其他属于自我心理学传统的理论家扩充。这个观点的支持者倾向于把精神分析看成一门关于心理的自然科学，它可以通过由精神分析法获得的资料，阐明因果关系。他们倾向真理的符合论[⊖]，认为真理存在于对象与其描述之间的符合对应。

反对这部分精神分析群体的，是各种各样“自体”理论的追随者。他们认为传统理论必须从根本上修改以适应新的临床资料，例如自恋型人格障碍，以及纠正传统理论在关于心理、发展、发病和治疗行动方面各种各样的缺陷、不准确和局限性。某些上位自体（superordinate self）理论的追随者，把精神分析看成一门解释学科，基于真理的融贯理论，试图阐明与叙事建构议题相关的意义。对他们来说，真理存在于信仰的融贯一致性中，世界中的对象只有在描述性的理论中才有意义。不论我们观察的条件是什么，就我们的思维方式和观察方式而言，对于这个世界可能有不止一个真实的描述。科胡特（Kohut，1977，1984）提出自体心理学，并由戈登伯格（Goldberg，1988）进一步阐述，作为一种基于观察的融贯理论，无法被经典精神分析证伪。其他理论家，包括乔治·克莱因（Klein，1976）、约翰·盖多（Gedo，1979，1981，1986，1988），他们在上位自体的概念之上建立新的精神分析

⊖ 关于真理有两种彼此对立的理论，符合论和融贯论。——译者注

理论，却不一定建立在真理的融贯理论之上。

精神分析的新状态，就像是各种分叉理论的聚集地，每个理论都宣称自己是“精神分析的”，因此激发了各种各样的反应。在这个理论的连续谱的一端是宿命论般的结论，即精神分析的存在完全取决于方法和治疗，单一的理论本身是没有未来的。这个位置最极端的版本，是宣称精神分析方法并不能产生有科学意义的资料，对这些资料的验证必须遵照科学的原则（Grünbaum，1984）。因此，有人提议精神分析命题要么必须用认知科学的语言重铸（Colby，Stoller，1988），要么从神经学机制的术语角度解释（Hobson，1988）。在这两种任何一种情况下，作为独立自主的精神分析理论建设事业，从一开始就被取消了。

对精神分析的科学地位持少许悲观态度的人是解释学家，例如谢弗（Schafer，1983）和斯宾斯（Spence，1982）。他们不贬低精神分析资料，而是用一种关于既定的分析师、既定的被分析者在既定时间的叙事选择所建构的解释学框架来代替它们。根据他们的说法，由叙事的连贯一致性和可理解性塑造的临床资料，非常抵制自然科学方式的“打开”（unpacking），从而使得理论建构实际上成了在循环推理中的徒劳无用之功。

对当前理论状态沉闷的解读与前者的悲观不同，有些人认为精神分析是更特殊的、历史的，弗洛伊德的超心理学是无法挽救的，必须完全放弃。罗伯特·霍尔特在过去20年中强有力地论证了这个观点。在最近的文章中，霍尔特转向了一些精心排练好的主题，指责弗洛伊德在理论上亏欠了赫尔姆霍兹、海克尔和拉马克，并主张弗洛伊德学派的超心理学及其具体化的概念、过时的机械的生机论假设是完全错误的（Holt，1990）。霍尔特提出，只有当主要的精神分析临床发现基于观察性的语言被重新复述，并尽可能地摆脱超心理学时，科学合理的精神分析理论才有可能实现。然而，他对科学的定义太狭窄了，局限于假设检验这样的经典原则。根据霍尔特的说法，精神分析尚未清除弗洛伊德学派超心理学的“残骸”，因此无法提供一个认识论上清晰的领域，从中可以重新进行理论建设。在要被清除的受超心理学污染的废墟中，霍尔特强调双重驱力理论和起源于童年期性的冲突在病因学方面的重要性。

虽然比霍尔特更乐观，但马歇尔·埃德尔森（Edelson，1988）仍将他的批评和建议锚定在诊断上，他认为精神分析是“一门处在危机中的理论”。埃德尔森并不赞同霍尔特的假设：弗洛伊德的超心理学，包括衍生出的较低层次的命题，都是错误的，应该被抛弃。他认为，精神分析是一门潜在的科学。根据埃德尔森的说法，我们无法确定精神分析理论的有效性，除非分析师们能够接受一种允许他们检验自身命题的科学方法。他认为，分析师可以利用精神分析情境下获得的临床资料来检验他们的假设，并且他们可以通过符合其他科学研究的方法论和证据要求的案例研究方法来实现。对于埃德尔森而言，分析师迄今未能这样做的事实是令人失望和担心的，但并非绝望。埃德尔森将精神分析定义为这样一种科学，它研究人的欲望与想象之间的关系，他对未来假设检验的发展前景报以希望，即这种假设检验可以使分析师能够根据他们命题的科学真实性来区分精神分析理论。此外，他的文章中隐含着一种信念：这样的检验将证实传统精神分析理论的核心特征，其启发性和临床价值已经在数十年中得到了充分证明。

对于过盛的彼此竞争的精神分析理论，罗伯特·沃勒斯坦给出了最后的回应（Wallerstein，1988，1989）。沃勒斯坦主张一种统一，通过强调日常治疗工作来涵盖理论多样性，以及在日常工作过程中使用的与体验接近的临床概念（例如移情、阻抗和冲突）作为“共同基础”——它们是具有不同取向的分析师共有的。沃勒斯坦想到的是自我心理学、客体关系理论和自体心理学，和各学派相关的一般性理论观点与这个共同基础无关。因为这些理论只不过是为了满足我们对闭合性和一致性的各种条件需求而创造的比喻。根据沃勒斯坦的观点，从最早的可以弄清的起源中，通过对心理生活起因的发展性阐述，阐明“过去的潜意识”（J. Sandler，A-M. Sandler，1987）是这种比喻上层建筑的一部分。它的存在部分源自世界范围内的分析师共同具有的、统一的临床目的和治疗性努力。

从沃勒斯坦把理论看成是比喻的意义上来说，分析师之间的理论差异现在无法解决。与埃德尔森不同的是，沃勒斯坦认为，这些命题支持的各种理论观点“不适用于比较性的及渐进式的科学测试，从这个意义上讲，超出了科学事业的范围”（Wallerstein，1989，p. 2）。沃勒斯坦支持在未来的某个确定的时间进行检验和有效性验证的可能性，但他坚持认为分析师需要接受这样一个事实，即他们的理论暂时只是可能具有启发式作用的比喻。他致力于把精神分析作为一种锚定在真理的符合论中的心智科学的同时，接受理论的多样性，而这种理论多样性只在融贯理论中才有意义。他的观点是，我们现在必须在理论的差异下生活，但这不一定是组织上的分裂。存在于接近体验的临床理论中的共同基础维持了实践。换句话说，它存在于临床分析师所做的事情中，而不在于理解他们所做的事情的理论观点中。

分析师对精神分析未来的预测，就像是冒险进入了深海和险恶的水域。对不同的理论及衍生观点提出分析评论要容易得多，而把这些评论综合成一个以预测或决定精神分析理论未来的总体评估就不那么容易了。

充其量我们可以谈到特定趋势之可能的重要性。我相信精神分析领域将会继续保持许多理论互相竞争的局面，米歇尔斯提出，“在精神分析对话中，理论上的多元化”没有显示出减退的迹象（Michels，1988）。理论多元化的趋势有好有坏。从某种意义上来说，就像在我们的大会上和期刊中的热烈对话见证的那样，理论上的发酵是有建设性的。它表明，分析师愿意通过对过去的信念提出质疑并相互学习。就“比较精神分析”的实践来说（Schafer，1985），它们强调了基本的方法论原则，并且呼吁注意潜在的哲学问题，这些实践将会继续复兴这个领域。

理论多元化，是随着竞争理论的发展而经常出现的组织发展。团体倾向于围绕新理论形成，并将这种理论作为其传播和持续发展的理由。与新兴理论推动的富有成效的交流共同出现的，还有对派系主义的推动。这里以自体心理学为例，它有着自己的成员社团、年会和出版物系列，这些启发都值得我们深思。特定理论的支持者倾向于机构自治，可能会导致隔离和交流理论对话的缺失。我们只能希望，在未来的几年里，理论多元化的积极方面将占主导地位。

理论多元化的消极方面是彼此竞争的理论的拥护者基于不同的观察基础所喜闻乐见的。因为它反对理论的整合，而对于那些已被证明不完备的理论又不愿意彻底放弃。这可能是由于精神分析的观察基础不断缩小这一事实造成的。在美国，越来越少的分析师受到很好的训练，越来越少的受训过的分析师能够全职实践精神分析。这种趋势延续的可能性，意味着真正能够获得的精神分析材料将越来越少，因此对不同理论的比较评估将受到影响。以资料为基础发展理论的倾向，而这些资料充其量只是模糊的分析，那么它将不利于建立理论的共同基础。作为一个例子，我引用了斯托罗楼及其同事的“主体间性”理论。他们提出把主体间性的“精神分析”作为传统精神分析的根本替代（Atwood，Stolorow，1984；Stolorow，Brandchaft，Atwood，1987）。然而，他们阐述主体间性取向所用的临床材料，来自“所谓”的分析性心理治疗。大多数分析师都认为，他们在书中详细讨论过的几位患者都不是可以被分析的。实际上，这本书名为《精神分析治疗：一种主体间性的方法》（*Psychoanalytic Treatment: An Intersubjective Approach*）更准确地说是一个误用，“精神分析的”（psychoanalytic）一词，更慎重一些应该用“心理动力学的”（psychodynamic）一词代替。这里的意思是，好的心理治疗资料可以用来支持适用于心理动力学治疗的理论，但它没法作为任何精神分析理论的基础。

这里，我们涉及一个任何讨论都会谈及的问题，即精神分析理论的未来和精神分析方法的现状。一个世纪以来，这种方法与“精神分析情境”（Stone，1961）这一相关概念一起，支撑着这个领域。尽管它一直在不断完善，但这种方法从未过时。这种方法，是指分析者试图在一个最大程度有利于这个过程的背景下尝试自由联想。长久以来，关于什么是这个背景中必不可少的要素一直争论不休。最近有人认为，传统精神分析情境的某些特征，如被分析者采用躺椅、治疗频率，对于这种方法所涉及的心理过程是“外在的”(Gill，1982)。无可争议的是，精神分析情境使得自由联想成为可能，而自由联想告诉我们潜意识的心理过程。

我认为，方法是理论讨论的核心。首先，准确地讲，方法决定了哪些临床资料可以产生理论，并且可以用来检验由此产生的假设；其次，方法的应用以心理如何运作的理论为前提，并且方法定义了进行精神分析理论建构的边界。如果我们认真对待方法，那么我们就在方法做出的假设的限定范围内建立理论——关于潜意识、压抑、阻抗、移情等。方法的理论基础、方法所依据的关于心理的理论，是精神分析的元理论基石，任何使用“精神分析”称谓的理论都有义务将这一基石作为基础（Bachrach，1989；Rapaport，1944；Shevrin，1984)。因此，当科胡特把自体心理学定义为一种如此非特异的、使移情和阻抗潜在地成为可有可无的概念时（Kohut，1977，p. 308)，他的理论化充其量只是一种不完整的精神分析（Stepansky，1983)。

我发现，对精神分析理论的未来做出准确预测是有困难的。接下来，本文将会偏向我个人的视角——但仍然是试图从当前趋势推导出来的一个视角。显然，我的视角中包含着规范化的部分：我相信会在未来几年流行的那种精神分析理论，揭示了未来的方向，我认为精神分析理论应该朝着这个方向前进。

这样的理论，将根植于最全面的心理理论中。迄今为止，还没有出现能取代弗洛伊德范畴和解释效力的理论。弗里德曼最近的文章释放了一个美好的信号，解释了弗洛伊德理论如何以及为什么能够达到显著的全面性(Friedman，1988)。根据弗里德曼的说法，弗洛伊德天才地认识到，关于心理的理论必须同时包含冲突和心理综合两部分。这种认识演化出了一个“混合理论”，它在多个维度实现了全面性：作为部分—整体理论，冲突和缺陷理论，动机和因果理论，科学的和人文的理论。对此，我想补充一些观点来反对最近的批评，那就是，弗洛伊德理论同时是驱力理论和关系理论，同时是关于心理内部现实和外部现实的理论。请注意，这个理论的当前版本是弗洛伊德学派的，但不是弗洛伊德本人的，因为它融合了几代分析师的贡献，其中最突出的是几位自我心理学家，他们接受了弗洛伊德的基本概念，并吸收累积到自己的理论中（Rangell，1990），而不是提出一些不连贯的、反映范式变化的理论（Ornstein，1978）。

最终盛行的精神分析理论将是一个最有解释效力的、与其他领域神经科学（Reiser，1984），尤其是婴儿和儿童的观察研究（Blum，1989）的资料趋同的理论。认识上的趋同是从认识论上理解复杂的身心问题的必要条件。它还需要理解心理理论与本质上是生物学或神经生理学的理论之间的关系。从神经科学（Hobson，1988）和认知科学（Colby，Stoller，1988）的角度来看，最近的研究没有注意到这个认识论问题，并最终将精神分析作为一种自主的心理理论给予短暂的冷落。

虽然神经生理学机制可能永远也无法取代心理学命题（Kandel，1979，1983），但它们仍然提供了一个潜在的基础，以便在相互竞争的精神分析理论中做出选择。可能存在某些神经解剖学结构和神经生理学过程，它们对应了某些理论的概念，另一些却不是如此。潜意识心理过程的神经生理维度（Shevrin，1973，1988），以及神经解剖上的区别（例如，右脑和左脑）与弗洛伊德初级和次级过程的概念相关（Bogan，1969）。关于情感表达的神经生理学通路的研究（Reiser，1984），以及经验对神经发育的影响的研究（Goldman，Rakic，1979）将来都会与精神分析的理论相关。尤其具有启发性的一致发现，将会丰富我们可以称之为“神经可塑性”（Levin，Yuckovich，1987；Vital-Durand，1975）和“神经表征系统”（Mishkin，1982）的未来理论。这些概念的提出，就像是连接神经生理功能与心理活动包括潜意识心理过程之间的桥梁。如果人们发现神经生理事件是心理过程发生的标志，那么它们的出现会符合精神分析理论，并因此可以给精神分析理论提供备选支持，同时，精神分析理论也会允许，并且能够解释性地使用这样的过程。

另外我还应该指出，我也相信20世纪90年代是属于大脑的10年，而精神分析对医生和精神科医生的吸引力下降，被神经学研究方面令人兴奋的进展，以及进入该领域人员数量的增加所抵消。当神经生物学家面对有关心理、动机、意识和潜意识心理过程的现象学问题时，许多人会转向分析，去获得只能从精神分析情境中获取的资料和见解。

对于未来的精神分析理论，一个相关而明确的预测因子就是生物学在这个理论中的地位。我一开始就强烈反对库珀的观点，他在初期对这一系列研究有贡献，他曾认为，去医学化是这个领域的主流，这个趋势将会使精神分析不太注意生物学因素，也会减少对生物学因素的考虑（Cooper，1990）。我们必须警惕把这些问题视为医学的专有领域，医学背景几乎不是发展和使用包含生物学的关于心理理论的先决条件。非医学生物科学家在发展关于这方面的精神分析理论贡献，应尽可能地受到欢迎。

在未来的几十年里，分析师将通过给生物学分配一个更系统的位置来完善理论。这将扩大他们对人类发展的理解，并且对于理解由精神分析方法和治疗行为（比如解释及其他干预）引起的退行，提供新的参考。精神分析师已经开始概括出来了一些议题，是包含了生物学的精神分析理论必须准备好要去处理的。

生物学取向的精神病学家认为，严重精神疾病的病因主要是由躯体因素决定的，持反对意见的精神分析理论专家们强调，精神分析必然在它的解释范围内包含了生物学（Maguire，1982，1983，1984；Reiser，1984）。马奎尔认为，精神分析的独到之处，恰恰在于它能辩证地调和笛卡尔主义心身二分法的两极。他区分了形式（form）的“塑造功能”（shaping function），其中包含生物学的必须要素，与内容（content）的“被塑造出来的含义”（shaped meaning），也包含心理学解释，并认为两者都是精神分析作为一门科学不可或缺的部分。

这种理论化旨在容纳生物学要素的同时，避免生物学简化论——忽视“在一个相对不明确的生物条件下，心理动力或许会起作用的各种可能的方式”（Unger，1982，p. 156）。我相信，明天的精神分析理论会把生物学放在统一的精神疾病概念中，这个概念不把生物学要素等同于偏颇的还原论，即认为生物学决定因素是所有主要精神疾病的充分原因。实际上，把疾病置于广泛的生物学框架内与将病理归因于任何单一原因是对立的。正如韦纳在精神分裂症病因理论的讨论中指出的，在每个种群中，都会有一群人面临某种既定精神障碍的风险，但一个特定的人究竟是否真正发展出了这种障碍，取决于许多复杂的内部和外部变量。“不论是直接的或间接的，自然界中不存在单一的病因学因素。”（Weiner，1980，p. 123）

从精神分析的要求（以非还原论的方式调和生物学和心理学）出发，我们可以推导出，选择笛卡尔主义二分法中的任何一个极点的理论都不会长时间占据上风。例如，把精神分析理论阐述为唯一解释学事业的理论注定会遭到否定。尽管它们给了我们很多启发，但这样的理论仍然执着于一种关于真理的融贯论，不能为心智科学提供认识论的基础。让内容依赖于这样的精神分析理论视角：精神分析是多重可变叙事的产物（Schafer，1983），仅仅拥有“叙事性的”真理（Spence，1982）或文学虚构的事实（Geha，1984），最终会败坏精神分析方法作为科学探究工具的地位，会损害由这一方法获得的数据的证据性地位，会破坏由这些资料支持的理论的一惯性。此外，为了把心理过程的发现融入生物科学而放弃改进精神分析理论这一具有挑战性的任务，是毫无意义的。

在我对理论改进的观点中隐含着这样的信念：我们可以通过对某些理论的认可和对其他理论的批判，部分基于精神分析资料，部分基于精神分析与其他科学之间趋同的基础，来向着一个“真的”理论前进。我赞同与真理的符合论，根据这一理论，心理是自然的一部分，关于心理的理论可以被客观地检验。汉利认为，尽管精神分析情境本身包括自由联想资料的变化无常等存在固有的不确定性，精神分析仍是一门能够掌握精神生活事实的科学。正如汉利所说，精神分析情境的模糊性和不确定性本身是“那些可解释的事件的明确状态，它们不是心理内容及状态的典型特征本身”（Hanly，1989，p. 14）。鉴于“心理内容和状态”是自然存在的，而且这些内容和状态是可以通过精神分析方法理解的，那么明天的精神分析理论有望比今天的精神分析理论更真实。

精神分析可以正当地宣称自己是一门关于心理的科学，对发病机制有着科学的理解，与此一致，明天的精神分析理论更是临床实践的结果。这里，我不同意沃勒斯坦的看法，他认为各个流派分析师之间应达成了共同的临床基础，他的这个想法让理论变成了一个智力上令人满意、临床上却无关紧要的隐喻。沃勒斯坦对于共同基础的信念，基于一个共同的基础，它跨越各个理论，用一些可操作的概念，在意义方面取得一致同意，并且是日常临床工作的内在本质。然而，接近体验和远离体验这两个概念之间的特定差异却受到了有力的质疑。埃尔曼认为，所有的理论结构包括移情和阻抗等临床概念，在相当程度上都是抽象的，因此是远离体验的（Ellman，1988）。他将理论上的差异归结为“仅仅是比喻”的状态，是一种放弃任何试图解决这些差异的企图。比喻对我们理解世界是不可或缺的方式。我们习惯性地用比喻来理解、思考和行动（Lakoff，Johnson，1980）。精神分析理论影响我们理解来自分析情境中的资料，从这个意义上思考这些资料，然后对这些资料进行解释，那么理论之间的差异必须被认为是实质性的。

在谈及发病机制理论时，阿洛表明理论与临床技术密切相关（Arlow，1981）。布伦纳认为，特定理论概念如防御、抑郁性情感、妥协形成和心理内部冲突，都有其临床相应产物（Brenner，1982）。我希望未来的分析师会比这些前辈更能展示出理论概念的临床相关性。关于产物的问题，我提出了一个新的注意点作为预告，具体请参考布伦纳（Brenner，1976，1979）、阿洛（Arlow，1986）和格雷（Gray，1973，1982）等人呈现他们观点的方式，即重点关注理论观点在技术方面的产物。

只有我们促进当今不同理论观点的支持者之间的激烈对话，我对未来精神分析理论的愿景才能实现。我心中所想的那种对话的前提，是相信理论争论对于学科的发展至关重要。理论的完善，不是通过采用一种“共同基础”的立场，来模糊理论差异、忽视新方法的趋势从而“消除可变要素”达成的（Rangell，1988，p. 317），也不是通过把看似非评价性的态度和不同的理论并列，以从中选择或先后用于理解临床资料达成的。后一种方法例如，派恩最近对驱力、自我、客体和自体的“四种心理学”的例证（Pine，1990）。这种说法貌似是有理的，它表明我们可以通过简单地拒绝任何对我们使用的理论的相对科学的评估，来摆脱陷入理论选择时认识论和实证主义的棘手问题。根据这种观点，我们实际上通过不去理会理论的方式，来应对各种不同的理论。

与沃勒斯坦和派恩不同，我相信理论之间的差异不应该被认为在临床上是无关紧要的，也不能被淹没在非批判性的折中主义中，这种差异就像是理论选择的自助餐，它促使我们尽可能多地把不同的理论塞满我们的盘子。相反，我认为不同理论之间的差异必须被接受，无论好坏。这些差异必须被接受为一种对话关系，任何最终的共识都将出现在这个对话关系之中。在理论对比的讨论层面，我们必须基于实证性，而非玩文字游戏；在比较不同理论时，我们必须尊重实证的临床资料。因此提示我们，对于自体心理学来说，它强调缺少内容的心理状态，可能会忽视冲突性的临床现象的作用（Richards，1981）。我已经说明了我认为自体心理学存在的实证主义缺陷。当然，自体心理学家也会提出他们自己关于经典精神分析在实证主义方面不足的论点。

对话必须超越或深入实证主义充分性这一议题，来考虑构成我们理论基础的认识论和方法论的基本问题。例如，在评价自体心理学的过程中，一个人是否接受科胡特把精神分析定义成一种以共情和内省为特征的深度心理学研究方法，在评估作为一种理论的自体心理学时起着重要的作用（Balter，Spencer，1990；Stepansky，1983）。例如，我们能否追随科胡特，把自由联想和阻抗分析描述为“对内省的特定改进”（Kohut，1959，p. 464），或者和他一样认为，作为一种资料收集手段原则，精神分析独立于“目前不可或缺”的移情和阻抗的概念呢？为了评估自体心理学的实证主义充分性，我们必须考虑我们想要在多大范围内或多严格意义上把精神分析定义为以一种科学研究传统。我们必须在这个水平上再次比较理论，而不是掩盖理论之间的差异。我们不仅要接受这样的事实，即差异存在并是自然而然的，还必须探索和比较那些维持理论间相互竞争的本体论及认识论要素。

在考虑采取什么措施推动建设性对话时，我们最终会涉及培训的问题。如果渴望达成关于理论的共识，我们就必须从具有一致性的培训开始。我的意思是，这是一个一致同意的培训经验，它产出的分析师能够评估相互竞争的理论。在培训中的共同基础，使我们在理论的未来方面立足于坚实的基础。

我和库珀都认为，培训项目提供的训练性分析和督导性分析，低于每周四次的频率，对于专业来说并不是很好。只有通过每周四次或五次的精神分析训练，分析师候选人才可以体会到精神分析可以乐观地提供“一种独特的、不能通过其他形式的治疗来重复的治疗体验”（Cooper，1990，p. 190）。只有通过以相同频率进行案例督导的情况下，分析师候选人才能获得充分的关于精神分析方法，以及它对研究和临床的独特整合的介绍。

库珀预见了一些关于精神分析的去医学化、女性化和国际化的重要趋势。在我看来，具有每周分析四次或五次作为培训体验基础的分析师人数不断减少，这一点，比起那些未来同事的学科背景、性别或国籍变化等，都要严重得多。那么，可以做些什么来确保培训的共同基础？我想让美国精神分析协会和其他受国际精神分析协会认可的精神分析群体形成联盟，以维持每周进行四次或五次分析的教育体验。这样的联盟将跨越学科，因为它们一致同意作为培训基础的、深入分析体验的价值。

确保这个共同基础也包括财务方面。正如库珀曾经提醒我们的那样，直接和间接的补贴，退伍军人管理局支持个人分析，美国国立精神卫生研究所（NIMH）的补助金，授权的限时驻留和奖学金计划，促进了精神分析培训。随着这些资源不断减少，我们能否找到帮助分析师候选人接受培训的方式？ 1989年，美国精神分析协会宣布了所谓的精神分析诺贝尔奖：一位慷慨的捐助者捐款总计200万美元，以支持对精神分析做出最重大贡献的年度奖项。努力获得类似的资金来培训我们的诺贝尔奖获得者，难道不是致力于精神分析的科学思想之人所义不容辞的义务吗？

参考文献

Arlow, J. A. (1981). Theories of pathogenesis Psychoanalytic Quarterly 50:488–514.

——— (1986). The relation of theories of pathogenesis to therapy In *Psychoanalysis. The Science of Mental Conflict. Essays in Honor of Charles Brenner* ed. A. D. Richards & M. S. Willick. Hillsdale, NJ: Analytic Press, pp. 49–63.

Atwood, G.E. & Stolorow, R.D. (1984). *Structure of Subjectivity: Explorations in Psychoanalytic Phenomenology.* Hillsdale, NJ: Analytic Press.

Bachrach, H.M. (1989). On specifying the scientific methodology of psychoanalysis. *Psychoanalytic Inquiry* 9:282–304.

Balter, L. & Spencer, J. H. (1990). *Observation and Theory in Psychoanalysis: The Self Psychology of Heinz Kohut.* Unpublished.

Blum, H.P. (1989). The value, use, and abuse of infant developmental research. In: *The Significance of Infant Observational Research for Clinical Work with Children, Adolescents, and Adults.* Workshop Series of the American Psychoanalytic Association, Monograph 5, ed. S. Dowling & A. Rothstein. New York: International Universities Press, pp. 157–174

Bogan, J. E. (1969). The other side of the brain. II. An appositional mind. *Bulletin of the Los Angeles Neurological Society* 34:135–163.

Brenner, C. (1976). *Psychoanalytic Technique and Psychic Conflict* New York: International Universities Press.

——— (1979). Depressive affect, anxiety, and psychic conflict in the phallic-oedipal phase. *Psychoanalytic Quarterly* 48:177–197.

——— (1982). *The Mind in Conflict* New York International Universities Press.

Colby, K. M. & Stoller, R. J. (1988). *Cognitive Science and Psychoanalysis.* Hillsdale, NJ: Analytic Press.

Cooper, A. M. (1990). The future of psychoanalysis: Challenges and opportunities. *Psychoanalytic Quarterly* 59:177–196.

Edelson, M. (1988). *Psychoanalysis: A Theory in Crisis.* Chicago: University of Chicago Press.

Eissler, K.R. (1953). The effect of the structure of the ego on psychoanalytic technique. *Journal of the American Psychoanalytic Association* 1:104–143.

Ellman, S.J. (1988). A Proposal for an Observational Language *Presented at the New York: University Postdoctoral Program in Psychoanalysis and*

Psychotherapy. March.
Freud, S. (1891). *On Aphasia, a Critical Study.* Translated by E. Stengel. New York: International Universities Press, 1953
——— (1895). Project for a scientific psychology. *Standard Edition* 1
——— (1900). The interpretation of dreams. *Standard Edition* 4/5.
Friedman, L. (1988). *The Anatomy of Psychotherapy.* Hillsdale, NJ: Analytic Press.
Gedo, J.E. (1979). Beyond Interpretation. *Toward a Revised Theory for Psychoanalysis.* New York: International Universities Press.
——— (1981). *Advances in Clinical Psychoanalysis.* New York: International Universities Press.
——— (1986). Conceptual Issues in Psychoanalysis. In: *Essays in History and Method* Hillsdale, NJ: Analytic Press.
——— (1988). *The Mind in Disorder: Psychoanalytic Models of Pathology.* Hillsdale, NJ: Analytic Press.
Geha, R.E. (1984). On psychoanalytic history and the "real" story of fictitious lives *International Forum of Psychoanalysis* 1:221–291.
Gill, M.M. (1982). *Analysis of Transference, Vol. 1: Theory and Technique.* Psychological Issues Monograph 53. New York: International Universities Press.
Goldberg, A. (1988). *A Fresh Look at Psychoanalysis: The View from Self Psychology.* Hillsdale, NJ: Analytic Press.
Goldman, P. S. & Rakic, P. T. (1979). Impact of the outside world upon the developing primate brain: perspective from neurobiology. *Bulletin of the Menninger* Clinic 43:20–28.
Gray, P. (1973). Psychoanalytic technique and the ego's capacity for viewing intrapsychic conflict. *Journal of the American Psychoanalytic Association* 21:474–494.
——— (1982). "Developmental lag" in the evolution of technique for psychoanalysis of neurotic conflict. *Journal of the American Psychoanalytic Association* 30:621–655
Grossman, W.I. (1989). Hierarchies, Boundaries and Representation in a Freudian Model of Mental Organization. *The Maurice R. Friend Lecture, October 12, New York University School of Medicine*, Department of Psychiatry.
Grűnbaum, A. (1984). *The Foundations of Psychoanalysis: A Philosophical Critique/* Berkeley: University of California Press.
Hanly, C. M. T. (1989). *The Concept of Truth in Psychoanalysis.* Presented at the 36th International Psychoanalytic Association Congress, Rome.

Hobson, J.A. (1988). *The Dreaming Brain.* New York: Basic Books.

Holt, R.R. (1990). A Perestroika for Psychoanalysis: Crisis and Renewal *Presented at a meeting of Section 3, Division 39*, January 12, New York University.

Jung, C.G. (1916). *Psychology of the Unconscious: A Study of the Transformations and Symbolisms of the Libido: A Contribution to the History of the Evolution of Thought.* New York: Dodd, Mead, 1944.

Kandel, E.R. (1979). Psychotherapy and the single synapse: the impact of psychiatric thought on neurobiological research *New England Journal of Medicine* 301:1028–1037.

——— (1983). From metapsychology to molecular biology: explorations into the nature of anxiety *American. Journal of Psychiatry* 140:1277–1293.

Klein, G.S. (1976). *Psychoanalytic Theory: An Exploration of Essentials* New York: International Universities Press.

Kohut, H. (1959). Introspection, empathy, and psychoanalysis: An examination of the relationship between mode of observation and theory. *Journal of the American Psychoanalytic Association* 7:459–483.

——— (1977). *The Restoration of the Self.* New York: International Universities Press.

——— (1984). *How Does Analysis Cure.* Chicago: University of Chicago Press.

Lakoff, G. & Johnson, M. (1980). *Metaphors We Live By.* Chicago: University of Chicago Press. ;

Levin, F. & Yuckovich, D. (1987). Brain plasticity, learning, and psychoanalysis: Some mechanisms of integration and coordination within the central nervous system. *Annual of Psychoanalysis* 15:49–96.

Maguire, J.G. (1982). The concept of transference: 1. Empathy knowledge and the approximate valence of transference content. *Psychoanalysis and Contemporary Thought* 5:575–604

——— (1983). Epigenesis and psychoanalysis. *Psychoanalysis and Contemporary Thought* 6:3–27.

——— (1984). The concept of transference: 2. Transference and genetic continuity. *Psychoanalysis and Contemporary Thought* 7:561–589.

Michels, R. (1988). The future of psychoanalysis *Psychoanalytic Quarterly* 57:167–185

Mishkin, W. (1982). A memory system in the monkey. *Philosophical Transactions of the Royal Society of London* B298:85–95.

Nunberg, H. & Federn, E., Editors (1974). Minutes of the Vienna Psychoanalytic Society Vol. 3 1910–1911 New York: International Universities Press.

Ornstein, P.H., Editor (1978). *The Search for the Self: Selected Writings of Heinz Kohut: 1950–1987,* Vol. 1. New York: International Universities Press.

Pine, F. (1990). *Drive, Ego, Object, and Self. A Synthesis for Clinical Work.* New York: Basic Books.

Rangell, L. (1988). The future of psychoanalysis: the scientific crossroads. *Psychoanalytic Quarterly* 57:313–340.

——— (1990). *The Human Core: The Intrapsychic Basis of Behavior,* Vols. 1, 2. Madison, CT: International Universities Press.

Rank, O. (1924). *The Trauma of Birth.* New York: Robert Brunner, 1952

Rapaport, D. (1944). The scientific methodology of psychoanalysis. In: *The Collected Papers of David Rapaport* ed. M. M. Gill. New York: Basic Books, 1967 pp. 165–220.

Reiser, M.F. (1984). *Mind, Brain, Body: Toward a Convergence of Psychoanalysis and Neurobiology.* New York: Basic Books.

Richards, A.D. (1981). Self theory, conflict theory, and the problem of hypochondriasis. *Psychoanalytic Study of the Child* 36:319–337.

Rizzuto, A.-M. (1989). A hypothesis about Freud's motive for writing the monograph 'On Aphasia.' *International Journal of Psychoanalysis* 16:111–117.

Sandler, J. & Sandler, A-M. (1987). The past unconscious, the present unconscious and the vicissitudes of guilt. *International Journal of Psychoanalysis* 68:331–341

Schafer, R. (1983). *The Analytic Attitude.* New York: Basic Books.

——— (1985). Wild analysis. *Journal of the American Psychoanalytic Association* 33:275–299.

Shevrin, H. (1973). Brain wave callets of subliminal stimulation, unconscious attention, primary and secondary process thinking responsiveness In: *Three Approaches to the Experimental Study of Subliminal Processes.* Psychological Issues Monograph 30, ed. M. Mayman. New York International Universities Press, pp. 56–87.

——— (1984). The fate of the five metapsychological principles. *Psychoanalytic Inquiry* 4:33–58.

——— (1988).Unconscious conflict: a convergent psychodynamic and electrophysiological approach In: *Psychodynamics and Cognition,* ed. M. J. Horowitz. Chicago/London: Univ. of Chicago Press, pp. 117–167.

Spence, D.P. (1982). *Narrative Truth and Historical Truth: Meaning and Interpretation in Psychoanalysis.* New York: Norton.

Stepansky, P. (1983). Perspectives on dissent: Adler, Kohut and the idea of a psychoanalytic research tradition. *Annual of Psychoanalysis* 11:51–74.

Stewart, W.A. (1967). *Psychoanalysis: The First Ten Years, 1888 to 1898.* New York: Macmillan.

Stolorow, R. D., Brandchaft, B. & Atwood, G. E. (1987). *Psychoanalytic Treatment: An Intersubjective Approach.* Hillsdale, NJ: Analytic Press.

Stone, L. (1961). *The Psychoanalytic Situation: An Examination of Its Development and Essential Nature.* New York: International Universities Press.

Swales, P. J. (1986). Freud, his teacher, and the birth of psychoanalysis In: *Freud. Appraisals and Reappraisals,* Vol. 1, ed. P. E. Stepansky. Hillsdale, NJ: Analytic Press, pp. 3–82.

Unger, R. (1982 Program for late 20th century psychiatry. *American Journal of Psychiatry* 139:155–164.

Vital-Durand, F. (1975). Toward a definition of neuroplasticity: theoretical and practical limitations In: *Aspects of Neuroplasticity,* ed. F. Vital-Durand & M. Jeannerod. Paris: Éditions INSERM, pp. 251–260.

Wallerstein, R. S. (1988). One psychoanalysis or many? *International. Journal of Psycho-Analysis.* 69:5–21.

——— (1989). Psychoanalysis: The Common Ground. *Presented at the 36th International Psychoanalytical Association Congress*, Rome.

Weiner, H. (1980). Schizophrenia: etiology In: *Comprehensive Textbook of Psychiatry,* 3rd Edition., ed. H. I. Kaplan, A. M. Freedman, & B. J. Sadock. Baltimore: Williams & Wilkins, pp. 1121–1152.

寻找共同基础

1989年在罗马举行的第36届国际精神分析大会[⊖]

摘要

本文是对第36届国际精神分析大会的概述，即“精神分析的共同基础：临床目标和过程”。这个主题来自罗伯特·沃勒斯坦博士在1987年蒙特利尔大会的演讲《是一个精神分析，还是多个》。本文重点介绍在罗马三次全体会议的演讲及其讨论、沃勒斯坦主席的讲话以及最后的小组讨论回顾。查尔斯·汉利在会议上提出的一篇论文《精神分析中真理的概念》，概述了关于真理的理论——“符合”相对于“融贯”，为我们考虑不同的观点提供了概念性的工具。作者与汉利共同对真理的符合论做出务实的、合格的承诺。

第36届国际精神分析大会的主题，分别在三个早上的全体会议上提出。每次会议由临床演讲和两位讨论者的回应组成。每次会议的三名与会者都是被选出的，以便国际精神分析协会的每个主要地理分区都能派代表出席：欧洲，以及北美和拉丁美洲。周一会议的主持人是来自利马的马克斯·埃尔南

⊖ 资料来源：Richards，A.R. (1991). *International Journal of Psycho-Analysis*，72：45–56.

德斯，他的论文是《分离：是丧失还是痛苦》（Hernandez，1990）。讨论者是来自美国的伊芙琳·施瓦伯（Evelyn Schwaber），以及来自瑞典的波·斯特菲尔德（Per Stenfeld）。周二会议的主题为“共同基础：俄狄浦斯情结的中心性”，由迈克尔·费尔德曼演讲（Feldman，1990）。回应者是巴西的保罗·罗伯托·肖博曼（Paulo Roberto Sauberman），以及加利福尼亚州的罗伯特·泰森（Robert Tyson）。最后一天的会议由来自布鲁克林的安东·克里斯主持。他的演讲名为《对一位怀孕愿望受挫的女性的精神分析过程的说明》。回应者是墨西哥的维克托·艾扎（Victor Aiza）和罗马的西蒙娜·阿尔真蒂耶·邦迪（Simona Argentieri Bondi）。

每个会议之后，都有两个同时进行的小组讨论上午的会议。讨论者再次代表了国际精神分析协会的三个主要地理区域，并且还包括国际精神分析期刊上预先发表的 6 篇论文的作者。纽约的塞缪尔·艾布拉姆斯（Samuel Abrams）和约翰·戈特弗里德·阿皮（Johann Gottfried Appy）在周一发言，芝加哥的阿诺德·戈登伯格（Arnold Goldberg）和欧斯塔西奥·波特拉·努内斯（Eustacio Portella Nunes）在周二发言，以及阿根廷的卡洛斯·玛丽亚·阿斯兰（Carlos Maria Aslan）和巴黎的克劳德·勒昆（Claude LeGuen）在周四发言。

此外，还有两个特别的半日议程，一个是“精神分析的共同基础：青少年分析的临床目标和过程”，另一个是“精神分析的共同基础：儿童分析的临床目标和过程”。出于篇幅的限制，以及无法获得演讲稿的原因，我没法评论这些与主要议题提出的问题有关的演讲。

周五，罗伯特·沃勒斯坦发表了主席演讲《精神分析：共同基础》，总结了这次大会的主题。在这次演讲之后，举行了一次全体会议，讨论小组成员回顾了本周前几天成型的主题。有两位欧洲成员，丹尼尔·威德洛赫（Daniel Widlöcher）和特图·艾斯克林·德·福尔奇（Turtu Eskelinen de Folch）；两名拉丁美洲成员，来自布宜诺斯艾利斯的本尼托·洛佩兹（Benito Lopez），以及来自巴西的伊萨艾斯·梅尔森（Isaias Melsohn）；两名北美成员，来自蒙特利尔的安德烈·卢西尔（André Lussier），以及来自纽约的罗伊·谢弗（Roy Schafer）。同样，由于篇幅所限，以及缺少英文文本，我的思考只限于五个演讲中的两个：卢西尔和谢弗的。我知道这种选择性限制了我对大会议程的概述范围。

和其他大会一样，这次大会上有大量非常有趣的临床和理论文章，其中大部分与大会主要议题没有直接的联系。我会选出一篇与罗马大会提出的问题非常相关、启发性很高的论文——查尔斯·汉利的《精神分析中真理的概念》。

罗马大会的主题直接来自沃勒斯坦在蒙特利尔大会上开幕日进行的全体会议演讲《是一个精神分析，还是多个》（Wallerstein，1988）。沃勒斯坦认为，尽管弗洛伊德努力建立和延续单一的、整合的学科，但今天的全球精神分析“包含了多种（和不同的）关于心理功能、发展、发病机制、治疗和治愈的理论”。从专业生命的这个事实出发，他继续提出了一些艰巨的问题。第一个问题是，“这些不同的理论都有什么共同之处，它们在基本的共同假设条件下都可以被认为是精神分析吗？”第二个问题是，“因为毕竟不是每个关于人类行为的心理学都是精神分析，是什么把关于心理生活的非精神分析理论与这些理论区别开的？”

沃勒斯坦回答了这些问题，他延续第 35 届大会的精神，主张一种包含理论多样性的统一。具体来说，他认为，已达成共识的精神分析的定义性边界，弗洛伊德认为与移情和阻抗的事实有关，克里斯从冲突的角度考虑，认为与人类的行为有关。借鉴约瑟夫和安妮–玛丽·桑德勒（Anne-Marie Sandler）对过去潜意识和当下潜意识的区分，他认为与当下潜意识有关的、指导日常治疗工作的临床理论，可以在分析师中达成统一。另外，强调过去潜意识的一般理论观点，旨在“从心理生活最早可察觉的起源，对心理生活中因果关系的发展进行说明”，则可以用来解释分析师的多样性。对沃勒斯坦来说，已成流派的、一般理论观点（例如克莱因学派、客体关系理论、自体心理学）都是比喻——尽管为了满足不同条件下对闭合性和一致性，以及对整体理论理解的需要，我们已经创造出了科学的、必要的比喻。

沃勒斯坦认为，1989 年的罗马大会做出判定，即在国际精神分析协会的科学传统中所践行的精神分析，以及它的文化、语言和才智多样性，是否扎根于一个由其从业者形成的临床共同基础。在这一指控中，包含了沃勒斯坦的意见，他认为理论上的差异虽然无法解决，但不一定需要组织上的分裂，因为真理取决于临床理论而不是一般的理论观点（即超心理学）。

我想先来谈谈汉利的论文《精神分析中真理的概念》，因为它为我们提供了概念性工具，可以用来评估三次全体会议、沃勒斯坦博士的大会演讲以及随后的回应。汉利首先概述了两种不同的关于真理的哲学理论：符合论和融贯论。符合论指出，真理是由对象与其描述之间的符合对应组成的。在哲学上，这个思想学派等同于现实主义。符合论有两个前提，其中一个认识论前提是，对象能够使我们的感官形成与它们的实际情况或多或少相符的观察，以及另一个本体论前提即一个人的思想和行动是有原因的。根据这个观点，理论可以被客观地检验，而思想是自然的一部分。从伽利略到牛顿、达尔文、爱因斯坦和弗洛伊德等科学家，都在研究真理的符合论。弗洛伊德采用了夏科的信条，即“理论很好，但并没有改变事实”，这表明了他提倡批判现实主义，其批评者认为这是一个天真的立场。

真理的融贯论的支持者认为，世界中的对象只有在描述理论中才有意义。汉利说：“真理是某种理想化的、理性上的可接受性，是信念之间，以及信念与我们的体验之间某种理想的一致性，因为这些体验本身在我们的信念系统中就有所体现，与事件的心灵独立状态或语篇独立状态不相符合。”真理的融贯论落在两个前提之上，一个是认识论前提，即我们的思维方式和感知方式不可避免地对我们观察到的情况产生影响。也就是说，事实是受理论束缚的，从来不是独立于理论的；理论背景会使观察结果变得难以理解，另一个是本体论前提，即人类具有意识，意识可以支持我们产生由理性而非原因所驱动的行为，因此人类在自然界是独一无二的。

融贯论的倡导者认为，我们对世界可能有不止一种真实的描述。在哲学中，真理的融贯论近乎理想主义，它的支持者包括库恩（Kuhn，1962）、费耶阿本德（Feyerabend，1981）、帕特南（1965）、利柯（Ricoeur，1970）和梅洛–庞蒂（Merleau-Ponty，1965）。在精神分析中，真理的融贯论体现在解释学的立场上，用非因选择取代了心理决定论。汉利指出，戈登伯格（会前立场文件的共同作者之一）用真理的融贯论来捍卫自体心理学，驳斥对它的批评（Goldberg，1989）。真理的融贯论允许就同一事物有一个以上的真实理论，因为观察是由支配它们的理论决定的。汉利指出，戈登伯格坚持认为自体心理学应该被接受，因为它属于融贯论，它包含于通过经典精神分析无法证伪的观察中。奥恩斯坦在关于自体心理学的著作中提及精神分析中的不同范式时，采用了类似的立场。他提到，精神分析有自我心理范式、驱力范式和自体心理学范式，并且邀请我们“进入特定的范式，以发现它的有用性”（Ornstein，1978）。然而汉利敏锐地指出，这种方法是一把“双刃剑”，因为它意味着自体心理学的观察不能证伪经典精神分析或任何其他理论。真理的融贯论认为，理论在原则上不可证伪。

汉利感到，使用融贯论“会导致理论唯我主义，以及改头换面就能得出真理”。戈登伯格邀请我们，先承诺认可一段时间再来检验他的理论。他似乎在说，如果我们无法验证他的主张，那是因为我们没有做出必要的承诺。当然，这种推理方式可能需要更具科学调查精神的分析师，而不是靠人力所及。我觉得，科学哲学家劳丹（Laudan）会认为，一个学派对这种“承诺”的要求，意味着把自己视为一种独立的研究传统，这与传统的精神分析研究传统截然不同。

沃勒斯坦在接受理论多样性时，是否也接受这样的观点：不同的精神分析观点其实代表了不同的科学研究传统而不是不同的比喻？是否存在一种精神分析研究传统，它包括自我心理学精神分析、克莱因学派和客体关系理论，却把阿德勒和荣格的理论排除在外？我认为答案是肯定的。这样的传统还包括自体心理学吗？对这个问题的答案似乎尚不清楚。那么，我们是在面对一个这样一个连续谱，它包含着一系列的变化，在某个点上跳出研究传统，就像量子跃迁到下一个能量状态一样？罗马大会的议程委员会包括一名自我心理学分析师、一名中间学派客体关系理论家和一名克莱因学派的分析师作为临床演讲者，但不包括自体心理学家，这是否有什么重大的意义吗？只有排除代表极端理论观点的主持人，即自体心理学家、拉康学派、比昂学派等，才能证明临床的共同基础吗？

汉利承认，目前的精神分析实践中存在很多对真理融贯论的辩护。变量的多样性、资料的复杂性、对区分幻想与现实、过去与现在的困难、“复杂的、不断变化的移情的本质”，都反对客观性的哲学立场，正如缺乏统一的精神分析理论一样。然而，汉利最终反驳了融贯论的观点，认为真理可以从精神分析情境中产生。他和弗洛伊德都认为，存在一种具有自身明确性质的、运作着的潜意识。对汉利来说，分析情境中固有的模糊性和不确定性，本身就“是事物的确定状态，是可解释的，它们并不是心理内容及状态的特性”。因此汉利认为，在心理生活中有一种固有力量在起作用，它允许出现并描绘幻想、记忆、发现模式，而不是制作模式。这些力量是内驱力。信守驱力理论代表着另一个流派，是精神分析理论一个鲜明的特征。拒绝驱力首要性的理论与基于驱动的理论，其不同之处似乎不只是比喻上的。正如汉利所观察到的，“推翻驱力的精神分析理论也倾向于一种真理的融贯论”。

自体心理学家安娜·奥恩斯坦对克莱因学派的迈克尔·费尔德曼的发言进行了讨论，她的讨论可以启发我们对这些主题的思考，尤其是对立足于真理的融贯论的精神分析理论找到共同基础的问题。在讨论费尔德曼的演讲时，奥恩斯坦沿着戈登伯格的思路，提出她会“保留在费尔德曼博士自己的理论取向上”。她认为，不像自体心理学那样，自我心理学和客体关系理论不能“涵盖早期心理发展在可被分析的心理病理学中的重要性”。相反，后两种理论试图根据“俄狄浦斯情结的变迁”来概念化这些现象。因此，对奥恩斯坦来说，弗洛伊德意义上的俄狄浦斯情结就成了一个过时的观点。她明确地把自我心理学、客体关系理论和克莱因学派放在了一个阵营中，而把自体心理学放在了另一个阵营。

那么，按照奥恩斯坦的说法，俄狄浦斯情结是一种理论上的比喻，还是一种临床上可观察的，从而属于我们根据观察得到的共同基础的一部分呢？沃勒斯坦说，分析师的共同之处在于使用了诸如移情和阻抗这些概念，并接受了心理冲突的中心性。关于冲突的本质呢？对不同的病原学理论我们要如何理解？我认为，奥恩斯坦又回到了这个困境：她拥护一个与“移情和对移情的解释”有关的、舒适的共同基础，却接着指责非自体心理学家“把俄狄浦斯情结纳入发展早期阶段”。关于费尔德曼的案例，她明确表示：“患者的愤怒，不是因为没有被选为她父亲的性伴侣，而是她把自己视为一个令人憎恨的和不想要的孩子。”

根据奥恩斯坦的观点，理论差异的答案在于移情，但是，奥恩斯坦自己对自体心理学的忠诚导致她总是认为，移情中的议题是从前俄狄浦斯阶段转移而来，而不是正常的俄狄浦斯期议题。我们有足够的理由认为，分析师之间的共同基础，应该是开放式地使用移情作为一种调查工具，让调查结果顺其自然。奥恩斯坦对费尔德曼演讲的评论突出了这个观点的问题：移情概念本身就是受理论限制的，此外，这是一个太笼统的概念，不能作为一个平台以容纳所有的分析师，尤其是当它与截然不同的发病机制、发展、冲突和治疗作用理论的概念联系在一起时。

至于奥恩斯坦的言论，我回到汉利的观点，即自体心理学家支持真理的融贯论，其中包括一个融贯论的不确定性的前提。科胡特认为，共情－内省模式是精神分析式认识过程的核心。这与认识论中关于认识的主体和客体之间的关系的观点一致，大体上是典型的融贯论。汉利认为：“科胡特共情的概念，不允许主体和客体具有认识论层面的独立难度，而这是符合理论需要的。”然而，沃勒斯坦和汉利都以承认精神分析科学终将符合真理的符合论的要求，来结束他们的陈述。关于沃勒斯坦对共同基础的信念，这里要说的是：如果自体心理学和其他精神分析理论对真理持有截然相反的观点，那么它们的理论差异似乎不仅仅是比喻上的不同。

施瓦伯在讨论埃尔南德斯的临床论文时，对于临床达成共识的可能性，要比戈登伯格更为乐观。她指出："尽管我们可能一开始会暗自期待我们的理论会决定我们的技术，但正如沃勒斯坦所指出的，实际上更可能的是理论偏好主要影响我们在解释时选择什么样的言语，我们都对这种与体验密切相关的重要主题（移情、阻抗、冲突和防御）感兴趣，共同的兴趣超越了各自不同的超心理学。虽然我们可能会同意，即使这些看似不言自明的术语也有不同的定义。"（Schwaber，1990）

施瓦伯在观察"我们的模型和我们的概念化起源于实证研究结果的衍生物"时，提出了真理的符合论。本着反理论的偏好，她认为对理论上真理的承诺，往往会导致分析师远离患者的真相。她对倾听的重视也源于真理的符合论：只有尽可能完善我们倾听的手段，才能获得关于患者的知识。施瓦伯对埃尔南德斯演讲的批评，相应地集中在他倾听手段中的缺陷，即他跳跃的推理上。施瓦伯警告分析师，不要把自己的观点强加在患者身上，强调他对患者的观点，相应地，患者对分析师的赞同是出于遵从，而不是出于信念。

对施瓦伯来说，心理现实可以通过患者"情感和言语"方面的相符来确认。考虑到超出意识范围的心理过程，我认为施瓦伯给患者肩上放的担子过重。问题是：分析师应该怎样帮助患者知道某些除去精神分析的帮助他没法知道的东西？潜意识的问题和精神分析的知识问题一样，都使资料收集过程复杂化了。不幸的是，施瓦伯通过询问谁（患者还是分析师）是仲裁者的这种方式，过于简化了这个问题。她对于认识的主体和客体之间的二分法过于刻板，不允许双方互相学习。精神分析的知识和它的传递过于复杂，无法简单地用二分法恰当地区分为患者与分析师、心理现实与外部现实等。当施瓦伯指出"我们是共同发现，而不是单方面的推断，是一种更容易触及潜意识的方式，并且我们获得的更多是有实证来源的资料"时，似乎也意识到了这个问题。单方面的提及无疑会让我们陷入困境，但盲目地接受患者作为仲裁者，也可能导致僵局和没有产出。我们应该记住，患者的有利位置包含了自我欺骗的能力。

施瓦伯在最后的讲话中，敦促我们等待，并准备好迎接意料之外的远景。她恳请把精神分析作为一种调查工具，并提出这一立场作为共同基础。这是一个我们可以达成很多共识的立场，尽管当我们在患者的陈述中寻找我们自己最喜欢的情景和叙述时，所有理论信仰的分析师经常会违背这个共同基础。客体关系理论家寻找内化的客体关系场景，自体心理学家寻找共情失败和自尊问题，自我心理学家寻找矛盾情感冲突、性和攻击。施瓦伯的评论，使她与符合论阵营保持一致。

有趣的是，施瓦伯的讨论所指的是真理的符合论与开明的、调查性的方法论实践之间的联系。应该指出的是，施瓦伯对自己的理论信奉很少提及。她把自己呈现为一名与各种限制性的理论上的包袱区分开来的分析师。一个人可以有一个强大的理论信奉，并同时保持开放的调查方法吗？当我们有强烈的理论信奉时，我们是否必须捍卫它免受攻击，并给它的每个规则寻找确认，从而损害开放式探索的态度吗？另一个问题是，所有的理论立场是否同样具有反调查性？在这方面，沃勒斯坦的理论“比喻”之间是否存在差异？当被问及这个问题时，每个分析师都可能会提出自己的理论信奉，就像他们的比其他人的理论信奉更开放、更灵活。

沉浸在对临床演讲的个人回应中，也有利于全力应付大会主题提出的基本问题。在埃尔南德斯报告后的小组讨论中，汉利在介绍时把这个问题巧妙地描述为“自由联想的过程是否能够向我们提供独立于分析者自身理论取向的关于患者的知识”。汉利继续说道：“共同性的基础至少包括两个基本的认识论假设。第一，任何理论取向的分析师都有一个共同的整体目标，来调查人的心灵的潜意识运作过程，即什么构成了人的本质。第二，有一个共同的调查方法，换句话说，同时也是一种共同的治疗方法。”根据汉利提倡的真理的符合论，他坚持认为至少在理论上，通过这个过程，“患者心理的潜意识功能本身，应该能够独立地与持有自己理论的分析师和第三方观察者进行交流”。“没有这个共同基础，”他继续说道，“理论多元化会失去它推动知识进步的潜力。没有它，多元化会不可避免地衰落成癖好和唯我主义。”汉利希望埃尔南德斯的案例材料，以及施瓦伯和斯特菲尔德对它的讨论能够检验这个基本问题。很明显，鉴于提供的临床资料有限，以及讨论者和演讲人之间缺乏对话的机会，甚至没有可能开始对汉利所提出的问题做出回答。从演讲中可以预料到，更多是提高每个人对问题本身重要性的认识，但即使要实现这一点，主讲人、讨论者和听众都需要意识到汉利这篇富有启发性的文章中提出的精神分析真理的基本问题。

沃勒斯坦在大会最后一天的全体会议上演讲，含蓄地承认分析师之间关于精神分析真理性质是有根本分歧的，他观察到“就精神分析本质而言，有各种科学哲学观点”。他重申了他的观点，即有一个统一体能够包含这些多样性：“在这种多样性中，我们也与每天的寻常感受同在，那就是我们所有人，不论是精神分析中哪种理论立场的拥护者，在与相当多足以进行比较的患者工作时，都似乎以某种方式做了相当多可比较的临床工作，产生了相当多可比较的变化。”

“作为一门科学和一门职业，在发展的现阶段，”沃勒斯坦观察到，“我们所有的理论观点，以及各种各样的超心理学，都不过是解释性的比喻，鉴于我们为了理解咨询室中的原始临床数据而从事不断变化的智力活动，这些比喻对我们来说，非常具有启发性，非常有用，但实际上经不起比较式及渐进式的科学测验的检验，至少在这一点上，它们是超出科学事业范围之外的。”在提出关于真理的符合观点“在作为一门科学的发展的现阶段”不可能时，沃勒斯坦当然也提出，在未来的某个阶段，当我们的科学事业确实可以“适合进行比较和渐进的科学检验”时，它才会成为可能。在目前，认为我们的理论只是比喻，或者更加尖锐地说，“富有启发性的用处”，这当然适用于真理的融贯论。然而沃勒斯坦坚持认为，“与体验接近的临床理论，非常直接地根植于对咨询室中资料的观察，这些理论实际上确实适用于所有假设形成、检验和验证的过程，就像其他科学事业一样”。

当阅读沃勒斯坦的文章时，人们会发现他内在的一股张力，一种个人的对科学的信奉，以及“关于心智的科学”。他总结说，存在一个精神分析学科。他没有说出是否有一种心智科学可以被称为精神分析。当沃勒斯坦讨论不同的理论观点时，很明显，他发现了融贯论和符合论之间的张力，在每种理论的拥护者看来，自己的理论观点都比其他的在学术上更令人满意更具说服力。之后，沃勒斯坦谈到了这些观点“超越隐喻的演化”的能力，从而造成了它们科学上不可测试的状态，这种状态成了它们的特征，朝向与真理更大程度一致的方向发展。这样的演变最终会使这些结构具有一个更真实的本体论地位，它们可以从本质上反映真实现象之间的真实关系。

沃勒斯坦把自己从精神分析的解释学观点中分离出来，清楚明白地站到了真理的符合论那边。他把解释学的立场描述为没有用这项任务为理论添加负担：“努力接近天然存在的关系，接近发展过程中的真实事件，以及一个生命的历史真相。”这里，他显然与哈贝马斯（Habermas，1972）和利柯（Ricoeur，1970）等哲学家，以及斯宾斯（Spence，1982）、谢弗（Schafer，1983）、戈登伯格（Goldberg，1988）等精神分析学家之间存在尖锐的分歧。接下来，沃勒斯坦讨论了兰格尔（Rangell，1988）和艾布拉姆斯（Abrams，1989）的立场，这几个人反对过于现成地接受多样性。艾布拉姆斯提到了过多的“一语多义”，而兰格尔谈到有必要接受他称之为“完美综合的精神分析理论”，我们可以推测这是他的精神分析理论。沃勒斯坦通过观察并对艾布拉姆斯和兰格尔做出了如下回应：他们狭隘的理论在处理那些“俄狄浦斯冲突为三元心智的塑造提供特定推动力”的神经症患者时，表现不错。这在处理“具有错误的自我配备、有限的发展进展”的患者时会遇到困难。正是后面的这种临床情况需要开发替代性的理论观点。

沃勒斯坦继续总结其他会前论文，在我们是否可以拥有一种临床理论的问题上，这些论文采取了各种立场，甚至缺少一个一般性理论。临床理论与一般理论的区别，在乔治·克莱因（Klein，1976）的文章中有着重要的前身，而且从某些方面来说，这一区别与拉帕波特的学生，如谢弗（Schafer，1983）、吉尔（Gill，Holzman，1976）、霍尔特（Holt，1976）、克莱因（Klein，1976）等的反对超心理学的文章属于同一类。沃勒斯坦的临床共同基础的立场在他引用的两项研究中得到了一定程度的检验，其中一项是格洛弗的研究，另一项是安娜·弗洛伊德的。格洛弗于1938年对临床技术的差异进行了研究，发现在英国协会的成员里，对于63个观点，他们完全同意的只有6个。几年之后，安娜·弗洛伊德进行了一项研究，她对具可比性的精神分析师的技术进行了比较，并发现“在整个分析过程中，没有哪两位分析师会给出完全相同的解释”。

沃勒斯坦引用这些研究结果，不是指我们临床事业统一的观点中存在的问题，而是强调临床差异是特征和风格的问题，并非“能定义不同精神分析过程的东西，或者说，差异也并不决定着各种与精神分析过程及精神分析工作有关的方法有着本质上的不同”。当然，这仍然是一个令人担忧的问题，尤其是鉴于沃勒斯坦很可能让我们把一些理论变体，如自体心理学、拉康、比昂，也许还有“激进的”克莱因学派，一并包含在他统一的临床保护伞下。

沃勒斯坦引用的另一项研究，来自洛杉矶的西德尼（Sidney）和埃斯特·范（Esther Fine），而这项研究似乎也反驳了他的立场，虽然他否认了这一点。他们研究了一群美国自我心理学家、克莱因学派、自体心理学家和肯伯格学派发现，在用过程材料展示分析技术的变化时，面对这些过程材料，独立分析师的判断可以在显著高于随机选取的水平上，识别参与研究的分析师的理论位置。沃勒斯坦引用这项研究，想说明他们之间存在差异，问题是“这些差异会对我们的临床理解、临床方法和临床工作产生什么影响”。对此我们可能还会补充一点，即它们会使临床结果产生差异吗？对我来说，这是我们作为提供心理健康帮助的从业者的终极问题。

沃勒斯坦认为，观察性数据并不带来理论，这是我在回顾路易斯·伯杰的《精神分析理论和临床相关性》一文时反对的立场（Berger，1985[⊖]）。沃勒斯坦认为，普通的分析师不会发现理论和技术之间有紧密的耦合。布伦纳这样的分析师会对此提出不同的观点，他坚持认为理论上关于防御的、抑

⊖ 原为1988，疑似有误，此处改为1985。——译者注

郁性情感的、妥协形成的、心理冲突的概念的发展，确实对技术产生了深远的影响。事实上，布伦纳（Brenner，1976，1979）、阿洛（Arlow，1981，1986）、格雷（Gray，1973，1982）这样的分析师，经常以一种侧重于技术后果的方式来陈述他们的理论观点。最后，关于一个人如何发病的理论（病理理论）对治疗技术来说至关重要——阿洛（Arlow，1981，1986）在两篇重要论文中提出了这个观点。考虑到精神分析的目标是理解致病过程，那么根本不同的发病理论不会影响分析师工作方式的观点，是不合常规和违反直觉的。

沃勒斯坦接下来转向了三个临床会议演讲。他指出，这三名患者有着惊人的相似性，她们都在 28 岁到 40 多岁之间，都存在围绕着性关系的重大问题，特别是涉及怀孕和生育的问题。她们也有类似的童年背景。在这一点上，人们可能会提出这样一个问题：这样的临床材料对这次大会的目标来说是否合适。如果再包含一位自我发展困难的患者，一位在这个连续谱终点的、接近边缘 – 自恋性或精神病性的患者会不会更合适？精神分析师对这些患者的临床共识较少。由于对可分析性有一致的意见，人们必须谨慎地设定一种可以达成临床一致的情况。也许这就是三位患者的共同点，她们都是可以分析的，因为并非所有的患者都可以分析。也许这就是我们可以达成的共识：后来回顾中已经搞清楚了患者的可分析性。

沃勒斯坦观察到，这三位患者都被她们的分析师认为是神经症性的，伴随抑郁、恐惧和癔症性的特征，都被认为适合进行全面的精神分析治疗。在理论差异面前，辩论临床相似性真的可以用这样的患者群体吗？科胡特开始了理论修正，最终导致了自体心理学的发展，因为他觉得自恋患者的病理不能被理解，并且治疗不能以常规方式进行。对这种患者，他认为在经典技术的基础上，有必要提出一种新的理论范式。肯伯格也是如此，他发展了他的与边缘型人格障碍患者有关的客体关系理论。我们不应该忘记，根据常规标准，精神病患者以及儿童也是不能被分析的，但他们为克莱因学派的发展提供了临床基础。

沃勒斯坦接着详细地讨论了三个临床演讲。他总结说，三位演讲者“在三个精神分析的主要理论视角内接受培训，都接触并解读了三个令人惊讶地相似的、精神分析患者的临床资料，他们的处理方式可以被清晰地辨识，而且或许与我们的先入之见相反，也令人惊讶地可以相互比较。她们每个人都以可比较的方式处理以下现象：冲突和妥协、冲动和防御、内部和外部客体世界、现实和幻想、揭示性解释和必要的支持性干预，也就是说，移情/反移情范围内所有的相互作用，占据了桑德勒提出的“当下的潜意识”领域。

所有符合这些标准的临床医生，是否都会采用可比较的，甚至相称的发病机制理论？如果这些理论之间存在重大差异，那么这些差异会对不同从业者的精神分析工作产生什么样的影响？

在沃勒斯坦的全体会议演讲之后，是亚当·莱蒙塔尼（Adam Limentani）主持的小组讨论会议。前面已经说过，我只对两位北美讨论者罗伊·谢弗和安德烈·卢西尔发表评论。谢弗没有先提出基本语言学的、方法论的和意识形态的问题，而是直接提出讨论共同基础的困难。在语言学方面，他指出在任何讨论中，“移情”“精神分析”“阻抗”和“退行”等重要名词，“其意思很容易变化，因为相同和不同取向的分析师，在联想中与太多的不同概念一起使用：童年发展概念的不同、病理学概念的不同、重复概念的不同，以及对重复的基础、功能、模式等的不同理解，定义移情时在反移情的用法上的不同，所谓的与分析师的真实关系也有不同的概念，精神分析活动适当的种类和程度也有不同概念等”。

对于谢弗来说，单词的意义取决于它使用时的上下文背景。如果我们无法就背景达成一致，那么我们对术语的含义就没有一致的意见。在这个关键立场的基础上，谢弗对沃勒斯坦关于三个临床案例演讲的基本结论提出质疑。谢弗并不认为在移情概念方面存在共同基础，因为这种主张只能通过“忽略临床步骤和现象的显著变化”来实现。具体来说，他认为三位演讲者“坚持解释此时此地的移情”时，在程度上存在显著的变化。谢弗专注于差异，而沃勒斯坦专注于相似之处。谢弗向沃勒斯坦提出了一个更加尖锐的问题，挑战了他的整个事业："还有，主张共同基础在于对移情的分析，接下来还能说什么呢？提出这种主张作何用途？因为忽略了太多内容，这种说法既不能指导我们的临床工作，也不会在智力上激励我们。"谢弗显然暗示沃勒斯坦努力的成果是政治的，而不是科学的。

谢弗指出我们的方法论中共同基础的东西：他将精神分析过程或方法定义为"创造、突破和再造上下文背景"。分析的这种视角（一种对叙事的理解）是精神分析与诸如文学等学科共有的东西。谢弗的观点清楚地表明，他与支持真理融贯论的人站在一边。用他的话来说，"我们必须将精神分析理解视为分析师和被分析者之间对话的结果，而不是分离开的、无影响力也不受影响的观察者建立的关系"。因此，对谢弗来说，这种精神分析的解释学观点构成了我们的共同基础，对此汉利、埃德尔森（Edelson，1988）和沃勒斯坦都会提出异议。

在第三部分对意识形态的考虑中，谢弗终于开始下重手反对寻求共同基础。对他来说，寻求意味着"一个普遍保守的价值体系，它使我们远离了不同思想和实践体系之间斗争的创造性和进步性方面"。谢弗反对"寻求一个单一的精神分析主导文本"，而是要求我们接受这种观念：差异向我们显示出所有精神分析有可能成为的事物，尽管它不可能在一个时间点，或对任何一个人来说，成为所有。在坚持他的真理的融贯论中，他认为每个学派都有一些东西可以帮助我们精神分析地理解患者。

尽管从另一个角度来看，安德烈·卢西尔似乎对大会主题和沃勒斯坦的结论表达了同样的异议。然而对谢弗来说，共同基础导致了理论的过度一致，而对卢西尔来说，共同基础意味着过度的多元化。卢西尔，正如我之前所说的那样，转向了自体心理学，由此指出了沃勒斯坦的立场问题。他想知道科胡特是否会同意用冲突和妥协、冲动和防御的共同看法，来绑定所有的精神分析学家。

卢西尔对用根据临床工作来界定共同基础感到不满，他贬低地称临床工作为"原材料"。他指出，我前面也提到过，这一标准使得"任何动力取向心理治疗学派”有资格成为精神分析的。站在他的立场上，卢西尔认为，精神分析的共同基础预设大家在基本理论假设方面是一致的。与沃勒斯坦相反，对于卢西尔来说，理论偏好不仅仅是比喻，而是对临床概念的含义以及这些概念在临床工作中的地位具有决定作用。

仿佛就像接受了挑战一样，卢西尔提出了他自己的信条，即他所坚持的基本的精神分析原则，在他看来，这些原则构成了分析师共同基础的基础。这些原则是：①精神分析的目的是揭示心理功能中的潜意识因素；②核心是俄狄浦斯情结是冲突的来源；③移情性神经症在分析过程中的中心地位；④与人际间的和交互性的相比，心理内部的中心性；⑤考虑到移情/反移情时，主体间维度的重要性；⑥防御在心理发展中的重要性，防御分析在精神分析治疗中的重要性；⑦治疗频率的要求（一年以上，每周不少于三次）；⑧需要经济的观点，聚焦于驱力，以说明人类动机的中心方面。

对真理融贯论和符合论之间的对比，不可能比谢弗和卢西尔的对立立场表现得更加直接。实际上，第36届国际精神分析大会是一次极其充满分歧的论坛，既有认为分析师必须有很多共同点的参与者，也有认为分析师几乎不需要什么共同之处的参与者。在反思这次大会时，我们最好考虑一下，我们是否真的应该在谢弗和卢西尔两人不相容的立场之间做出选择，也就是说，精神分析事业是否必须根据汉利所提出的真理的融贯论或符合论来理解。

为了支持他对符合论的承诺，汉利引用了数学作为一个论点。他观察到，欧几里得几何是完整的和融贯的，但它不适用于极端的尺寸，因此它无法用来描述宇宙的空间。这一切都很好，但它突出了我关于汉利“非此即彼”前提的问题。尽管欧几里得几何在外层空间和量子粒子层面上可能不起作用，但它很好地表征了正常事件的过程。有了它，我们可以建造精美的桥梁和隧道。这一事实表明，可能存在第三种哲学选择，即实用主义。路易斯·伯杰在他最近的关于精神分析理论临床结果的著作《精神分析理论和临床相关性》一书中，巧妙地发展了一种务实的哲学方法（Berger，1985）。我们不应淡化实用主义在精神分析努力中的作用。毕竟，我们从事的是一项消费者有意愿消费的活动。随着时间的推移，不满意的消费者会发出强烈的声音，指引我们确定某些理论立场，并反对其他立场。如果我们的理论指导我们采取了不具有治疗效果的干预措施，那么我们就一定会质疑我们的信仰——除非我们愿意在办公室中独自度过一天之中的绝大部分时间。

我们最终依赖于患者的反馈，是他们评估精神分析体验中的满意或不满意，这一事实构成了对分析过程的内在纠正。我认识到，这样的纠正并不是没有它自己的问题：有些患者会接受不满意的情况，以避免获得会危及他们现有心理状态的新知识。当汉利提到自我批评的能力，即“在用患者的语言，而不是我们的术语理解他们之后，可以促进我们的探索”时，他似乎说的是同一件事。当汉利谈到共同的人类本性，谈到被分析者为自我诚实而奋斗，谈到分析师为反移情的自我觉察而奋斗时，他似乎仅限于实用层面信奉真理的符合论。

那么，我们还遗留了什么，大会又取得了什么成就呢？卢西尔引用罗伯特·加德纳的话：“分析师帮助人们发问。”第 36 届大会无疑帮助我们所有人去思考我们的理论与我们临床工作之间的关系。加德纳曾在他的著作中把精神分析描写为一种自我探究的过程。精神分析过程作为自我探究的工具，大会作为整个行业在组织和科学层面的自我探究实践活动，或许应该在这两者之间建立平行的关系。在这方面，沃勒斯坦和项目组织者库辰巴赫（Kuchenbuch）、赫尔曼和申格德（Shengold）都是非常专业的精神分析师，他们引导我们去注意：我们做了什么，我们如何看待我们所做的。我们遗留下的任务是仔细检查我们的相似性和差异性，我们专业内部冲突的本质，以及一些潜藏的议题，冲突正是围绕着这些议题而生。

参考文献

Abrams, S. (1989). Ambiguity and excess: an obstacle to common ground. *International Journal of Psycho-Analysis* 70:3–7.

Arlow, J. A. (1981). Theories of pathogenesis. *Psychoanalytic Quarterly* 50:448–454
——— (1986). The relation of theories of pathogenesis to therapy In: *Psychoanalysis: The Science of Mental Conflict, Essays in Honor of Charles Brenner,* ed. A. D. Richards & M. S. Willick. Hillsdale, NJ: Analytic Press, pp. 49–63.
Berger, L. (1985). *Psychoanalytic Theory and Clinical Relevance* Hillsdale, NJ: Analytic Press.
Brenner, C. (1976). *Psychoanalytic Technique and Psychic Conflict.* New York: International Universities Press.
——— (1979). Depressive affects, anxiety, and psychic conflict in the phallic-oedipal phase. *Psychoanalytic Quarterly* 47:177–197.
——— (1982). *The Mind in Conflict.* New York: International Universities Press.
Edelson, M. (1988). *Psychoanalysis: A Theory in Crisis.* Chicago: University Chicago Press.
Feldman, M. (1990). Common ground: The centrality of the Oedipus complex. *International Journal of Psycho-Analysis* 71:37–48.
Feyerabend, P. K. (1981). *Realism, Rationalism, and Scientific Method: Philosophical Papers, Volume 1.* Cambridge: Cambridge University Press.
Gill, M. M. & Holzman, P. S. (eds.) (1976). *Psychology vs. Metapsychology: Psychoanalytic Essays in Memory of George S. Klein.* Psychological Issues, Monograph 36. New York: International Universities Press.
Goldberg, A. (1988). *A Fresh Look at Psychoanalysis, the View from Self Psychology.* Hillsdale, NJ: Analytic Press.
——— (1989). A shared view of the world. *International Journal of Psycho-Analysis* 70:16–19.
Gray, P. (1973). Psychoanalytic technique and the ego's capacity for viewing intrapsychic conflict. *Journal of the American Psychoanalytic Association* 21:474–494.
——— (1982). Developmental lag in the evolution of technique for psychoanalysis of neurotic conflict. *Journal of the American Psychoanalytic Association.* 30:621–655.
Habermas, J. (1972). *Knowledge and Human Interest* London: Heinemann.
Hernandez, M. (1990). The common ground, an analytic break and its consequences. *International Journal of Psycho-Analysis* 71:21–30.
Holt, R.R. (1976). Drive or wish? A reconsideration of the psychoanalytic theory of motivation In: *Psychology vs. Metapsychology, Psychoanalytic Essays in Memory of George S. Klein* ed. M. M. Gill & P.

S. Holzman. Psychological Issues, Monograph 36. New York: International Universities Press, pp. 158–197.

Klein, G.S. (1976). *Psychoanalytic Theory, an Exploration of Essentials.* New York: International Universities Press.

Kuhn, T. (1962). *The Structure of Scientific Revolutions.* Chicago: University of Chicago Press.

Merleau-Ponty, M. (1965). *The Structure of Behavior,* trans. L. Fisher. London: Methuen.

Ornstein, P.H. (ED.) (1978). *The Search for the Self: Selected Writings of Heinz Kohut: 1950–1987,* Volume 1. New York: International Universities Press.

Putnam, H. (1965). *Studies in the Philosophy of Science.* New York: International Universities Press.

Rangell, L. (1988). The future of psychoanalysis, the scientific crossroads. *Psychoanalytic Quarterly* 57:313–340.

Richards, A.D. (1988). Review of Louis Berger's Psychoanalytic Theory of Clinical Relevance. *Bulletin of the Psychoanalytic Association of New York* 26:1.

Ricoeur, P. (1970). *Freud and Philosophy, an Essay in Interpretation.* New Haven: Yale University Press.

Schafer, R. (1983). *The Analytic Attitude* New York: Basic Books.

——— (1990). The search for common ground. *International Journal of Psycho-Analysis* 71:49–52

Schwaber, E. (1990). The psychoanalyst's methodological stance: Some comments based on a response to Max Hernandez. *International Journal of Psycho-Analysis* 71:31–36.

Spence, D.P. (1982). *Narrative Truth and Historical Truth, Meaning and Interpretation in Psychoanalysis.* New York: Norton.

Wallerstein, R. (1988). One psychoanalysis or many. *International Journal of Psycho-Analysis* 69:5–21.

——— (1990). Psychoanalysis—the common ground, *International Journal of Psycho-Analysis* 71:3–20.

驱力在当代精神分析中的演化过程
对吉尔的回应[⊖]

莫顿·吉尔（Gill，1995）对我们的文章《精神分析的关系模型》（Bachant，Lynch，Richards，1995）的评论，强调了精神分析思维的前沿问题，但也存在对当代经典理论的误解，这些误解有必要得到澄清。吉尔认为，经典理论与关系理论视角的不同主要在于面对“先天因素”与“经验因素”时，他们强调的重点不同：一个更强调前者，另一个更强调后者。然而，吉尔并没有对他所称的“先天”给出确切的定义，结果反而给他试图澄清的内容带来了一些混乱。我们认为，他的文章使读者严重误解了当代经典理论是如何理解驱力概念的，以及驱力在生物－心理－社会的系统中扮演着什么样的角色。

吉尔质疑米切是否改变了他所认为的驱力理论与关系理论是不相容的观点（Gill，1995）。因为米切尔曾明确表示，关系模型理论已经放弃了驱力框架（Mitchell，1993，1988）。米切尔早期作品（Greenberg，Mitchell，1983；Mitchell，1988）中这一核心思想，要被吉尔斥之为“早年激情的膨胀”吗？

⊖ 资料来源：Janet L. Bachant, Ph.D. , Arthur A. Lynch, DSW and Arnold D. Richards, M.D. (1995). *Psychoanalytic Psychology*, 12:565–573.
Bachant, J.L., Lynch, A.A., Richards, A.D. (1995). The Evolution Drive in Contemporary Psychoanalysis: A Reply to Gill *Psychoanalytic Psychology*，12:565-573.

吉尔的评论，以及米切尔在 1993 年的一篇关于攻击性的文章，都提出了这个问题：米切尔的立场是否正在改变？就像之前的格林伯格（Greenberg，1991）那样，正在把驱力因素整合进他的模型中。到现在为止，米切尔是否认为，只是弗洛伊德的驱力理论有问题，而不是整个驱力理论有问题？关于这个问题以及快乐原则的地位，我们需要和米切尔讨论。米切尔相信人们是寻求快乐、避免痛苦的吗？在他的关系模型中，强调人对和他人的联结有着强烈的热情，那么，他所说的“满足感”是一个重要特征、一个原则，还是一个偶然的过程呢？

当代经典理论认为，驱力是促使行为发生的基本动力。它们不是行为唯一的决定因素，而是它的一个组成部分。有时它们会激发行为，有时它们只是促进了行为的形成。弗洛伊德（Freud，1923，1926）和韦尔德（Wälder，1936）都清楚地描述了产生行为的多种力量和功能。布伦纳在他最新的理论中指出了行为和体验形成的四个主要方面：驱力衍生物、快乐或不快乐的情感、防御和超我的功能（Brenner，1982，1993）。

驱力在每个人身上都以童年期的愿望和恐惧存在着。这些愿望和恐惧包含着强烈的欲望，而这些欲望都有着明确的主题：“我们身上已经发生了某事，或者我要对某人做某事”。我们会如何应对这些愿望和恐惧，这源于每个人独特的发展，并与这种发展紧密相关（Brenner，1982）。驱力是关于“谁在对谁做什么”的冲动，这种冲动组织起了心理结构。

在当代经典理论中，驱力反映了动力性潜意识的一个维度。愿望和恐惧形成于发展的每个阶段。

正如巴尚等人指出的，理论与实践结合的关键在于临床医生对动力性潜意识的理解和使用，因为这种理解构成了精神分析情境（Bachant，Lynch，Richards，1995）。这个概念中必然包括某些驱力衍生物、特定的愿望和恐惧因各种防御行为而无法进入意识，这对一个人心理结构的发展有着深远的影响，也会持续影响着他的精神生活。典型的实例就是：我们看到，源于患者潜意识核心议题的幻想会变换各种形式在患者的生活中上演。动力性潜意识是移情的核心，既反映了个体特定动机性的需求（motivational imperatives），也反映了这些需求在分析情境中表现出来的方式。

在个人发展过程中，认知能力的提高、道德价值系统、复杂的情绪模式，以及防御功能，都被整合进行为中，使儿童在面对生活中那些不可避免的挫折时，能够慢慢形成越来越成熟的解决方式。随着发展的推进，那些童年早期的愿望和恐惧会呈现出更原始、更可怕的特性，由此变得无法被意识接受。这些愿望和恐惧会在经久不息的潜意识幻想中得到表达，这些幻想也会随着发展变得越来越成熟。除了原始的愿望和恐惧的持续影响外，潜意识幻想也受到童年期重要经历、关系、创伤和冲突的塑造。潜意识幻想提供了一套心理设定，它决定了我们会如何解读感知到的感官信息，如何在可采取的反应中做出选择。

这种对驱力理论的重新定义强调了心理现象，并未忽略生物或社会文化因素对驱力和心理功能的影响。它认为这些影响是嵌入到体验中的，而体验是在心理层面被记录和调节的。这种理解的核心是，相信心理发展是一个动力性的、不断演变的过程，这个过程是由儿童先天的生理性因素和外部环境之间的复杂互动决定的。

在当代经典理论中，对驱力概念的理解不够清晰，根源在于弗洛伊德曾反复重构这个概念，并且后来的文献也对驱力的基本假设做出了重大修改。最初，这些文献集中关注增强后的自我角色与现实的关系。那伯格（Nunberg，1930，1960）阐述的自我的综合功能、韦尔德提出的多重功能原则，以及安娜·弗洛伊德（A. Freud，1936，1966）对防御和冲突所起的作用的论述，把自我从一个由潜意识力量驱使的无助角色，转变为一个努力整合和巩固这些力量的角色。

今天提出的许多问题都是20世纪早期激烈争论的主题。哈特曼在他早期的文章以及后来与洛温斯坦（Lowenstein）和克里斯的合作中提出，人类太过复杂，不能用一个简单的理论来解释。针对当时已有的动力学、经济学和地形结构学观点，他和他的同事强调了适应的观点。这一观点指出个体是通过在一个生态系统中相互交流而演化和分化的。它提供了一种生物－心理－社会的整合视角：

> 把重点放在单一的，不管是成熟个体、客体关系，还是其他因素上，都会形成一幅片面的发展图景。在我看来，梅兰妮·克莱因过度强调所谓的“生物学”因素，或相反，对文化主义的过度强调。（*Hartmann, 1950 , 1964, p. 108*）。

这些理论家对当代视角下理解驱力做出了两个主要贡献——对攻击的重新定义和对未分化的基体的阐述。哈特曼等人提出，攻击力就像力比多一样，是符合快乐原则的（Hartmann，Kris，Loewenstein，1949）。攻击的释放是愉快的，对攻击的抑制是不愉快的（Brenner，1982）。他们还提出，攻击可能有多个目标。

哈特曼等人假定，个人分化的源头不是代表本能的本我，而是一个未分化的与外部世界交互作用的基体（Hartmann，Kris，Loewenstein，1949）。菲尼克尔和雅各布森（Jacobson，1964）发展了这个想法。菲尼克尔指出，“自我的利益和力比多驱力，虽然后来这两者常常彼此冲突，但它们演化自一个共同的源头”（Fenichel，1945，p. 58）。哈特曼等人指出，甚至随着个体的个性化，驱力将被融合以及中和，为心理结构的活动提供动力（Hartmann，Kris，Loewenstein，1949）。这种中和最终是指在母亲的帮助下，个体能够与外部环境达成妥协。这些体验促成了驱力的转换，并进入客体关系：“自我是客体关系发展的共同决定者之一，同时客体关系也是决定自我发展的主要因素之一。”（Hartmann，1950 ，1964，p. 105）

雅各布森把驱力理论带到了另一个层面。首先她指出，本能的能量在出生时是未分化的，“在外部刺激的影响下”分化成两种驱力（Jacobson，1964，p. 13）。其次她重申，快乐原则的基础不是遵循守恒原则的驱力释放概念，而是基于从婴儿期开始的快乐和痛苦的体验。这些体验决定了个体舒适度的波动，并维持在一种动态的平衡中。雅各布森的一系列概念：弥散的未分化驱力、内射和投射、聚集挫折感的一极和聚集满足感的一极、合并与排出的幻想、心理及表征世界的结构化，都促进了驱力理论的演化。

我们可以从这段简短的回顾中看到，现代精神分析理论很久以前就放弃了把驱力作为一种张力－缓和（tension-reduction）、驱力－释放（drive-discharge）现象的观念。如今，当代冲突理论从心理学基础上来理解这个概念，并整合了生物－心理－社会因素。当代理论对驱力的理解强调了个体自己的过往经历对个体来说具有重大意义，这一重大意义表达于个体的动力性潜意识中，而这一动力性潜意识在构建过程中整合了生物－心理－社会因素。有两个议题区分了经典模型和关系模型。

首先是“潜意识是动力性”的概念——它不仅仅是一个出于种种原因从我们意识中消失了的静态实体，它在建构、组织和激发等体验中起着关键作用。吉尔把经典理论视角描述为“现在作为过去的重复”（Gill，1995，p. 129），与他相反，更准确的观点是，过去活现（alive）于现在。在吉尔对关系视角的描述中，他认为现在是更独立于过去的，我们认同这一点。关系理论和经典理论真正的分歧可能在于对童年早期体验在发展中的地位持不同看法（Bachant，Richards，1993），关系理论强调的是新的人际间体验，而不是突变的洞察力。

其次，吉尔说：“不可否认的是，经典理论观点对先天的强调胜过经验。”在经典理论的框架中，“在解释性方面，先天位于经验之上”（Gill，1995，p. 120）是完全错误的。它们掩盖了模型之间的根本区别。尽管吉尔认识到米切尔对当代经典驱力理论的观点是“歪曲的”（Gill，1995，p. 177），但他不愿承认当代经典理论中整合了驱力和关系的成分。如前所述，潜意识幻想不仅在关系中得到表达，而且是在童年的关系中构建的。经典精神分析师认为，在体验的建构过程中，生物－心理－社会因素作为一个整体总是不可避免地在发挥作用。尽管关系模型的理论承认吉尔所说的先天的东西，实质上它却限制了我们的理解。在这个模型中，尽管对冲突有大量的引用，即使米切尔把他的理论描述为一种“关系 / 冲突理论”，但它对冲突的使用仅限于关系方面的考虑，即“在一段关系中”“在不同的关系中”以及“在不同的关系之间”的冲突。事实上，吉尔同意卓克（Zucker，1989）的观点，在关系理论中，对心理内部的定义过于狭隘了。这和我们文章（Gill，1995）里的观点是一样的。巴尚和理查兹（Bachant，Richards，1993）、海切尔（Hatcher，1990）和霍夫曼都强调了这一点（Gill，1994）。霍夫曼曾提醒过，当我们用人际关系去理解身体上的欲望时，也许会低估性欲和欲望本身的重要性，并不把它视为一个渠道去理解那些事实上与性欲无关的东西。

也许吉尔所说的“无可争辩的”重点，在于对经典理论中的身体有更全面的认识。吉尔提出了一个关于潜意识幻想的重要观点，值得我们在此强调：

> 我指的是那种身体上的幻想，比如阉割焦虑、阴茎嫉妒，以及其他一些身体上的想法，这些想法在那些不知情的人看来是很奇怪的，即使只是作为一个比喻。经典精神分析师认为，虽然它们可以充当比喻，但它们也是实际的。在我阅读的文献中，这样的幻想即使只是作为比喻，也在关系学派的文章中被淡化处理了。（*Gill，1995，p. 95*）

没有人会否认与他人的关系在自体的构建和组织过程中起着核心作用，还有另一种关系，虽然受到与他人关系的影响，但二者是分开的：一个人最初与自己身体的关系。在生命的早期，这种关系可能会主导我们的体验。虽然严格来说，这也与他人的互动不可分割，但我们早期的许多体验都是非常个人化的，反映了我们原始的愿望、恐惧和想法，而这些都与我们和自己身体的纠缠有关。我们与自己身体的关系也参与到一些过程中：提出要求，产生快乐和痛苦，并将我们与主要照顾者联系起来。在精神分析的历史上，曾经有过一段时间“关系”占据了优势地位，甚至有些时候，心理被某些人定义为本质上是社会性的（Mitchell，1988），但仍要记住：孩子与身体的关系，尽管不可避免地与关系模式和外部刺激相关，但并仅限于与照顾者的互动。正如派恩提醒我们的那样，在孩子的成长过程中，每个时刻都是丰富多彩的，不同时刻会有不同的体验占据主导地位（Pine，1990）。

与身体的关系处于核心地位是弗洛伊德学派的典型观点，这一观点与当代主流的心理发展理论互为支持。皮亚杰和英海尔德认为，认知发展位于感觉运动阶段，这一阶段是生命成形的阶段，学习是典型的围绕动作的身体学习（Piaget，Inhelder，1959）。有人认为，身体在心理发展中的重要性和中心地位不仅在我们个人的意识中，而且在意识的演化过程中也起着关键作用。在《一个心智的历史：意识的起源和演化》一书中，汉弗莱把解决意识状态是如何在人脑中产生的问题当成他的任务（Humphrey，1992）。通过论证原始粗糙的感觉是所有意识状态的中心，他重构了笛卡尔假设，代之以“我感，故我在”（I feel, therefore I am）。汉弗莱提出，我们的感官意识（我们意识到我们自己是个什么样子，源自于身体对痛苦和快乐的反应。达马西奥（Damasio，1994）基于汉弗莱在躯体标记假说方面的发展研究，提出身体的反馈，特别是他所谓的“倾向性表征”（dispositional representation）的累积记录，是意识发展与情感组织的关键环节。

身体在精神生活中产生持续影响的主要原因是，痛苦和快乐状态的形成是以身体为中心的。满足感或者缺乏满足感，属于核心的体验，尤其对年幼的孩子来说，他们的体验在很大程度上是通过身体来调节的。在现代认知、神经学和经典精神分析的观点中，某种程度上以身体为基础的快乐 – 不快乐原则被认为在发展心理结构和激发行为方面起着决定性的作用。快乐原则指出，源自驱力的未被满足的愿望会不断地追求满足。那些遗留至今的、童年期未被满足的愿望，它们引起了不愉快和冲突，所以依然保持着活跃的状态，驱使着人们不断寻求满足。

一个全面而充分的、精神分析的动机理论必须包括人类行为的驱动力、潜意识的愿望和幻想，以及身体体验。当代经典精神分析容纳了这些因素，同时接受早期客体关系和由此产生的关系模式对它的塑造和影响。在人际传统方面，经典精神分析没有把追求（或驱动）关系的亲密放在最重要的位置，但也并没有因此贬低它。那种把正常或病态的人格都看成是关系基体的产物的观点，似乎低估了身体体验也融合着愿望和幻想这种方式。按照米切尔的说法（Mitchell，1988，pp.16–17），生物和生理因素被包含在关系配置中，似乎它们是人际关系创造和维持的附属物。

> 作为临床医生，我们必须时刻注意一个事实，即他人（从主体的角度）从某种角度上，可以理解为内源性过程中的符号表征。我们不仅受到我们重要他人的影响，而且反过来，我们也会影响他人，用他人来承载和代表我们自身的某些方面，就像在前语言时代，除了与我们有关的人，我们还用自己的身体来承载内在的欲望和意义。（*Bachant，Richards，1993，p. 442*）

通过这种方式，阴茎嫉妒和肢体残缺的主题也是一种隐喻，与将早期身体体验带入成人互动的隐喻（口欲期合并、肛门排泄和尿道中毒的图像可能代表患者的精神分析过程的特征）一样，除了具有象征性意义，还有具体的身体参照性。

总而言之，我们觉得吉尔对先天和经验的区分与当代弗洛伊德学派和关系学派观点的区分并不一致。弗洛伊德自己的精神分析理论的结构也并非如此。在《群体心理学和自我分析》中，他写道：

> 在个人的心理生活中，其他人总是参与其中，作为一个榜样，作为一个客体，作为一个帮手，作为一个对手，因此，从这个延伸但完全合理的意义上来说，第一个个体心理学同样也是社会心理学。（*Freud，1921，p. 69*）

吉尔在对关系观点的讨论中的简短陈述似乎是他对弗洛伊德超心理学批判的延续，这是他在 20 世纪 60 年代与其他同事，以及大卫 · 拉帕波特的学生一起发展起来的。他提出“心理学不是生物学”的观点，认为生物是天生的和有能量的，正是这个引起了批评家的争论，同时也巧合地组织起了弗洛伊德关于心理功能的理论。

有趣的是，在吉尔的最后一本书中，他对先天和经验的区别，并没有采用之前的二分法——他在《精神分析心理学》第 12 卷第 1 期的文章中用了这一方法。在《变革中的精神分析》（Gill，1994）中，他提出了一系列成对的辩证关系，包括与生俱来的与经验得来的、人际间的与心理内部的、驱力与客体、一个人与两个人之间的关系。他也承认，对他来说，精神分析的本质是潜意识幻想的概念："精神分析特有的伟大发现，潜意识幻想意义上的内在因素……精神分析必须积极保护这一点。"从某种意义上说，这是吉尔的信条，也是我们的。我们相信，近年来我们与莫顿的私下讨论，以及他对我们文章的审议最终促成了他的观点。我们从他身上学到了很多关于精神分析的知识。莫顿·吉尔是精神分析领域的杰出人物，在他去世后，天空仿佛破了一个洞。我们所有人将会继续努力理解精神分析理论和实践的复杂问题，并会长期感谢他的杰出贡献。他是令人尊重的，并会被我们深深地怀念。

参考文献

Bachant, J.L., Lynch, A.A., and Richards, A.D. (1995). Relational models in psychoanalytic theory. *Psychoanalytic Psychology* 12:71–87.

Bachant, J. L. and Richards, A.D. (1993). Relational Concepts in Psychoanalysis: An Integration by Stephen A. Mitchell. *Psychoanalytic Dialogues* 3:431–460,

Brenner, C. (1982). *The mind in conflict*. New York: International Universities Press.

——— (1993). Mind as conflict and compromise formation. *Journal of Clinical Psychoanalysis*, 3, 473–488.

Damasio, A.R. (1994). *Descartes' error: Emotion, reason, and the human brain*. New York: Grosset/Putnam.

Fenichel, O. (1945). *The psychoanalytic theory of neurosis*. New York: Norton.

Freud, A. (1966). The ego and the mechanisms of defense. *The writings of Anna Freud*. New York: International Universities Press. (Original work published 1936)

Freud, S. (1905). Fragment of an analysis of a case of hysteria. *Standard Edition* 7:1–123.

——— (1921). Group psychology and the analysis of the ego. *Standard Edition* 18: 65–143.

——— (1923). The ego and the id. *Standard Edition* 19: 1–59.

——— (1926). Inhibitions, symptoms and anxiety. *Standard Edition* 20:87–174.

Gill, M. M. (1994). *Psychoanalysis in Transition: A Personal View*. Hillsdale, NJ: The Analytic Press.

——— (1995). Classical and Relational Psychoanalysis.; *Psychoanalytic Psychology* 12:89–107.

Greenberg, J., & Mitchell, S. (1983). *Object relations in psychoanalytic theory*. Cambridge. MA: Harvard University Press.

——— (1991). *Oedipus and beyond: A clinical theory*. Cambridge, MA: Harvard University Press.

Hartmann, H. (1964). Psychoanalysis and developmental psychology. In *Essays on ego psychology* (pp. 108–109). New York: International Universities Press. (Original work published 1950).

——— Kris, E. and Loewenstein, R.M. (1949). Notes on the Theory of Aggression. *Psychoanalytic Study of the Child* 3:9–36.

Hatcher, R. (1990). Review of S. Mitchell's 1988 Relational Concepts in Psychoanalysis. *Psychoanalytic Books*, 1:127–136.

Humphrey, N. (1992). *A History of the Mind*. New York: Simon & Schuster.

Jacobson, E. (1964). *The Self and the Object World*. New York: International Universities Press.

Mitchell, S. (1988). *Relational concepts in psychoanalysis: An integration*. Cambridge, MA: Harvard University Press.

——— (1993). Aggression and the endangered self. *Psychoanalytic Quarterly* 52:351–382.

Nunberg, H. (1960). *The synthetic function of the ego. Practice and theory of psychoanalysis*. New York: International Universities Press. (Original work published 1930).

Piaget, J., & Inhelder, B. (1959). *The psychology of the child*. New York: Basic Books.

Pine, F. (1990). *Drive, ego, object, self*. New York: Basic Books.

Wälder, R. (1936). The Principle of Multiple Function: Observations on Over-Determination. *Psychoanalytic Quarterly* 5:45–62.

Zucker, H. (1989). Premises of Interpersonal Theory *Psychoanalytic Psychology* 6:401–419.

对特罗普和斯托罗楼《防御分析和自体心理学》一文的评论[㊀]

特罗普和斯托罗楼所写的《防御分析和自体心理学：一种发展的观点》一文，给了我们讨论以下两个议题的机会：精神分析理论与治疗技术之间的关系，以及各个理论会以什么样的方式影响分析师从精神分析情境中获得资料。在他们采用的精神分析方法中，虽然作者声称自己采取并仅限于患者的视角，但实际上他们呈现的是从理论观点出发的患者视角。本文的关注重点是：他们的理论立场如何扭曲了治疗，如何使患者和分析师脱离了原本有益的探索主题。我这样做的目的，不是想表达特罗普和斯托罗楼的自体心理学 / 主体间理论的参照框架是错误的而提出另一种理论方法。我想表达的是，在作者所提供的案例资料中，他们似乎没有充分利用好精神分析——这个可以通过不同维度的丰富材料来接近患者心理组织和关系结构模式的调查工具。

患者自尊心受损后，他前来治疗。与他交往的一名女性评价他肌肉松弛，并告诫他健身。至少在开始阶段，对分析师来说，患者报告的这些内容有些封闭。他报告的体验与自体心理学的理论构想相吻合，即对于自恋型人格患者来说，失去自尊引发了他们的困难。这个案例也是一个由不共情的

㊀ 资料来源：Richards, A.D. (1992) *Psychoanalytic Dialogues*, 2:455-465.

重要他人（significant other）导致创伤的例子，对自体心理学家来说，他们很容易把这种情形看成是来自父母的、被不共情对待的重复。患者对这些评价的体验倒不至于惊天动地，但他的确有很极端的反应：他有了自杀的念头，并决定离开这个国家。如果是其他分析师，比如从自我心理学、冲突结构理论的观点出发，可能会更多地问患者对这种评价有什么体会，以及他是怎么回应的；分析师也可能会探索让这种情境具有创伤性的其他因素，例如可能与患者的幻想、愿望和恐惧有关。这个评价让他如此不快，是不是因为它只是符合了女性视角呢？患者在个人史部分提供的材料，对自体心理学来说是典型的致病情景。母亲是闯入性的，但又是疏远的、冰冷的、缺少肢体回应的：这些无疑是不共情的。父亲尽管经常不在，但他为患者的学术成就感到自豪，结果却在患者 20 岁时逝世。作者假设患者的自我概念是一个有缺陷的人，这个概念被他体验为有缺陷的自体的一部分，而不是幻想的一部分——这个幻想可以满足惩罚性的、与客体联系在一起的、认同性的愿望。

在精神分析的早期历史中，分析师采用的方法符合自体心理学。分析师与患者产生共情，感受后者的痛苦和体验。在分析师评论“他们给他带来多大的痛苦”时，他把责任归咎于患者缺乏共情的不称职的父母。“分析师还指出，患者的母亲和父亲似乎没有帮助他建立起社交方面的信心，相反，他们不断要求患者成为他们需要患者成为的样子，破坏了患者希望变得更加外向的愿望。”在这些干预措施之后，“患者在工作方面逐渐变得轻松起来，并且同时开始与男性和女性进行社交”。这表明了分析师的治疗方法导致患者表现出显著变化，但是我不觉得我们现在已经有足够的信息来赞同这个观点。不过在任何学派的精神分析中，我们可以在多大程度上确定地做出这样的推理倒也没有一个明确的标准。

分析师记录的下一个干预再次是共情性的。患者说他“以极大的恐慌”接受了一位女同事的早午餐邀请，对此，“分析师评论道，这让艾伦暴露在强烈的焦虑中，他生怕自己不受欢迎”。案例报告显示，“对于患者有意愿冒险，分析师表现得很热心”，这可能会被患者负面地解读，但是案例并未表明患者如何得知分析师倾向的。

接下来，患者和分析师之间的交流在呈现一个梦境，即我们能找到的最接近“未加工”的分析材料。根据内在证据和我们已知的患者个人史，分析师的治疗方案似乎与患者的联想之间没有什么真正重要的联系——或许这就是分析师采用如此小心谨慎的方法的原因。甚至那些轻易就能形成自体心理学解释的梦中元素也被分析师忽视了，例如在案例报告中，我们可以识别对某些人或看法明显的变动不居或一语多义（fluidity and ambiguity），对此分析师并没有做任何处理。分析师也没有探索俄狄浦斯冲突和原始场景体验材料的重要元素。“她的丈夫被吊死了”（Her husband had been hung）这是一个相当明显的双关（“hung”是一种普遍的俚语表达，意思是生殖器天赋异禀，而“hanged”实际上才说到上吊时更正确的过去时态），很好地表现了患者的口欲期和性器期的问题。患者的父亲在患者 8 岁时心脏病发作，之后患者经历了 12 年厄运即来的岁月，父亲在患者 20 岁时死亡。这个主题我们或许也可以从后来的梦中发现，梦中“一个男人死了，然后另一个男人死了”。

显然，所有这些都是推测性的，当然不能作为解释（甚至是假设）传递给患者。不过我的意思是，似乎压根儿没有试着这样去倾听联想，而这些联想可能证实他们的或者诸如我刚才提出的其他可能的假设。无论他们理论的说服力如何，分析师“对某些长期的倾向提出宽泛的、基于起源学的建构时”必须要小心谨慎，因为这种重构可能会使分析师听不到患者的潜意识，并使分析师和被分析者停留在外显内容的水平，有时这种情况甚至来自分析师和被分析者的“共谋”。

在梦呈现之后，分析师报告的第一次干预中（我们不清楚患者在此是否有分析师的提示，也不清楚对这些联想释义的总结是如何做出的），如果梦让分析师想到任何事情的话，他的提问并无任何明显的指涉。作为回应，患者跳到他对分析师感到愤怒的想法——因为分析师对他接受女性的邀请很热心。我们找不到这种热情是如何被患者接收的。这本可以让分析师用另一种不同的理论取向（我想到了施瓦伯和格林伯格——施瓦伯强调倾听的过程，格林伯格关注在移情发展的过程中感知觉的歪曲）来提出这个问题："我说了什么或者我的什么行为，让你觉得我很热心？"有的分析师却断言，这里证实的是患者"潜在的信念"，即分析师对他有自己的看法。

对患者同性恋幻想的精神分析描述，给我们观察自体心理学的方法步骤提供了另一个机会，在这套体系中，对潜意识幻想和冲突方面的表述被回避了，取而代之的是以自体完整性为中心的构想。分析师为患者的同性恋幻想提供了一种"功能性"的定义，让人想起斯托罗楼提出的关于疑病症的功能定义：同性恋幻想的功能是恢复患者的自体感（Stolorow，1977）。作者指出，在他这么做之后，患者说他"缓解"了，并表示分析师真的理解他，但是，这种宽慰也可以很容易地反映出患者庆幸他不再需要进一步探索他的同性恋幻想。

文章接下来内容是为了证明逐渐出现的自体心理学治疗方案的合理性。核心的动力是：患者将会被分析师误解、贬低、评判，就像他的父母曾经做过的那样。他会对分析师失望，就像他曾对父母失望一样。这一系列感受是标准的移情结构，它们与冲突模型很容易匹配，重点在于对防御和阻抗的分析，同样也很容易匹配自体心理学的、主体间的或关系学派的精神分析。尽管作者说这里的移情感受已经被澄清和解释，但他们对"移情"一词的使用是很特别的。他们所说的移情实际上是对创伤体验的转移或重复。患者感到被分析师误解、评判、欺骗，就像他的父母对待他一样。或许创伤的转移也包括患者希望分析师对他来说是与父母不同的人，换句话说，希望分析师提供矫正性情绪体验。案例报告显示，患者去母亲家到遭遇同性恋这段，似乎是把侵入性的、不共情的母亲与共情性的、理解性的分析师进行对比，但分析师最初被患者认为是同样不共情和爱评判人。根据作者的说法，当患者能够接受他的母亲（如果不去满足母亲的愿望，她就会是拒绝性的）与分析师（能够容许他的同性恋感受）之间的不同时，患者就能够体会自身"同性恋经历的意义和功能"。

分析师对患者同性恋经历的理解，又回到了以自体为中心的理论体系。同性恋行为仅被理解为患者尝试“修复他破碎的自体感的一部分……以避免因与母亲互动而产生的无价值感和非存在感，并恢复他正在消逝的活力和完整性”。患者轻易接受了上述解释，他说他感到被理解、被接受。

这里治疗效果和改善的标志，似乎是分析师的理论和患者体验之间契合得很好。然而有些分析师认为，患者对理论构想准确性的默许，并不能证实理论的有效性，在患者太乐意、太轻易就同意一种理论构想时，分析师应该有一定程度的怀疑。一定程度的阻抗（并无焦虑的不适感和行动）表明这种构想可能更接近事实而不是远离事实。另外，根据分析师的理论构想检查患者联想的顺序和内容。阿洛对此有大量的著述，尤其是在《解释的动力》（Arlow，1987）一文中。我们有时认为，患者能够记起相关的记忆或者梦，说明解释是在正轨上的。同样重要的是，这种理论构想在多大程度上解释了之前尚未被解释的体验和幻想。显然，特罗普和斯托罗楼认为，那次“不太情愿”的同性恋遭遇与“自体描绘的缺失”（loss of self-delineation）有关。患者觉得自己有缺陷，认为分析师可以补偿这些缺陷，当分析师不在场，或者治疗中的断裂传递给患者一种分析师不够共情的感觉时，患者就会想念这种补偿功能。

关于患者对父亲死亡的反应，作者的讨论显示出他们想要采取的分析方向。实际上，父亲的死亡“可以作为一个隐喻：在母亲侵扰和批评患者时，他感到父亲从未保护过他”，但鉴于童年期和成年期不可避免的矛盾情感，家长的去世可以激起其他不悦的情感、冲突等。当然，我没有证据证明情况就是这样，但分析师似乎并不愿意探索其他可能性，因为他完全忠于自己的自体心理学剧本。

当分析师说：“他现在明白患者渴望让他的父亲、现在的分析师，帮助患者在面对母亲的批评时保持自体感以及价值感”，治疗就从患者的视角转移到分析师的视角。我认为，当分析师把对他同性恋行为的构想几乎完全与维持患者的自体平衡方面的作用联系起来，而未能探索心理功能的其他方面

（诸如关于满足、缓解焦虑、超我）时，其实低估了他作为分析师在精神分析方面的能力。尽管如此，作者坚持认为这种解释具有戏剧性的治疗效果："患者对他的一系列解释反应非常好，在此后的八年中，他没有参与明显的同性恋活动。"显然，我们乐见其成。

此时，在叙述的过程中，作者举了他们认为的"防御解释"的第一个例子。分析师告诉患者，患者可能潜意识想结束和他交往的女性之间的关系，作者指出"因为她想要讨论他们之间关系这件事，被他当成了一种批评，对此他感觉非常有威胁"。就我所能确定的来说，这是作者在描述治疗的第二阶段时所呈现的第一个也是唯一的"防御解释"。对于作者如何使用"防御解释"这个术语，以及在这个特定的干预中它如何被应用，我们尚不清楚。分析师似乎向患者指出了他行为的动机（希望从关系中逃离），患者仍然没有觉察到或者仍会否认。患者自己表示，他正在结束这段关系，因为这名女性是闯入性的、批判性的。如果患者承认自己有意识地回应女友的批评，那么问题就会变成：他承认这个，那拒绝承认的是什么？我很难从作者的描述中发现潜意识愿望或隐藏的意义。或许他们的意思是：对于分析师的评论及其言外之意，也像女友希望讨论他们之间的关系一样，被患者误解成对他的批评。这么看来，分析师确实说这名女性根本没有批评患者，仅仅是想让两人的关系更好。如果是这样，那么对作者来说，防御解释就被定义成涉及分析师与患者自己的构想没能达成共识的一种干预——亦被称为没能从患者的角度理解患者。这与他们对所谓对立关系（adversarial relationship）的强调，以及对拉赫曼（Lachmann, 1986）关于该主题论文的引用一致。因此，防御解释似乎就是一种具有对立性的干预。

作者非常缺乏一种在精神分析中仍然有用的概念——治疗性分裂。施莱辛格给它下了一个优美的定义（Schlessinger，1981），患者变得能够接受在他的心理活动中包含某些否认的内容、愿望、感受、情感和幻想，这部分心理活动是他不会承认的。另外患者会认识到它们的致病性，因此，患者愿意与分析师结盟，以阐明这些冲突的部分。冲突的中心地位，正如它在治疗性分裂中所体现的那样，同样超出了一种对于治疗互动的对立性的简单构想。作者描述了患者对这种所谓的防御解释相当戏剧性的反应。患者“立即感到头晕、沮丧，并且说了想要从窗户跳出去的幻想。患者显然被吓到了，暂停了这次治疗”。在下一次会面里，他透露说：“分析师的评论……让他觉得他的整个世界都被颠倒过来了，他感到孤立无援。”分析师向患者“解释”或“说明”他有这样的感觉，是因为分析师“没能帮助他继续表达自己的感受，并让他相信它们是正当的。”

这里，我们看到了分析师推理上的问题：这个解释源自他的理论方法，而不是对患者的观察。也许这种解释是正确的，但鉴于分析师没能让患者自己详细说明在上一次治疗中，分析师说了什么让他感到沮丧，以及为什么会这样，我们只好减弱对这种解释的信心。我们需要分析师仔细倾听患者对他和分析师相处时的体会，以及对分析师的解释的详细感受，然后才能断定患者是否误解了女友的评价、分析师的解说，从而困扰着他自己。

作者的评论指出，分析师的干预“切断了分析师与患者之间的联系”，这是远离体验的。“被切断的联系”这个概念，就像它的指代对象，即自体客体移情或“描绘自体的自体客体移情”（self-delineating selfobject transference），成了作者用于组织和理解一个耗时 8 年的治疗的所有复杂性的主要理论要点。这种情况源自他们对这个结构的依赖：在这个治疗中，在初始阶段（在我们看来，这一阶段的持续时间比大多数完整的精神分析时间长），治疗行为的核心是一种感知确认（perceptual validation），患者在童年没有得到这种确认。患者感受到的这种确认，是他缓解症状、改善情感状态，并显著改变行为的充分必要条件。在这种情况下，患者能够因这种治疗性相遇而放弃与自我不协调的同性恋行为和幻想，并且开始一段更加满足的异性恋生活。他的自信心明显提升，不悦的症状减轻。

第二阶段的精神分析，被描述为理想化移情的阶段，显然涵盖了过去三年中正在进行的治疗。作者没有报告治疗的安排、会面的频率或者是否使用躺椅。可能作者并不认为这些细节至关重要。无论如何，我们从这个案例中获得的“资料”的种类，似乎主要源于作者的治疗模型。这种治疗方案本身的特点是缺乏幻想的材料、童年回忆，以及对梦的联想和潜在含义。虽然作者多次提到潜意识过程，但他们对精神分析情境和患者体验的描述都局限于外在行为和外显内容。我们很少能够注意到患者的心理冲突和潜意识的心理功能。

起初，案例报告中写到患者希望分析师“帮助他面对和理解”与“女性相处的危险”，我们对此深感鼓舞，但是分析师似乎无法把他的技术立场变得更具探索性和调查性。相反，他回归理论，断言患者正在“恢复活力，他与分析师正在发展出一种对理想化的父亲的渴望，这个理想化父亲的力量、支持和鼓励有助于患者面对和克服沉迷女性时感到的极度危险”。案例报告缺乏关于患者对女性（女性是“主宰者、非常危险的控制者”）的本质、细节和决定因素的任何见解。

分析师感到丧失自体内聚性的危险。没有考虑到其他危险的核心作用的可能性，包括客体丧失和身体受伤害。这些可能性根本没有被仔细探究。我们只能接受或拒绝分析师的观点，即他“强有力的理想化的联系”使患者“能够与女性保持长期的多种关系，以区分他到底是为了逃避危险而挑剔她们，还是感到女性真的和自己不合适”。在治疗方案的这部分，分析师没有把患者体验到的女性是主导和危险控制的与他在童年时对母亲的类似体验联系起来。

患者呈现了两个梦，这两个梦都在显性层面上被理解为关系的或自体状态的梦。两个均没有对细节的注意，也没有对患者联想的叙述。关于第一个梦，作者只是指出“患者能够用梦中的意象来反思他强烈的脆弱感的起源并安慰自己”，但仍然没有给我们提供具体的细节。实际上，我们不清楚分析师有无任何具体的细节，不清楚患者是在治疗中、还是在他睡醒之后分析他的梦。这里相当粗略的描述是出自患者还是出自分析师，对此我们也不清楚。我推断分析师要么是对探索细节不感兴趣，要么是他们对找到这些内容毫无兴趣。患者父亲的双重死亡，“一个男人死了，然后另一个男人死了”

向我们提供了一种可能性解释，但梦的多重本质，无疑允许患者、分析师、父亲或者其他人以各种方式进行多样化解释。患者可能会梦到，在他充满矛盾情感的旅程中，“一个男人被带着走，穿越国家，并逐渐被同类蚕食”。在这里我们可以停下来更仔细地考虑，因为无论是患者还是分析师，其梦的分析之旅无疑都被视为“取得进展”，但我们至少应该察觉到这是个典型的潜意识反语。作者已经注意到了布满陷阱的迷宫，但同样告诉我们了一个事实，那就是这个梦发生在伊朗，一个中东国家。梦的信息可以翻译如下：①远东作为一个跨越中间的巨大地带（8 ～ 20 岁是外在表面与超心理学之间的概念性空间）仍然有待探索；②对它的探索最好通过对心理迷宫般的转折进行确定的、详细的、有时会感到有危险的仔细审查来完成，而不是通过一个肤浅的城市之旅来进行；③患者正在跑步［“我跑步”（I ran）与“德黑兰”（Tehran）发音相仿］——反映出进展过快或想要逃跑；④这种探索需要经过一个危险的、被禁止进入的区域；⑤安全是相对的：德黑兰机场不完全是一个避难所。所有这些听起来有些稀奇古怪（因为它脱离了必要的历史背景），但这些联系是自由联想的基本特征。特罗普和斯托罗楼没有提供对梦中元素的其他可供选择的、具体性的解释。实际上，他们的理论似乎会在技术层面上反驳具体解释。如果没有对潜意识的潜在含义的解释，我们又能如何检查对意识层面的心理断言呢？我们不应该忘记这样一个事实：分析师能够忽略患者意识到的或隐约意识到的反语，特别是分析师致力于这么做的时候。

关于患者的梦，分析师并不认为这些梦可能会表达冲突或与攻击性有任何关系。相反，他把此时的治疗情境描述为一种理想化的移情。患者对分析师只有积极的感受，并且忙于成功地改善他的生活。斯坦因评论说，这就是弗洛伊德所说的，无可非议的（unobjectionable）正性移情（Stein，1981）。对分析师的正性关系从来不缺少矛盾情感的。理想化、引导和保护性的父亲往往既是羡慕的对象，又是依赖恐惧、竞争愿望的核心人物。保护性父亲，即很难让孩子自己做事情的父亲，甚至会阻碍孩子的成长。我们很难不对这种治疗的“幸福结局”产生一丝怀疑。

总之，我们在这里看到了一例精神分析，现在至少进行到第 11 年了，其中描述了在治疗方面非常可观的成功。作者为我们提供了一套理论结构，这套理论结构似乎决定了对这位患者治疗时采用的技术方法，这种技术可能会带来这样的成功。他们的概念主要源于自体心理学，这些概念与自我心理学、冲突结构模型相对立。不幸的是，他们对于关键的、远离体验的概念，如描绘自体的自体客体移情、理想化移情等没有足够明确的界定，而这些概念决定了他们的治疗方法。作者把分析师从患者的角度看待患者体验作为理论核心，我会质疑他这么做的理论充分性，以及如果未能这么做而导致的致病性后果。至少在治疗的第一阶段，作者把分析师定义成了当患者确认感知时帮助他克服怀疑的角色。这会引出一个明显的问题，即如果分析师从未向患者提供过不同的观点，那么改变将会如何发生？这种理论构想有没有为“新知识”留下地方？

最后，至少在这篇文章中，作者并未试图从其他理论角度对案例做出解释。相反，他们的解释依赖于描绘自体的自体客体移情和理想化移情这些概念，它们遍及整个治疗，这似乎正好显示出科胡特经常警告过的那种过早的封闭。也许作者确实探索了其他解释的可能性，但选择不在这个版本的案例报告中加以说明。在前面的评论中，我自己的解释性推测并不意味着自我心理学的冲突结构模型一定可以很好地用在这个患者身上。某些自我心理学的理论构想可能会走向解释的死胡同，而其他解释患者冲突的线索可能只是补充而非取代作者主要的自体心理学的关注点。我想说的是，在这份案例报告中，没有给我们提供这样的分析资料：允许我们去判断其他概念和解释策略在这个案例的治疗上是否也是适用的。

参考文献

ARLW J. (1987), The dynamics of interpretation. *Psychoanalytic Quarterly* 56:68–87

GREENBERG, J. (1991), Countertransference and reality. *Psychoanalytic Dialogues* 1:52–3.

LACHMANN, F. (1986), Interpretation of psychic conflict and adversarial relationships. *Psychoanalytic Psychology* 3:341–355.

SCHLESINGER, H. (1981), The process of empathic response. *Psychoanalytic Inquiry* 1:357–392.

SCHABER, E. (1983), A particular perspective on psychoanalytic listening. *Psychoanalytic Study of the Child*, 38:519–546.

STEIN, M. (1981), The unobjectionable part of the transference. *Journal of the American. Psychoanalytic Association*, 29:869–892.

STOLOROW, R. (1977), Toward a functional definition of narcissism. *International Journal of Psycho-Analysis* 56:179–185.

·第五部分·

结语

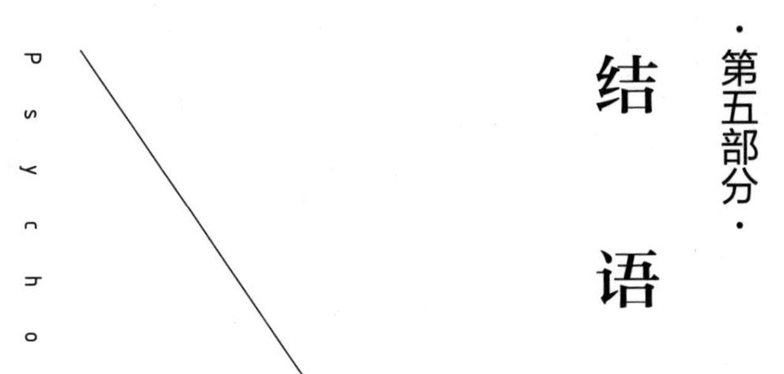

Psychoanalysis

20世纪90年代的精神分析
迅速发展的同时又饱受批评

精神分析是西格蒙德·弗洛伊德在19世纪90年代创立的一套有关心理及其治疗方法的科学，现在它处于一种矛盾的状态。随着精神分析的蓬勃发展，它已经成为一个重要并受人尊敬的行业，从业者和培训机构遍布世界各地。国际精神分析协会是最古老的组织，在某些方面也是最负盛名的组织，如今在30多个国家有39个分支协会，约7500名成员。隶属于国际精神分析协会的美国精神分析协会，拥有3030名成员以及27家认证机构，为医生、心理学家及社会工作者提供精神分析培训。同样，在美国很有影响力的还有美国心理学会的精神分析分部，它大约有3200名成员，以及美国精神分析协会的800名仅限于拥有医师资格的分析师成员。美国临床社会工作联盟精神分析委员会有700名成员。

20世纪90年代，在欧洲和拉丁美洲，精神分析处于扩张期，仅仅在阿根廷就有1500名接受培训的分析师。在世界范围内，精神分析的科学研究传统以1989年成立的玛丽·西格妮奖信托基金为标志，它旨在表彰这一领域的杰出贡献者。它的第一批获奖者是：雅各布·阿洛，著名的精神分析理论家和临床医生；哈罗德·布鲁姆，JAPA的前编辑和现任弗洛伊德档案馆的负责人；奥托·肯伯格，他广泛发表性格病理学的主题，特别是边缘性综合征和客体关系理论。

此外，20 世纪 80 年代人们对精神分析的兴趣越来越浓厚。在学术界，人文科学的学者（文学、历史）和社会科学的学者（人类学、社会学）运用精神分析的原理来解释各自领域的现象。尤其是传记学家和历史学家，继续在他们的研究和写作中广泛运用精神分析，并且每年都有新的“心理传记”和“心理历史”出版。

受质疑的科学地位

然而，在某些学术、科学和知识界，他们贬低精神分析是过时的，这一趋势抵消了这些积极的发展。人们提出了这样一个问题，精神分析目前的形式究竟已然是一门科学学科，还是正朝着成为一门科学学科迈进。利用自然科学作为评价精神分析的范式，科学哲学家如阿道夫·格兰巴姆对精神分析的材料和假设的科学地位提出了主要批评。然而，这些遇到了精神分析师如马歇尔·埃德尔森的激烈辩护，他是《精神分析：危机中的理论》(Edelson, 1988）一书的作者。埃德尔森和其他人认为，精神分析是一种提出假设的事业，而这些假设会遭到驳斥。

近些年来，许多科学的批判来自认知科学和神经科学的工作者。这些批评者中，很多人自己也是精神分析师，他们认为弗洛伊德的临床观点被大脑功能和认知发展的研究成果所驳斥，那些没有被真正驳斥的观点可以通过硬科学的一种或者另外一种语言更有效地阐述。

20 世纪 90 年代，新一代的历史学家和传记作者对弗洛伊德本人的负面评价与对精神分析科学地位的质疑交织在一起。这些批评家们特别关注弗洛伊德的个人心理（例如，他和父母的关系）对他理论构想（例如，俄狄浦斯情结）的影响，其中一些推论比另一些更可信。总之，对精神分析作为一门科学的各种批判，以及有关弗洛伊德个人生活的发现和猜测明显降低了精神分析的公信力。

新理论及竞争性的理论

当代精神分析这种矛盾的状态，既富有成效又饱受批评，在它内部的争论中找到了共鸣，并超越了这门学科的本质。弗洛伊德认为精神分析是一种心理冲突，性和攻击的本能冲动与现实的需求相抵触，包括个人良知的需求。精神病理学是以神经症症状的形式表现出来的，是本能和压抑它释放的各种力量之间的潜意识冲突的表达。个人认为不能接受的本能愿望被压抑在意识之外，或者被伪装或转化。症状是“妥协形成”，通过这种方式，被压抑的驱力以伪装它们真实含义的方式得到表达。

在过去的20年里，许多精神分析理论都挑战了弗洛伊德的观点。在现代客体关系理论中，例如，传统上对生物驱动本能的强调让位于对联结和依恋的强调，特别是婴儿和母亲之间。与驱力相关的努力，或从身体区域（口腔、肛门和生殖器）获得快感的愿望，只有通过这些愿望如何将婴儿和他的母亲、父亲及其他照料者联系起来，以及这些愿望如何满足他们才能理解。根据这一理论，精神病理学并不是本能愿望压抑的结果，而是源于一种趋势——内化，然后重复一个人家庭内一系列早期的互动模式。

另外，一些精神分析理论关注的是自体的概念。这些自体心理学中的先驱人物是已故的芝加哥精神分析师海因兹·科胡特，他因其开创性的著作《自体的分析》《自体的重建》《精神分析治愈之道》而著称。自体理论倾向于将早期的发展视为一系列设定好的功能的展开，这些共同构成了“自体”，重点在于自我内在的成熟潜能和个体在实现这些潜能方面的相对成功或失败。由于自体理论将早期的发展理解为一个议程，有连续的阶段需要跨越，他们倾向于从缺陷的角度（即未能成功跨越特定发展中的挑战），而非冲突的角度（传统的观点）来看待精神病理学。

一个突出的理论是“人际间精神分析”理论，虽然它不否认潜意识动机的存在，但是更重视人际交往模式的发展，以及可能被扭曲或者适应不良的模式。同客体关系理论一样，这种人际间的理论关注的是这种适应不良的模式在以后生活中的重复。不同于客体关系理论的是，它不再强调这种模式和本能驱力的联结，以及这些模式在患者头脑中随后的内化。

另外两个有影响力的精神分析理论值得一提。尽管它们都声称在欧洲和南美有许多拥护者，在美国的拥护者却相对有限。克莱因学派的分析师，与英国分析师梅兰妮·克莱因的工作相关，他们强调强烈的羡慕和破坏力在早期生活中的作用。拉康派分析师主要从法国分析师雅克·拉康的工作中发展出来，他们强调潜意识的结构就像语言一样，因此必须像语言一样被解码。

在 20 世纪 90 年代初，这种对立理论的共存（有时并非如此平静）几乎没有减弱的迹象。这种理论多元化的状态好坏参半。理论上的分歧，在精神分析大会的热烈探讨和专业期刊的重要文章中显而易见，这是很有建设性的。这表明分析师愿意以质疑过去信念的方式相互学习。对不同理论的比较评估，呼吁人们关注基本的方法和临床问题，这可以重振行业的活力。然而，这种多元化的缺点是组织化发展的同时伴随着对立理论的增加。新兴的理论带来了大量富有成效的交流，同时也助推了派系的产生。以自体心理学为例，它有自己的会员协会、年会、出版物，这是有益的。这种体制上的自治可能会阻碍富有意义的对话。

神经生物学的有趣贡献

当今最重要的研究问题之一是精神分析概念的生物和神经过程。一定程度上，生物神经的发现可以为某些精神分析理论提供支持，这一领域的研究为对立的精神分析理论之争做出了判决。由于神经生物学过程是心理过程的标志，他们将为那些允许并利用这些过程的精神分析理论辩护。

现在有一套神经解剖结构和神经生理学过程的文献可以构成某些核心精神分析概念的基础。这些文献包括：神经生理学对潜意识心理过程的展示；神经解剖的区分，例如左脑（主管语言和逻辑思维——弗洛伊德称之为“次级思维过程”）和右脑之间（主管非言语和创造性思维——弗洛伊德称之为“初级思维过程”）；情感表达的神经生理通路研究，例如，害怕、惊恐、愤怒、暴怒；感知环境体验对神经发育影响的研究，例如，视觉刺激对大脑通路和视力发育成熟的影响。作为神经生物学功能和心理活动（包括无意识的心理活动）之间的概念联系，“神经可塑性”概念被提出。神经科学家乔纳森·威森提出了“神经表征系统”，弗洛伊德的潜意识等同于生物遗传的古老机制，包含快速眼动睡眠和位于海马体和大脑边缘系统的相关结构。

不断扩大的精神分析范围

人们深入研究的一个领域是，精神分析中与其他依赖于获得洞察的治疗方法之间的关系。作为一种心理治疗方法，精神分析一直是一项要求特别高并且昂贵的工作，需要持续多年的每周患者与分析师四到五次的会面。这与精神分析过程的方式有关。只有通过频繁的会谈，患者（被分析者）才能舒适地进行自由联想，克服对深入的心理探索的阻抗，并且与痛苦的潜意识冲突连接。此外，只有与分析师这种频繁的定期会面，才能让被分析者形成一种退行的“移情性神经症”，即与患者生活中重要他人（例如，父母、兄弟、姐妹）的强烈情感会转移到分析师身上，并因此在治疗关系中重新体验到类似情感。

目前，人们对精神分析的原则如何应用于不太密集的或长程的心理治疗颇有兴趣。例如，临床研究人员正在探索移情在短程心理治疗中的作用。同样，临床研究正在将精神分析的原则和技术运用于所谓的“精神分析取向的心理治疗”。在这种形式的治疗中，患者每周见治疗师一到三次，在治疗中患者可能会面对治疗师坐着，而不是躺在沙发上看不见治疗师。

虽然人们普遍认为严格意义上的精神分析是治疗遭受各种冲突和压抑

的、有完整人格的患者的选择，精神分析取向的心理治疗往往是更严重的心理失常个体（边缘型人格障碍或精神病患者）的首选治疗方式。对于这些患者来说，精神分析的内在过程——退行以及和潜意识心理过程的连接，可能会很有压力以至于引起混乱。这些患者往往缺乏自我力量和持久自省的能力，而这些是成功分析的先决条件。

一些少数有影响力的精神分析师认为，即使是能经受分析中严峻情感考验的相对健康的中度症状患者，精神分析取向的心理治疗仍会产生持久的人格改变。这些分析师认为，对潜意识冲突的解释，特别是在移情中表达出来的、会产生变革性的心理洞察，无论来访的频率如何，或者被分析者面对分析师坐着还是躺在沙发上——他们认为这是分析方法的外在因素。

然而，对于大多数的分析师来说，来访的频率和采用躺椅（看不到分析师）仍是自由联想的必要辅助，是促进可控的退行、移情性神经症，以及实现对自己及其人际关系基本认识的典型技术。持传统观点的精神分析师仍然相信，只有在这些过程中才能产生彻底的人格改变。

在弗洛伊德时代，对于最严重的精神病和边缘型人格障碍患者来说，精神分析被认为是不合适的。精神病患者有重大的现实检验问题，他们会把自己的幻想当成现实，并据此采取行动。通常他们必须生活在受约束的治疗环境中，他们的日常生活会受到管理。这些所谓的边缘型人格障碍患者表现出了神经症和精神病的症状，但并没有明显符合这两种诊断类别。一些自我功能在边缘状态下保存得相当好，但是其他的自我功能表现出了损伤，导致灵活性和适应性降低，干扰了个人对现实的整体评价。

然而，许多精神分析学家认为，对于某些边缘型人格障碍患者、强迫症或者临床上明显的抑郁患者来说，精神分析（精神分析取向的心理治疗）可以与药物治疗有效结合。强效精神药物通常可以帮助控制强烈的情绪，以至于严重精神失常的患者可以从精神分析的角度开始探索让他们产生这些行为的潜意识冲突和幻想。

因此，精神药理学就是辅助治疗整体家族中的一项，这使得与边缘型人格障碍患者甚至精神病患者的精神分析工作成为可能。这些辅助治疗项，在治疗技术上称为“参数或限定因素”，包括提供支持、指导和教育咨询等非解释性干预。总体而言，对于严重精神失常的个体来说，这些措施可以让治疗环境安全、无威胁，它们有助于提供分析师所称的“抱持性环境”。作为精神分析的一项准备工作，这样的环境可以帮助患者感到足够的安全，有连贯性和整体性，以承担艰巨的精神分析工作。

纽约精神分析学院低成本精神分析诊所前主任里奥·斯通（Leo Stone）强调，分析师需要调整他们的方法，以适应比弗洛伊德在世纪之交发展他的理论和精神分析过程时所设想的神经症患者更不安的患者。将上述限定因素引入精神分析设置中构成了斯通所称的“范围扩大的”精神分析治疗。

精神分析师的培训

精神分析训练（它包括什么，需要多长时间，对资质的要求）成为训练之前的关键性议题被凸显出来。传统上，大多数精神分析师都是医生，他们首先专门研究精神病学，然后在精神分析培训机构注册。在美国，第二次世界大战后的 25 年里，精神科医生同时也担任大多数医学院精神病学系的主任，在很大程度上，他们可以决定精神病学训练的内容。因此，许多年轻的精神病学家进入精神分析学院，这成为他们专业教育的自然顶峰。

然而，在 20 世纪 70 年代，精神病学作为一门医学专业开始偏离精神分析的方向。今天，生物精神病学和精神药理学的新观点日益支配着精神病学领域，并因此在精神病学培训中取得了优势。于是，现在进入精神分析领域的精神科医生的比例比几十年前小了很多。然而，与这一趋势相抵消的是，越来越多的非医学专业心理治疗师，特别是临床心理学家和临床社会工作者，目前正在进行精神分析培训。

自1987年以来，非医师、心理学家和社会工作者已被美国精神分析协会所属学院接受并进行全面的临床培训。1989年，三家美国非医学学院被国际精神分析协会所接纳，它们是：精神分析培训和研究学院（纽约）、纽约弗洛伊德学院（在纽约和华盛顿特区设有分支机构），以及加利福尼亚州精神分析中心（洛杉矶）。1991年，国际精神分析协会接纳了第四个非医学机构，即洛杉矶精神分析协会。在国际精神分析协会的主持下，精神分析训练将日益向所有治疗行业的合格申请者开放，它预示着一个更加统一的职业、一个受共同标准约束的职业、一个不那么容易在敌对派系之间产生冲突的职业。

在这些共同的标准中，最重要的莫过于为所有立志成为精神分析师的心理健康专业人员提供适当的和相关的培训经验。传统上，医学精神分析训练需要每周四到五次的个人分析（一种训练分析）。同时，分析师候选人在资深协会成员的督导下进行若干次实际分析。只有通过这样的培训分析，候选分析师才能体验到精神分析所提供的治疗性经验——产生一种有助于重大人格改变的洞察力。分析师候选人只有通过案例督导，才能把理论研究和临床诊断相结合，从而对精神分析方法有足够的理解。任何降低这些要求的培训项目（一周提供少于四次的培训分析和被督导案例）都会使精神分析治疗的效果大打折扣。

在现有的培训机构中，国际精神分析协会将在多大程度上成功地建立统一的培训标准还有待观察。在美国，一个理想的情况是美国精神分析协会和国际精神分析协会新认证的组织结盟，推动深度分析的经验价值，并将其作为培训的基础。

患者：谁能获益

当然，这种精神分析培训的愿景预设了这类精神分析患者的存在——愿意接受长期且密集治疗的患者。药物治疗和费用更低、要求更少以及耗时更少的心理治疗形式在改善许多人的痛苦方面被证明是有效的。近几十年来，越来越少的人愿意接受精神分析治疗中势必存在的牺牲。因为现在很少有患者接受精神分析，所以绝大多数分析师把更多的时间花在对患者进行心理治疗而不是开展真正的精神分析。除了罕见的特例外，只有行业内最资深的成员才能全职实践精神分析。

什么样的患者适合作为长期精神分析的对象？以下是美国精神分析协会公共信息委员会成员阿琳·海曼（Arlene Heyman）和杰拉尔德·福格尔（Gerald Fogel）对可以从精神分析中获益的患者进行了概括：

> 最能从精神分析中获益的人是相当坚定的人，尽管在他寻求治疗的时候感觉非常不坚定。事实上，这个人或许已经获得了一些重要的满足——通过工作、朋友，或者通过特殊的兴趣爱好，但仍然无法充分享受生活。

他可能会被长期存在的症状限制——抑郁、焦虑、性功能障碍，以及任何无明显潜在生理原因的躯体问题。一个人可能会有别人察觉不到的私密仪式或冲动或重复的想法。还有的人也许会困扰于事情似乎总是会以不愉快的方式发生——几乎是经常性的失败或失望，而非偶然因素。例如，一个女人可能开始意识到她总是从事低于她能力的工作——或许是因为拖延找工作，又或者莫名其妙地找理由拒绝更有挑战性的职位。一个男人可能会发现他总是只会爱上别人的妻子，或者爱上由于各种原因而无法得到的女人。一些人寻求分析是因为他们自身（他们的性格）限制了他们的选择和乐趣。有些人可能难以自发地和别人亲近，还有的人可能很痛苦而且常常抱怨，尽管事实上他的生活状况客观地讲似乎并不差。

不论一个人带到精神分析中的是什么问题（而且每个问题都是不同的），只有将它放在这个人的资源和生活状况的背景下才能被正确理解。因此，我们需要一个全面的评估来确定谁能从精神分析中受益，以及谁不能。

未来

尽管有来自其他心理疗法的竞争，精神分析仍在继续提供一些非常宝贵的东西——它可以带来全新的心理成长，明显提高生活的充实感。对于背负着过去的患者而言，面对痛苦的身体症状、令人不安的幻想和信念、令人不满意的受限的人际关系，接受精神分析可以使他内心形成一个新的无冲突水平的运转，并且不需要后续的心理帮助。精神分析可以使各种由于症状、其他人或者受限的生活方式而具有病态依赖的人实现长远的自主和自力更生。

精神分析在未来是否能蓬勃发展，这在很大程度上取决于精神分析事业的基本价值是否受到整个文化的重视。具体来说，只有整个社会和个体愿意付出牺牲，致力于将自我认知和心理成长传承给下一代，才能让弗洛伊德的发现在 21 世纪成为现实。

敞开大门
作为 JAPA 前任主编的反思

让百家争鸣；越多的声音被听到，最终浮现的真相就越多。

——韦恩 · C. 布斯（Booth，1979，p. 4）

史蒂夫 · 利维邀请我写下我在 1994 ～ 2003 年期间担任 JAPA 主编的体会，对此我感到很荣幸。上任伊始，我就知道任务很艰巨。约翰 · 弗罗施（John Frosch）、哈罗德 · 布鲁姆（Harold Blum）和西奥多 · 夏皮罗（Theodore Shapiro）在前 40 年里把 JAPA 做成了美国第一的精神分析期刊。当我就任时，精神分析的境况（组织的、政治的和临床的）已经和他们所处的时代非常不同了。

JAPA 创刊于 1953 年。这之后很多年，它的母体组织（美国精神分析协会）基本上是大西洋最具竞争力的组织。虽然在这个国家还有其他精神分析组织或者其他能够获得精神分析训练的途径，但是美国精神分析协会占据了一切有利的地位，不论是资历、规模或者权重。美国精神分析协会成员继承了弗洛伊德的理论精神，现在他仍旧影响着那些从欧洲流亡到美国的与他交往甚密的分析师。受限于它的创立者——布里尔的坚持，他坚持把精神分析发展为一种医学专业，美国精神分析协会对精神分析的视角异常狭窄，协会所看到的精神分析是唯一忠实于它的起源的那一个。这是美国精神分析协会收益颇丰的年代。那时，有非常多的患者和分析师候选人。精神分析在某些地区受到的尊重几乎达到了谄媚的程度，精神分析的世界观也不局限于临床范围之内。它不但在院校里有影响，同样也是流行书籍和影视作品的“宠儿”。在20世纪50～60年代里，美国精神分析协会是一个理论面狭窄却非常强力的组织，备受尊敬的期刊JAPA是它最强有力的会员的天然舞台。

在1974～1983年，哈罗德·布鲁姆任主编，接受美式培训的分析师日渐突出，对于分析理论地形学模型已让步于结构模型。然而，精神分析正在失去他在医学院校的影响力，越来越多的人开始担忧它作为一门科学的地位，精神分析在院校中的立足之处已经不再稳固。尽管如此，JAPA仍然代表着精神分析奠基者在发声，主流精神分析重要的新文章会直接送到它那里。那是一个幸福美满大家庭的时代。

在20世纪80年代，在JAPA的第四个十年里，外部的挑战加剧。缺少研究证据的压力加剧了我们漫长的超心理学讨论。像婴儿观察这样的新技术，要求重新审视被奉若神明的经典理论的抽象概念，不断增长的依恋研究的结果（一直不受精神分析奠基者发自内心的欢迎），不得不被考虑进去了。在内部，这个领域也感受到了不同。正如雅各布·阿洛指出的，精神分析已经走过了巨人时代。美国精神分析协会和它的期刊只注意到新一代努力想获得承认的分析师中的一些人。鲍尔比、科胡特、比昂、乔治·克莱因和其他类似的人用他们的方式获得声望，但是分立出去的分析师（人际间学派、新霍妮主义，甚至是那些融合了沙利文学派思想和表面上更接受英国的费尔贝恩和冈特里普的客体关系理论家）很少在JAPA上发表文章。

沧海桑田

在我成为编辑的上个十年间，发生了两件决定性的大事。第一是规章制度的改变。鉴于美国精神分析协会在 1983 年放弃必要条件，甚至是对它自己机构毕业的学员也要接受它的委员会在专业标准上的审查，才能获得入会资质，直到 1992 年，这个决定才有了所谓的“解除关联”，所有美国精神分析协会机构的毕业生都被允许成为会员，但仍然不允许他们竞选职位、对规章制度修订表决、被他们自己所在的及其他美国精神分析协会的机构任命为培训分析师。第二是解决了由第 39 分部的四位成员提起的、对美国精神分析协会、国际精神分析协会、纽约精神分析研究所、哥伦比亚精神分析研究所行业限制的诉讼。诉讼的结果是支持原告提出的，从 1989 年对非医学学位的人开放美国精神分析协会。

因此，美国精神分析的“主流”突然被拓宽了。在此之前，美国精神分析协会强大，但是一个只由具有医生背景的精神分析师构成的团体，以同样的决心守卫它的领地和它的理论，有时还会把这两者混为一谈。美国精神分析协会年轻的分析师铭记这一领域以往的分裂者的下场，对于出版有争议的文章很犹豫，唯恐影响到他们的前程或者对他们的推荐，因而深受其害。这一切使得 JAPA 实际上成为美国精神分析协会正统派的喉舌。

然而在诉讼之后，美国精神分析协会需要敞开它在专业和理论上的大门。那些成长在不同精神分析文化下的分析师不再受到排斥，理论上的多样性也是如此，这些理论至此之前一直以被忽视的状态存在着。

在 1994 年，当我成为 JAPA 主编的时候，摆在我面前的问题是要如何应对如此种种。JAPA 的大部分读者（分析师和其他人）认为它基本上是顶级的美国精神分析期刊，而且它确实是。它也是美国精神分析协会的内部刊物，旨在同行及其他对此感兴趣的领域宣传美国精神分析协会会员（以及某些非会员）的工作。为了达到这个目的，必须正确无误地反映出他们的工作。我强烈地感觉到 JAPA 此时需要反映出美国精神分析协会会员资格的变化。然而，承担主编的责任是一回事儿，对这个一流职位的滥用则是另一回事儿。当我试图把二者区分开来时，我决定反思我在精神分析方面的历史，以及我自己与美国精神分析协会之间的关系。

微妙的平衡

我在《成为一名正统的精神分析师》一文中详细叙述过，我在布鲁克林接触到了精神分析，在芝加哥大学、纽约州立大学南方医学院上学，在托皮卡的门宁格诊所完成了我的精神病学实习（Richards，1996）。

在我作为一名住院医师期间，精神分析正处于对美国精神病学影响的鼎盛时期，门宁格诊所是美国精神分析界的重要机构之一。卡尔写了一系列最畅销的关于精神分析的通俗著作。在战争期间，威廉·门宁格也曾教授过随军的精神科医生如何用精神分析的原理治疗心理患者。之后，这些受过他训练的精神病医生希望接受系统的精神分析训练，纷纷前往托皮卡的精神分析机构。门宁格诊所曾经是美国最活跃的招募被纳粹驱逐的欧洲精神分析师的机构。医学院的大部分同学选择爱因斯坦医院作为他们的住院训练机构，所以我选择去托皮卡是一个有些标新立异的决定。托皮卡不一样。

在那里，它没有像其他大城市的教学医院和它们的精神科那样教授医学的世界观。为了与医学做对比，卡尔·门宁格对心理疾病采取了一种人文主义的治疗方法，并且对精神病学的社会学方面有着浓厚的兴趣。除此之外，托皮卡的机构就像整合了研究者、临床工作者和各式各样学者的社会团体，在当时的美国精神分析协会中是独一无二的。门宁格有信心，并且它在美国精神分析协会（独一无二）的影响力可以让他能够做到如此。医学和非医学背景的精神分析师在那里没有区别，许多伟大的20世纪中叶心理学家、精神分析师在那都找到了归属——大卫·拉帕波特、罗伊·谢弗、玛格丽特·布伦南（Margaret Brenman)、赫伯特·施莱辛格、西比尔·埃斯卡洛纳（Sibylle Escalona）等。门宁格诊所不断发展与其他学科思想家之间的联系，诸如路德维希·冯·贝塔朗菲（Ludwig von Bertalanffy）、早川一会、康拉德·洛伦兹（Konrad Lorenz)、阿道司·赫胥黎（Aldous Huxley)、A. A. 鲁利亚（A. A. Luria)、玛格丽特·米德（Margaret Mead）等。因此精神病学和精神分析是一个更大的学术、科学、哲学和文化团体的一部分。它们一起促进了知识上连续地发酵，评判旧观点，并对新的观点保持开放。门宁格诊所是一个强有力的存在，有广泛的知识基础，并且面向更广大的世界。

这是令人振奋的年代。当我回到纽约，在纽约精神分析协会“建立”分析培训体系时，我深深地怀念那种由其他学科的同事共同参与的门宁格式体系。我第一次确切地看到与世隔绝的美国精神分析协会在理论上和医学上有多狭隘。大门的确没有和它们曾经紧闭时一样紧，这倒是真的。这些年也是罗伯特·霍尔特和乔治·克莱因在纽约大学心理健康研究中心，弗雷德·派恩、大卫·沃尔利特斯基（David Wolitsky）、欧文·保罗以“研究型候选人”的形式在纽约精神分析协会的那些年。我很幸运能成为这些伟大的欧洲移居分析师的学生。但是，在精神分析研究、临床实践和精神分析学术之间便捷地互相交流依旧缺乏。

我的精神分析培训始于 1965 年，终于 1969 年。在 20 世纪 70 年代，纽约精神分析协会出现了关于任命培训分析师和协会管理的冲突。为了获取成功，个人必须灵活。然而，这仍然是一段令年轻分析师兴奋的时光，我离开了培训机构，我对我新的职业感到信心满满。我按部就班地获取证书，发表文章，做报告，以及获得同辈和导师的认可。在 1982 年，我被任命为培训分析师，这一成就开始意味着你要更多地与人打交道，而不是知识。同样，我也在美国精神分析协会取得成绩，于 1988 年被任命为《美国精神分析师》杂志的编辑、美国精神分析协会的通讯员。直到今天我也不确定我是如何做到的。我猜测协会中的某些人认为（或许现在仍然这么认为），像我这样一个具有如此反潮流态度的人，没有理由能在他们的严密监视下渐渐崭露头角，并利用他们的支持和善意。实际上，我回报了他们的善意，并且我总是希望美国精神分析协会可以很好。只是在看过深厚的精神分析在一种非排外的背景下可以发展得多么茂盛之后，关于美国精神分析协会的最大福祉，我所得出的必然结论，我的同事们并不完全同意。

在 1989 ～ 1993 年，当我做《美国精神分析师》的编辑时，许多毕业分析师仍然没有被给予选举权，不能在美国精神分析协会的管理工作中扮演活跃的角色，我做了我所能做的，以促进关于专业认证是否应该继续作为入会条件的讨论。《美国精神分析师》出版了“白色问题”的一期，分析师们在其中展现他们在 1992 年进行的第一次解除限制的选举立场：20 票赞成，20 票反对。

在讨论有关 1995 年开始的第二次解除限制的时候，那时我刚去 JAPA 上任，我鼓励大家也讨论一下美国精神分析协会会员名单所面临的同样问题，为此被某些在组织性事务中占据位置的人所诟病，那时候我是 JAPA 的主编。

不管怎样，JAPA 当时处于一个不同寻常的局势中。这个期刊从建立起就已经是一幅保守和同质性的面孔，所有医学背景的分析师都倾向“经典的弗洛伊德学派”（与荣格学派、沙利文学派等相对），现在则是背景和理论偏好更加多种多样的协会组织的官方喉舌。在这些年的斗争和排外之后，区分到底是理论不同还是派别不同并不总是很容易。然而，我认为，任何由一个组织主办的期刊如果要想获得成功，那么组织里所有的会员都必须要相信他们和他们的贡献是有价值的。对组织不好的感觉就会反映在对它的期刊不好的感觉上。参与和兴趣会逐渐衰退。其结果就是期刊质量变差，同样它对组织成员的反思能力和号召能力也就降低了。

进一步地，当我成为主编的时候，“平行宇宙”——非美国精神分析协会的精神分析已经不断发展了许多年，新生的力量在诉讼成功时达到顶峰，并且现在更多地在其他期刊而非 JAPA 上体现出来。像是《精神分析对话》和《当代精神分析》这样的杂志，已经发展成非美国精神分析协会的精神分析组织充满生气的论坛，这些组织经过多年的奋斗已经成为富有激情和创造性的团体。这些杂志反映出了这种激情和创造性，并且它们读者的增长率已经不容忽视。

不似从前，JAPA 已经不再具有优先购买美国精神分析协会会员优秀文章的权力了。实际上，自从许多“后诉讼”时代的会员对他们最初团体的杂志保持了政治上和理论上的强烈忠诚以后，最好最新的精神分析文章已经不再全部来自美国精神分析协会的主流了。如果 JAPA 想要维持它作为一个在许多方面全新的、大帐篷般的美国精神分析协会内部刊物的成功，它肯定需要协会中的每个成员都亲身参与其中，乃至整个精神分析团体也参与其中，它成为一个开放并受欢迎的期刊。当我在 1994 年接受了编辑的职位时，我着手开始去做那些我能做的，让 JAPA 敞开它的怀抱。

迫切的需要

我日程中的第一个目标是把 JAPA 变成一个能够让交流真正发生的地方。他们的争斗是否很明显是政治上的，或者表面是理论上却伴随着潜在的政治倾向，不同的精神分析文化把彼此视为敌对的一方。在我看来，重要的不是理论上达成一致，而是交战规则要改变。这么多年以来，我们要么忽视彼此，要么是在玩“偷培根”的游戏——守卫我们自己的精神分析观点并努力远离那些设法夺回精神分析的其他人。现在至关重要的是，我们要开始感受到，大家都是同一个团队中的成员，开始一起努力，让这个现在地位大致上还稳固，但会越来越不确定的职业越来越好。到头来，我想把 JAPA 变得更受欢迎。这意味着放松教条主义的桎梏，接受不同的精神分析背景的有效性，并且建立一种更少等级的初稿选择程序。我也想把 JAPA 变成一个更大的、像我记忆中有才华的托皮卡群体，这些最终会开始从美国精神分析协会的会员资格中反映出来。我想让 JAPA 的版面上，精神分析的人才环境也同样受欢迎，就像 JAPA 之前专注于理论和临床实践而备受欢迎一样。

我在不断地寻找能够逃离无所不在的精神分析组织等级制度和向心倾向的出路。我的目标是做一个民主的主编，倾听和珍视所有的意见，不发布命令性的否决。我需要的编辑委员会不是学说教义或意识形态纯正的试金石，以免职业标准委员会决定谁是“自己人”或“外人”，最终限制 JAPA 可以出版的内容。通过拒绝使用证书或者培训分析师的身份作为任命编委会或者副主编的标准，我希望这些决定将会达到我第二个宏伟的目标——建立一种提交文章的程序，为所有作者保证他的作品可以被无偏见和充满敬意地阅读，不论他们的理论偏好或他们在美国精神分析协会内部圈子中对应的位置是什么。关于这一点，紧接着就有更多的叙述。

我十分感激《精神分析季刊》的主编欧文·雷尼克（Owen Renik），他敞开了那本刊物的大门，后期我做JAPA主编时，借鉴了他的开放式做法。欧文和我坚持把《当代精神分析》加入期刊的原始清单，并收录在精神分析电子出版文库的光盘中。我想要强调这点的重要性。

精神分析电子出版文库光盘的诞生未曾料想的结果是，使诉讼前岁月中痛苦的破碎开始恢复。美国精神分析协会中的许多成员订阅JAPA，但是少数人会订阅《精神分析季刊》或《国际精神分析》，很少有人订阅《儿童精神分析研究》，更不用说《当代精神分析》了。简言之，美国精神分析协会的成员对于其他精神分析流派在期刊上的文章慢慢熟悉起来的可能性那时非常小。然而，把《当代精神分析》包含在精神分析电子出版文库光盘中，是第一次昔日美国精神分析协会主流之外的期刊，可以确切地呈现在精神分析学者面前，与大型的、有影响力的老牌出版媒体，包括JAPA、《国际精神分析》《精神分析季刊》和《儿童精神分析研究》平起平坐。今天在精神分析电子出版文库光盘中有26种期刊，人们可以很方便地获取它们，也可以很方便地通过网站的搜索引擎找到它们。输入一个主题，期刊的全部入口都会出现，不管它们的出处或者理论倾向。这20年里重大的改变以及它引起的后果，是影响深远的。

精神分析电子出版文库光盘的年会坚定并且扩展了这种有意识的努力，它们把来自不同的理论和组织板块的投稿人聚在一起，用面对面的形式扩展并且聚焦于各期刊内容中相互对话和产生分歧的部分。没有参与进来的人可以去看各期刊中关于这些讨论的文章，这进一步促进了长期疏远的各精神分析群体之间不断增长的共识。

路德维克·弗莱克和精神分析

在刺激和发酵的这段时间中，我发现了路德维克·弗莱克的著作，他是我们今天称之为科学社会学这门学科的创始人。和弗洛伊德一样，弗莱克是一名犹太医生。在《科学事实的起源和发展》中，弗莱克认为科学发现受到社会、文化、历史、个人和心理因素条件的制约。托马斯·库恩相信这本书给了他极大的鼓舞并影响了他有关科学范式和改革的工作。

弗莱克的犹太背景让他无法获得波兰大学的正式职位，他伟大的作品都是在他作为实验室研究员期间完成的——这是一个社会和历史环境如何影响弗莱克自己对科学知识贡献的具有讽刺意味的例子。

弗莱克反对这个观点：知识可以通过任何绝对或客观的准则定义。他认为科学不是在真空中产生的。事实本质上不是有些抽象地“存在在那里”，带着某种抽象的纯粹等着被发现。科学知识、科学事实，甚至所有可以被确定为科学的东西，都出现在社会的背景和进程中。在这些背景和进程中的是训练、先入为主的观念、科学家的期望，甚至是科学家最基本的决定研究的哪些东西。“科学”不是独立存在的，也无法与其他人类的存在区别开。

既然是这么认为的，弗莱克自然就对科学团体内部及之间交流的动力很感兴趣。他相信科学知识来自团体中人与人之间不断交换的想法——他称之为“思想集体”。他把标志着某一思想集体的共有态度和假设称为思想风格。对于弗莱克来说，“事实”决定于思想风格背景，而这些思想风格是随着时间和文化而变化的，同样，科学家的研究和发现也来自他们的社会知识背景。

然而，这不意味着怎么样都行。相反，弗莱克相信科学是一个能不断积累和完善的过程。在他看来，事实不但出现在思想集体的背景下，它们也在那个背景下随着时间而变化。科学知识的进步不但通过积累新的事实，而且也通过抛弃和取代旧有的。因此“真理”是一个遥远的理想，必须与更实用的“科学事实”分类区别开。

在我看来，当弗莱克的视角应用于精神分析时，有一种特殊的优雅。显然这既不存在客观真理，也不存在绝对真理。他的著作使我对托皮卡和纽约不同的精神分析氛围的反思具体化，并且解释了我们的政策是如何促成了不断加剧的隔离。弗莱克的著作给了我一个背景，让我能够在其中组织我看到了什么，并且思考作为JAPA的主编如何做出建设性的回应。

精神分析在承认社会因素对其发展有影响的方面已经很缓慢，并且也因此蒙受损害。我们的历史（正统和分裂、势力间的争斗和学术上的不合、制定我们自己的规则）促成并且有时强行发展出不同的思想集体，那些自愿或者不得已按照思想风格的不同联合在一起的人形成了这些集体。在本质上，这不是一个问题——毕竟从不同的角度接近一个问题增加了解决它的可能性，对于分歧的反复推敲也可以结出果实。弗莱克大量叙述了思想集体之间的互动以及如何互相影响的方式。他认为知识上的竞争对于促进科学进步是非常重要的，而且想法通过不同的思想集体之间的传递也会改变。

弗莱克说，思想集体中的每个成员都认为不属于这个集体的人是无能的。当他这样说时，我真想让他谈一下精神分析——这不过是我一个玩笑式的希望罢了。我们过去很少利用我们之间的（大多数时候在否认）多样性，弗莱克会把这种多样性看成是科学进展现成的引擎。我们从根本上拒绝与非精神分析思想集体合作，甚至拒绝与之交战，除非是根据我们自己的条款；我们从未让我们的“科学”甘受那种经过证明的监督，这对其他科学来说已经是自然而然了。我们自己的思想集体充其量只是忽视彼此并且时常试图把对方推到帐篷之外。弗洛伊德学派、沙利文学派、关系主义之间几乎只是泛泛之交，荣格学派似乎就像一直生活在另一个平行宇宙。为了使一个领域保持生气，旧的理论必须被新理论检验，但在彼此隔离的情况下，我们的理论甚至都没有从内部进行检验。对我们排外政策的强烈反对即是隔离。正如我之前谈到的（Richards，1999a)，这些政策也许曾经为某个目的服务。然而现在，它们危及了我们领域的生存。在美国精神分析协会，与其他思想集体之间的合作从没有组织形式上的支持或者先例。在限制解除和诉讼之后，我开始预见到 JAPA 的作用是促进一种更高水平上的整合，而不是潜在的破碎或向中心聚合。

期刊的位置

作为主编，我的目的是在 JAPA 的出版过程和内容上提供整体的宣传和支持。当然也有其他的问题。我们需要丰富与其他学科之间的接触，让我们在世界上更广为人知，并且在我们自己人中处理好讲授什么、谁来讲授，以及如何评估结果等有很大争议的问题。弗莱克关于科学团体动力的观点给所有这些问题提供了一个受欢迎的视角。出于显而易见的原因，他关于期刊定位的思考是我最感兴趣的。

沿着他的方法，他把科学知识分为四个基本类型：期刊科学（被一个专业群体共享的理论上的理解）；手册科学（完成一个专业群体实践步骤的技能）；教科书科学（已建立的当前知识的主体，以此在代际间传播）；大众科学（科学领域的某些方面脱离了专家专有的范围并且渗透进大众社会）。意料之中的是，期刊是期刊科学的核心，在精神分析领域它实际上也是新的理论思想在思想集体内部、之间传播的工具，而且常常是在几代人之间。

精神分析的确有教科书，但是它们远不如其他领域的教科书那么重要。库恩已经说过，教科书详细阐述的是公认的理论主体，而科学期刊展示的是正在发展中的理论。然而在弗莱克看来，发表在期刊上的文章达成共识（即教科书），并最终正式地代表某个领域。教科书科学总是比期刊科学落后。

因此，期刊的一个任务就是抵制达成共识，因为在期刊科学中的一致代表着过早地停止。在 JAPA 上如何做到这点是个令人畏惧的问题。我们的思想集体可以容忍内部缺乏一致，但并不能容忍外部彼此间的分歧。弗洛伊德学派的学者乐于和其他弗洛伊德学派的学者辩论，关系主义学派亦是如此。他们彼此之间倾向于消解对方所做出的最大努力，要么把它们视为迂腐的思想，要么就说他们是把精华和糟粕一起摈弃。我们要能够采用一种方式，既能呈现各家不同的内容，又能使有敌意的读者不但阅读，而且甚至能够尽力理解和欣赏它。来自其他思想集体的新材料——神经生理学、婴儿观察、依恋理论家，对精神分析理论的冲击，加重了这个挑战。

这种异质性对于期刊的编辑来说是一个挑战，但是它也是一个机会，能够使读者建设性地察觉到培训和传统中存在的差异。医学背景的精神分析师可能会意识到某些现象，是心理学同事没有发觉的，反之亦然。任何培训都提高了看到某些东西的能力，但这减弱了看到其余的能力。承认这种“取舍”的普遍性是一种挑战我们自己培训的狭隘、扩展对我们学科见解的一种方式。

似乎对我来说，一个思想集体越是有活力，越能承受论战，它就能够提供越多的科学知识。所以我的问题就成了：如何使一个期刊巩固和培养它的思想集体？这在具有破碎和分裂历史的领域里是一个迫切的问题。健康的学科有赖于与它范围之外的学科之间的交流。这就是为什么弗莱克相信：对于一个思想集体来说，尽管它与其他群体的思想风格不同，但是主要的挑战是维持与其他群体的交流。这就是我想要让 JAPA 做的。

我不但把期刊当作一个思想集体，而且把它当作一个有能力超越自身的、走向更广阔世界的思想集体，我尝试着用这种思想运营 JAPA。我想让 JAPA 尽可能少地受到我自己的限制。副主编和编辑委员会在 JAPA 一年两次的餐会上相聚，但在一年中的其他时间里，我们也通过电话和电子邮件紧密地联系着，我的同事会在我“打盹”时提醒我。我指望副主编和编委会能提议重要的事件——刊物的主题、编委会的任命、挑选 JAPA 的获奖文章、外部读者的提名等。我努力做到从不对提交的多数决定的合格或不合格施加影响。我也不希望委员会所有人都接受和我一样的培训，也不希望他们都接受同样的政治官员的审查、选择和挑选。考虑到 JAPA 在它母体组织中的定位，我怀疑它到底是否能够建立一个这样的编委会，在某种程度上放弃美国精神分析协会的政治等级制度观点。我的确强调只有那些已经以外部读者的身份评论过文章的人才会被提名进编委会，因为这样我既可以非常了解他们的评论能力，又能知晓他们的精神分析政治。我试图在学科布局、组织背景、理论所属、征集文章和职员等方面，广泛撒网。

我还希望促进作者、读者和期刊三者之间的对话。这个过程位于我主编视野的中心。首先，我承认期刊评论过程不一定总能使新想法更容易进入文献中。我能够坚持 JAPA 的编辑和外部读者对其中文章的学术、写作和论点的说服力（这一点我包含了对于与精神分析理论直接相关的研究的意识）进行评判，并且我们不会只因为与传统的智慧或与评论者拥护的观点相异就拒绝那篇文章。

我也继续坚持文章的作者需要在四个月之内被告知他们文章的命运。及时的出版巩固了双方的关系。审慎的阅读和恭敬的批评亦是如此。在我任职期间，许多属于接受 / 修订或拒绝 / 修订范畴的文章需要在作者和编辑的需要 / 观点之间不断地互动，直到两个人都满意。因此会有大量的修订产生（超过三遍是寻常事），在修订的过程中我总是试图促进评论者和作者之间的对话。甚至，就算是必须要拒绝一些文章，这也是一个机会，可以巩固一种思维集体——不然就会使其枯竭。一段时间内，我会建档保留作者收到我的拒绝信之后的回应——它们几乎总是正面的。

保罗 · 斯特潘斯基是精神分析出版界的权威，他的《位于边缘的精神分析》一书于 2009 年出版（Stepansky，2009）。他为精神分析不是一门紧密凝聚的专业而感到烦恼，因为精神分析已经“破裂成各种各样分析师的子群体，属于这个或那个精神分析思想学派”，他称之为“部分领域”（part fields）。他认为在过去的 40 年间，这一点对于精神分析书籍和期刊的出版有不利的影响。我同意他的观点，在许多年里精神分析的破裂已经引发了严峻的后果，并且不仅限于出版领域。我采用弗莱克学派的观点，即多元化不但是一种力量，而且是一种必要的力量，并且正如我们的思想集体从多年的分隔中恢复那样，我们将会看到这种力量也体现在我们的期刊科学上。我认为破裂不是这个领域本质上的或者不可避免的方向，而是精神分析群体生态学不幸的遗留问题，这恰好印证了弗莱克的观点：没有任何科学学科是在真空中发展出来的。我也认为 JAPA 为了减少我们期刊群体的碎片而努力的成果证实了弗莱克关于思想集体之间互动的重要性看法。

当我开始收到来自美国精神分析协会会员外的作者的文章时，我非常高兴。这似乎证明了至少在期刊科学方面，新的破碎的精神分析思想集体正在显示出他们新的合并和整合的信号。订阅比例也指向了这个方向。当我 1994 年开始在 JAPA 任职时，我们有 4400 多名订阅者，其中包括会员、非会员和各种机构。这一数字在接下来几年不断增长，并于 2002 年达到新高——有 5244 名订阅者。

一开始，发行量的上升来自国际精神分析协会成员的订阅，他们现在符合加入美国精神分析协会的资格。当 JAPA 向非美国精神分析协会的会员发出邀请时，投稿量也上升了，而且稿件的录用率相当高。非美国精神分析协会的会员订阅的比例也越来越高，可能因为他们第一次看到 JAPA 发表了自己感兴趣的内容。这些说明了一个领域内的科学期刊是如何反映了这个领域在组织及政治上的变化。被排斥在美国精神分析协会的培训体系和会员资格之外很多年，现在，许多精神分析师终于感觉到自己像是美国精神分析协会这个精神分析思想集体的一员了，所以他们找到了协会出版物。我是纽约弗洛伊德协会成员，是独立精神分析协会联合会（Confederation of Independent Psychoanalytic Societies，CIPS）成员，还是美国精神分析协会第 39 分部的成员或许也起了作用。我参与期刊的工作（并且延长了聘任期）部分原因是主编及编委会的私人请求——他们在出版社引进编辑时扮演了重要的角色。成功期刊的编辑不仅仅只是守门人。他们需要主动地促进，也需要被动地迎接。我在 JAPA 编委会也提倡这种态度。我尤其对任期内 JAPA 的四期增刊感到骄傲：一是女性话题，由我与菲利斯·泰森（Phyllis Tyson）共同编辑；二是“在千禧年之间”主题；三是关于儿童发展；四是关于精神分析政治。它们连同 2000 年的四期千禧年专刊，都聚焦于有争议的主题。我们能够出版增刊，是因为期刊自主出版积累的额外收入（8 年间约 90 万美元）。

现在，在我结束主编生涯的 6 年后，精神分析期刊的订阅数再一次下降，但我们不能立即对此下结论。这里尤其需要指出的是，期刊的订阅者数量不一定与期刊的读者数量一致——永远也不会一致了。现在当有需要的时候，本质上所有的分析师都可以通过精神分析电子出版文库光盘获取已发表两年的期刊文章。读者可以在家或是办公室访问他们喜爱的期刊（以及其他不那么熟悉的），只需要在精神分析电子出版文库网站进行个人订阅或者成为他们协会文库的会员。这种情势是未来的编辑、精神分析组织将不得不考虑到的。尽管这让出版者的事情变得更为复杂，但我看不到任何对精神分析学术来说有害的意味。

总结和讨论

正如我已经说过的，弗莱克把科学视为一种社会活动。它的从业者形成了一个群体或思想集体，并在其中交换思想。不但建立者的阴影会落到组织上，而且理论会含有发展出它的理论家的人格，期刊也会含有编辑的人格。在这个意义上来说，一个思想集体的思想风格限制了思考，并且在某种程度上总是规定了这种思考，期刊编辑的挑战就是去挑战这些限制。努力的第一步是使期刊的读者、投稿者察觉到他们的思想风格对他们的思考产生的影响。

作为 JAPA 的主编，我把自己视为在不断变化过程中的精神分析思想集体的一部分。修通的过程需要我们逐步远离绝对化，绝对化使我们两极分化了这么久。在精神分析情境中，分析师们越来越多地不断挑战早年旧的本质主义的、独裁主义的、独立于背景的精神分析。我想在 JAPA 的内容中做同样的事情。我们的绝对主义并没有在咨询室之内或之外为我们赢得尊重。我们要像审视临床医生一样，审视我们作为科学组织的行为。

除了把它用作一种编辑的哲学以外，我希望我对弗莱克著作的重新组织可以成为一种关于精神分析知识的实用社会学，并且会持续对我所热爱的领域做出贡献，比如我们还在继续修通我们从过去继承下来的问题，并且在某种程度上它们仍然会延续下去。除非我们想要保持分裂的状态，否则我们就要能够与彼此交流。我们也需要能够与我们在其他领域中的同事交流，除非我们想进一步地被边缘化。精神分析期刊并没有处于它们生命的晚期；它们仍然是传递我们群体的知识遗产的主要途径。我们的期刊必须全面地呈现这些遗产，帮助它富有激情地扩展，并且用一种慷慨精神传播它的成果。

我们的期刊是我们的知识遗产，我们的编辑们是它们的守护者。我们和他们必须始终警惕循规蹈矩的铁腕。韦恩·布斯（芝加哥大学启迪我的老师之一），告诫我们要怀疑统一的意见。他说："（统一的意见）不是来自理性，而是来自强制、崇拜或懒惰，当批评呈众口一词之态，就不是理性规则，而是权威在形成结论。"（Booth，1979，p. 4）布斯是在讲述文学评论。这当然与精神分析评论不同，但它仍然是一种警告，并与精神分析的思想模式有着强烈的共鸣：我们难道不是总在期待那些对患者潜在的、普遍统一的看法吗？当我们试图放大我们与其他思想风格和集体的交战，并且发展出我们自己足够坚定的风格和集体以在彼此间活跃地斗争时，这一警告值得我们铭记。我们需要解决我们论战中的分歧，而不是逃避或者击败它们。我试图使 JAPA 成为这样的场地，让那样的论战有机会发生。

参考文献

BOOTH, W.C. (1979). *Critical Understanding: The Power and Limits of Pluralism*. Chicago: University of Chicago Press.

FLECK, L. (1936). *The Genesis and Development of a Scientific Fact*. Chicago: University of Chicago Press, 1981.

RICHARDS, A.D. (1996). Growing up orthodox. In *More Psychoanalysts at Work*, ed. J. Reppen. Northvale, NJ: Aronson, pp. 117–131.

RICHARDS, A.D. (1999). A. A. Brill and the politics of exclusion. *Journal of the American Psychoanalytic Association* 47:9–28.

STEPANSKY, P. (2009). *Psychoanalysis at the Margins*. New York: Other Press.

存在主义心理学

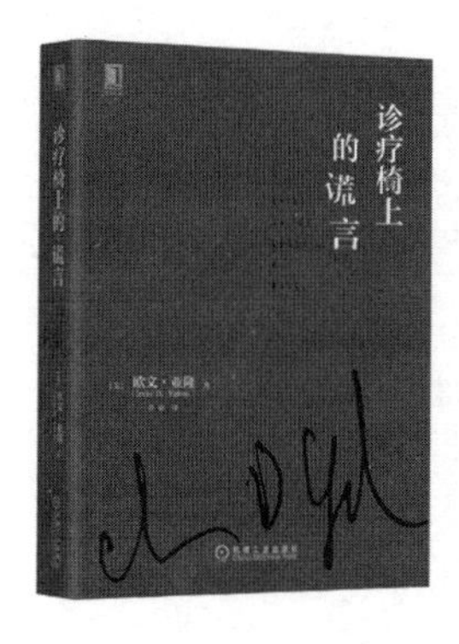
诊疗椅上的谎言

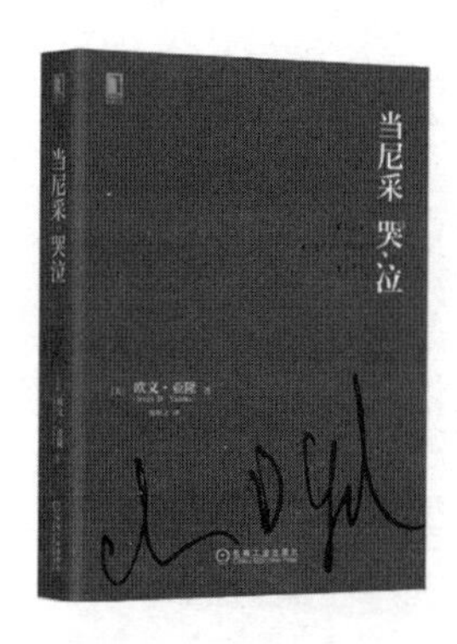
当尼采哭泣

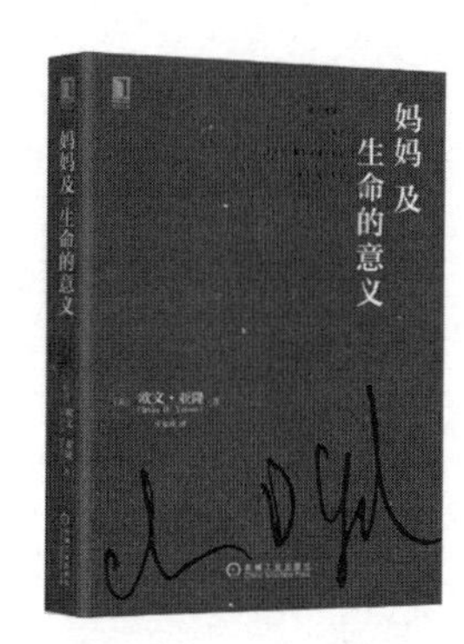
妈妈及生命的意义

在生命最深处与人相遇
欧文·亚隆思想传记
IRVIN D. YALOM

AWAKENING TO AWE
唤醒敬畏

我和你
人际关系的解析

团体心理治疗基础

咨询师与团体
理论、培训与实践

团体咨询与团体治疗

变态心理学

不存在的人
获奖 《福布斯》必读科普书籍
NBC新闻优秀科学书籍
提名 《出版家周刊》年度最佳图书
PEN/E. O. WILSON文学性科学写作奖

穿西装的蛇
Snakes in Suits

女巫一定得死
童话如何塑造性格
THE WITCH MUST DIE
The Hidden Meaning of Fairy Tales

THE SOCIOPATH NEXT DOOR
当良知沉睡
辨认身边的反社会人格者

一流疯狂
精英的人格都是
重口味

精神问题有什么可笑的

EXPLAINING
ABNORMAL BEHAVIOR
变态心理
从认知神经科学视角解读异常行为

变态心理学
ABNORMAL PSYCHOLOGY

变态心理学
ABNORMAL PSYCHOLOGY